全国高等医药院校计算机与信息技术规划教材

多媒体技术及应用

叶含笑　李振华　主　编
江依法　刘继来　副主编

清华大学出版社
北　京

内 容 简 介

本书介绍多媒体的基本概念,多媒体技术实现的基本原理和方法,内容包括多媒体技术基础、数据压缩技术、音频处理技术、视频处理技术、图像处理技术、多媒体系统、医学动画制作、多媒体存储技术以及虚拟现实技术基础和多媒体开发工具。

本书的最大特点是理论联系实际,在动画制作、声音处理和图像处理等章节增加了大量的实践案例,目的在于让学生获得理论知识的同时提高动手能力,因此本教材既适合计算机专业的本科生,也适用于非计算机专业的本科生,还适用于高职院校的专科生学习。

图书在版编目(CIP)数据

多媒体技术及应用/叶含笑等主编. —北京:清华大学出版社,2012.1
(全国高等医药院校计算机与信息技术规划教材)
ISBN 978-7-302-27104-8

Ⅰ. ①多… Ⅱ. ①叶… Ⅲ. ①多媒体技术－医学院校－教材 Ⅳ. ①TP37

中国版本图书馆 CIP 数据核字(2011)第 210706 号

责任编辑:闫红梅　薛　阳
责任校对:梁　毅
责任印制:何　芊
出版发行:清华大学出版社　　　　　　　　地　　　址:北京清华大学学研大厦 A 座
　　　　　http://www.tup.com.cn　　　　　邮　　　编:100084
　　　社　总　机:010-62770175　　　　　邮　　　购:010-62786544
　　　投稿与读者服务:010-62795954,jsjjc@tup.tsinghua.edu.cn
　　　质　量　反　馈:010-62772015,zhiliang@tup.tsinghua.edu.cn
印　装　者:北京国马印刷厂
经　　销:全国新华书店
开　　本:185×260　印　张:15.5　字　数:389 千字
版　　次:2012 年 1 月第 1 版　　　印　　次:2012 年 1 月第 1 次印刷
印　　数:1~3000
定　　价:25.00 元

产品编号:040456-01

全国高等医药院校计算机与信息技术规划教材

前　言

多媒体技术及应用是一门综合性学科，内容涉及计算机技术、存储技术、图像处理、音视频处理、通信技术、网络技术和虚拟现实等领域，本教材理论与实践结合性较强，突出了多媒体技术在各个领域中的应用。

1. 本书适用范围

本教材难易程度级差分明，既讲解了常用多媒体软硬件工具的使用方法，也包含了多媒体技术深奥的理论知识以及理论的实践编程。因此本书可以提供给对工学知识要求较高的计算机专业的学生、具有医学背景专业的学生以及高级职业技术学院的学生使用。

2. 本书的组织结构

本教材共分 11 章。第 1 章为绪论，对多媒体技术理论做了比较全面的介绍，基本涉及了各个章中的关键知识点，特别突出了对多媒体创作工具的讲解，让读者在一开始就对多媒体技术的应用和实践有所了解。第 2 章对多媒体常用无损压缩技术和有损压缩技术做了比较详细的讲解，并有相关例子的实践。第 3 章为数字音频处理，对声音的形成与处理做了理论上的详细讲解，为第 4 章人体音频信号处理奠定了理论基础。第 4 章偏重于音频信号处理案例的制作与讲解，对音频信号处理软件 Adobe Audition、GoldWave 等常用软件的基本使用方法做了详细讲解，并把工学中常用的科学计算和分析工具 MATLAB 引入了音频信号的处理之中，讲解了滤波器等的设计，与前面章中的音频处理软件中的菜单命令和理论遥相呼应。第 5 章详细介绍了图像处理常用工具 Photoshop 的基本用法，对颜色空间理论做了详细介绍，并列举了 MATLAB 常用的图像处理函数，引入了 MATLAB 图像处理编程实例，本章对视觉场的详细描述为虚拟现实场景视觉设计奠定了理论基础，可以引导学生对虚拟现实技术进行深入探究。第 6 章为多媒体系统结构，本章内容与前后章都有一定的联系，突出了承前启后的效果。第 7 章主要讲解视频理论知识，并对常用视频处理软件会声会影基本功能做了详细介绍，对医学视频案例制作流程做了理论上的讲解。第 8 章对医学动画案例制作流程进行了详细的讲解，并列举了比较典型的几个医学案例的制作，侧重描述了 Adobe Flash 软件的使用，讲解了动画与课件的有效集成方法。第 9 章描写了多媒体应用案例的制作，面向多个专业，对多媒体从创作到成品的整个流程进行了理论和实践的指导。第 10 章对多媒体技术的存储知识和展望做了详细描述，对同学们在多媒体存储技术的探索上起到了一定的引导作用。第 11 章为虚拟现实技术基础,对虚拟现实技术常用软硬件进行了讲解,并列举了 VRML PAD 软件开发的虚拟现实程序。为了提高实用性,本书在动画制作、声音处理和图像处理等章增加了很多实用案例,全书侧重理论与实践的结合,目的在于让同学们在获得理论知识的同时,加强实践动手能力,把深奥的理论知识通过案例制作来加深印象,以突出本教材的实用性。本教材知识难易程度级差分明,既适合计算机专业的学生学习,同时也适用于非计算机专业的学生包括高职学院的学生学习。

　　本教材由浙江中医药大学的叶含笑副教授、江依法教授,浙江省考试中心的刘继来高级工程师和浙江商业职业技术学院的李振华老师编写,第 1、4、5、7、8 章由叶含笑编写,第 2、3、6、9 章由李振华编写,第 10 章由刘继来编写,第 11 章由江依法编写。全书由叶含笑、江依法负责统稿校稿。本书由叶含笑、李振华任主编,江依法、刘继来任副主编。

　　本教材所有程序均已通过编译执行,但由于编者经验有限,时间仓促,书中难免存在疏漏之处,恳请读者批评指正。

编　者

2011 年 8 月

全国高等医药院校计算机与信息技术规划教材

目　录

第 1 章　　　　　　　绪　论

媒体在计算机领域有两种含义：一是指传播信息的载体，如语言、文字、图像、视频和音频等；二是指存储信息的载体，如磁带、磁盘和光盘等，目前，多媒体信息的主要载体有移动硬盘、优盘、硬磁盘、软磁盘、光盘和网络存储器等。多媒体技术是近几十年来出现的新生事物，正在加速渗透到各行各业之中。

在多媒体技术中提到的媒体主要是指信息传播媒体，多媒体技术就是利用计算机把文字、图形、图像、动画、声音及视频等媒体信息数字化，并将其有机集成在一定的交互式界面上，使计算机具有交互展示不同媒体形态的功能，它极大地改变了人们获取信息的传统方法，符合了人们在信息时代的阅读方式。

1.1　多媒体技术概要

多媒体技术（Multimedia Technology）是一门融合了计算机技术、通信技术、网络技术、图形图像技术和声学技术等多种技术的综合技术。是利用计算机对文本、图形、图像、声音、动画和视频等多种信息进行综合处理、建立逻辑关系和人机交互作用的技术。

多媒体技术能够完成在内容上相关联的媒体信息的处理和传送，如声音、视频、文本、图形图像和动画等的处理和传输，并可进行网状交互式工作，而不是单一的线性传递。多媒体技术包含以下几个关键技术：多媒体信息采集技术、多媒体信息处理技术、多媒体信息压缩解压缩技术、多媒体信息存储技术和多媒体信息网络化技术。多媒体信息采集技术主要包括图像信息采集、声音录制、遥感信号采集和视频信号采集等。涉及的硬件主要有视频卡、传感器、摄像仪、扫描仪、CT、MR、超声波和内窥镜等设备，涉及的领域主要包括工业自动化、信息传输和视频智能分析等，跨越的学科包括光学、物理学、电学、电子信息、信息处理、计算机多媒体、软件工程、计算机视觉和人工智能等多个领域。多媒体信息的处理技术主要包括多媒体信息的数字化、压缩和解压缩技术、音频编辑技术、语音识别技术、视频编辑技术、图像编辑技术、多媒体信息标准化技术以及多媒体信息传输技术等。多媒体数据的存储技术主要涉及大容量存储器的研发和生产。多媒体信息的网络化技术是把信息的采集、处理、存储、传输和显示、控制技术高度一体化地综合在一个系统之中，并且不断地融合各种新的信息技术，计算机通信网络与多媒体技术融合而形成的多媒体计算机通信网络，既是计算机网络系统发展的必然趋势，也是多媒体技术发展的必然趋势。

1.1.1　多媒体及多媒体的特征

多媒体一词源自于 20 世纪 80 年代初出现的英文单词 Multimedia。该词是由 Mutiple 和 Media 复合而成的。媒体（Medium）原有两重含义：一是指存储信息的实体，如磁盘、光盘、磁带和半导体存储器等，中文常译作媒质；二是指传递信息的载体，如数字、文字、声音、图形图像和视频等,中文译作媒介。与多媒体对应的一词是单媒体(Monomedia),从字面上来看,多媒体就是由单媒体有机集成的融合两种以上媒体的人机交互式信息交流和传播的媒体,具有以下特征。

(1)信息载体的多样性:信息载体的多样性是相对于计算机而言的,即信息媒体的多样性,人类主要通过视、听、嗅、味与触觉感知外界的信息,其中视、听和嗅觉获得的信息可达总信息量的95%。但计算机还远远达不到人类处理复杂信息媒体的水平,计算机一般只能按照单一方式来加工处理信息,必须经过变换处理后形成有机的多媒体信息才能被人类所接收,因此把多种媒体有机地结合起来形成多样性和多维化媒体是多媒体的关键技术之一,多媒体信息是由文字、图片、视频和音乐组合而成的一个多维度的、生动的和立体的信息。

(2)多种媒体的交互性:多媒体的交互性是指用户可以通过与计算机的多种信息媒体进行交互操作从而为用户提供更加有效的控制和使用信息的手段,电视机虽然图文声像一体化,但其为线性播放而不具备交互性,用户只能被动地获取信息,而不能自由控制和处理电视媒体。借助于多媒体的交互性,人们可以通过检索、提问和回答来主动获取信息。人机交互的发展历史。是从人适应计算机到计算机不断适应人的发展史。人机交互的发展经历了几个阶段:早期的手工作业阶段;作业控制语言及交互命令语言阶段;图形用户界面(GUI)阶段;网络用户界面;多通道、多媒体的智能人机交互阶段。传统的人机交互主要通过鼠标、键盘来实现,用户通过人机交互界面与系统交流,并进行操作,人们主要关注界面操作的方便、美观和友好。新一代多媒体交互技术则考虑了软件技术与硬件技术多方面的结合,人机交互功能主要通过可输入输出的外部设备和相应的软件来完成。可供人机交互使用的设备除了传统的键盘、显示器、触摸屏、鼠标,还包括耳机、麦克风以及各种模式识别设备。新一代人机交互技术的应用非常广泛,其中以多媒体信息展览展示应用最具代表性。在上海举办的第41届世界博览会中,各个展馆都有出色的交互式多媒体技术展示,从中国国家馆极具震撼力的多媒体版《清明上河图》,到沙特馆如梦如幻的巨幕高清投影;从德国馆巨大的LED"互动球",到"城市最佳实践区"蒙特利尔案例馆呈现的720块活动面上的动态影像等,在这些多媒体技术中应用最为广泛的就是新一代虚拟交互技术。通过图像识别技术等,多媒体系统可以做出各种各样的交互反应。2009上海国际科学与艺术展展会上展示的"怕痒的太空首饰"如图1-1所示,它所使用的是在太空无重力条件下形成的生物大分子晶体。通过人工智能系统,它能进行自我清洁且自动识别观众手势,执行穿戴卸除指令。

图 1-1　具有虚拟交互性的智能化多媒体系统

　　德国研究人员正在开发一种全新的可移动交互系统,此系统能够通过视觉存储设备将视觉信号转换为命令,有望代替键盘和显示器。这种设备是一个小型的、能够放在胸前的电脑,其摄像头能捕捉到手部运动,从而转换成对应的命令。例如人们可以用手在空中画出各种图形,或选择空中不同的点来构型,此交互系统可以立即将这些手上的动作转化成图形或操作命令。人机交互技术正在形成一门独立的学科技术。

　　(3) 多种媒体的集成性:集成性是指以计算机为中心综合处理多种信息媒体,它包括信息媒体的集成和处理这些媒体的设备的集成。多媒体信息表达的集成性表示信息的采集可以通过多通道同时统一采集、加工处理和存储传输图、文、声音、图形图像、视频等多种信息。与传统的多媒体信息集成相比,内容更深刻、画面更清晰、形象更逼真。

　　多媒体设备的集成性是指多媒体信息采集、处理加工和存储过程中更加强调各种媒体设备之间的协同关系,计算机和各种输入输出设备和外设(如打印机、扫描仪、摄像机和音响等设备)协同工作形成一个统一的整体。

　　(4) 媒体信息的数字化:媒体信息的数字化是针对现实中的模拟信号而言的,如我们现实中看到的听到的信息都是时间上连续的模拟信号,而到目前为止,使用最为广泛的计算机依然是数字计算机,因此,目前媒体信息在计算机中主要是以数字化形式存在的。图像通过数码相机、扫描仪和绘图软件等输入计算机。常规计算机是用二进制进行处理的,在用计算机处理图片之前需要先进行数字化。同样,视频信息由一连串相关的静止图像组成,组成视频的一幅图像称为一个帧,在用计算机进行视频处理时同样需要进行数字化。二值化位图在计算机中的常规表示如图 1-2 所示。模拟信号的数字化是一个涉及多媒体多个技术的过程,在第 5 章会有详细说明。

图 1-2　二值化图像在计算机中的表示

　　(5) 多媒体信息的实时性:实时性是指声音、动态图像(视频)随时间变化,各种信息有机结合同步出现。在多媒体信息远程传输中,多路多媒体信息传输的实时性尤为重要,常用的解决方案是打包、多线程机制和多内存轮流。流媒体 (Streaming Media) 是一种新兴的网络传输技术,流媒体技术包括流媒体数据采集、视音频编解码、存储、传输、播放等领域。流媒体的体系构成包括编码工具,用于创建、捕捉和编辑多媒体数据,形成流媒体格式;流媒体数据服务器,用于存放和控制流媒体的数据;适合多媒体传输协议甚至实时传输协议的网络;播放器,供客户端浏览流媒体文件。

1.1.2　媒体的种类

根据国际电信联盟(ITU)建议的定义,媒体可分为下列 5 大类。

(1) 感觉媒体(Perception Medium):是能够直接作用于人的感觉器官,使人产生直接感觉的媒体,感觉媒体与人类的视觉、听觉、触觉、味觉和嗅觉 5 种感觉器官有关,如语言、音乐、各种图像、图形、动画和文本等。

(2) 表示媒体(Representation Medium):指信息内容的表述形式,定义了信息的特征。是文本、图形、图像、语言、声音、音乐动画和视频等的编码表示,如语言编码、电报码、条形码、静止和活动图像编码以及文本编码等。

(3) 显示媒体(Presentation Medium):是显示感觉媒体的设备。显示媒体又分为两类,一类是输入显示媒体,如话筒、摄像机、光笔以及鼠标键盘等,另一类是输出显示媒体,如扬声器、显示器、打印机等。

(4) 存储媒体(Storage Medium):指存储数据的介质,如磁带、磁盘和光盘等。

(5) 传输媒体(Transmission Medium):指传输数据所需的物理设备或物质,如电缆、光纤和电磁波等。

1.1.3　多媒体系统

多媒体系统主要由 4 个部分组成:多媒体硬件系统、多媒体操作系统、媒体处理系统工具和用户应用软件。

(1) 多媒体硬件系统:包括计算机硬件、音频/视频处理器、多种媒体输入输出设备及信号转换装置、通信传输设备及接口装置和各种模式识别设备等。核心是计算机,其中,最重要的是根据多媒体技术标准而研制生成的多媒体信息处理芯片和板卡、光盘驱动器等。

(2) 多媒体操作系统:或称为多媒体核心系统(Multimedia Kernel System),具有实时任务调度、多媒体数据转换和同步控制以及对多媒体设备的驱动和控制,图形用户界面的管理等。

(3) 媒体处理系统工具:或称为多媒体系统开发工具软件,主要包括媒体素材制作软件及多媒体函数库、多媒体外部设备驱动软件和驱动器接口程序等,是多媒体系统的重要组成部分。

(4) 用户应用软件:用户应用软件是根据多媒体系统终端用户的要求而订制的应用软件或面向某一领域的用户应用软件系统,它是面向大规模用户的多媒体作品创作工具。

1.1.4　多媒体系统的媒体素材

根据媒体的属性,可以将媒体分为 4 个基本类别(文本媒体、声音媒体、图形媒体和图像媒体),电脑动画和数字电影可以看作是图形媒体或图像媒体的衍生媒体。文本媒体是由视觉感知的感觉媒体之一。它是指计算机通过机器码索引的方法,将文字的点阵或矢量信息从字库中读出,经过处理显示在显示器上,以表达所要传递的信息。文本媒体通过文字识别可以转化为声音媒体。

声音媒体是由人类听觉感知的感觉媒体,它通过语音完成信息的传递任务。常用的声音媒体有波形文件,使用.wav 后缀;还有 MIDI 文件格式,使用.mid 后缀。波形文件是将模拟音频信号通过采样、量化和编码等数字处理后得到的音频数字文件。波形文件的描述参数有码长、取样频率、编码方式和声道数等。码长决定了数字音频文件还原后声音的音质，码长越长音质越好，但数字音频文件会加大，一般常采用 8 位或 16 位码长；采样频率决定所录音频的最高不失真频率，采样频率越高，录制的声音高频特性越好，文件数据量也相应增大，一般常采用 22.05kHz 或 44.1kHz 采样频率；编码方式决定数字音频文件的格式，目前普遍支持的是 PCM 格式，MP3 是波形文件格式的压缩文件格式。在声音媒体的使用中，当两个以上的 WAV 文件或 MIDI 文件同时使用时，需要 CPU 工作速度足够快，而一个 WAV 文件和一个 MIDI 文件同时工作时，对 CPU 要求不高。一般情况下，我们常以 WAV 文件播放解说，MIDI 文件播放背景音乐来降低客户机的硬件配置。

图形媒体是人类通过视觉感知的感觉媒体之一，它通过数学模型的方法对所要表述的事物进行描述和表达，它对客观事物的刻画是以规则体通过布尔代数运算、通过逼近的方法得到的。因此可见，对客观事物描述得越细致数据量越大，很可能超过同等画幅和画面质量的图像。图形具有可以任意牵拉放大，放大倍数不影响图像质量，图形大小与文件数据量无关等特点。常用的文件格式有：WMF、EPS 和 AI 等。图形媒体适合描述规则体等客观事物，常用作描述一些规则体的结构特征，例如，机器零部件和关系、发动机内部结构等。

图像媒体也是视觉媒体之一，图像媒体是通过将每一个像素点都进行描述的方法进行信息表达，因此数据量较大，且随着图像尺寸大小的改变文件数据量也随之变化，对图像放大会造成图像马赛克。图像媒体适合描述不规则体表征的客观事物。常用的文件格式有：BMP、JPG、PNG、PSD 和 GIF 等。图形、图像媒体承载的信息量和数据量较大，在选材时需要考虑媒体的构图方法、色彩和对比、用光和节奏；也需要考虑媒体中主体与背景的呼应关系、位置关系、间色彩关系和明度关系等。在使用图形、图像媒体时，我们还需要考虑数据文件的表述方法，需要支持的播放器，数据量和压缩方法等。

电脑动画和数字电影是动态的图形和图像媒体。例如，动画中的 SWF 文件格式为动态图形媒体，动画或数字电影文件格式 AVI 为动态图像媒体，MPG 为经 MPEG 压缩算法处理的动态图像媒体等。动画是计算机经常使用的媒体形式之一，是通过计算机的方法制作的视觉媒体，在表现形式上，它可以较为真实地模拟一些采用电影或录像难以拍摄到的动态图像，如心脏的工作原理、汽车发动机的工作原理等。

动画的工作原理接近于电影，都是利用人的视觉延迟，即当人眼观看一个物体时，在人脑中形成一个对应的物像，该物体突然消失，人脑中的物像并不会同时消失，仍然有一段时间的滞留。若有一组画面内容相关的图像，以一定的速度播放，当播放速度大于 25 帧/秒时，人眼视觉分辨不出这种高速变化，而感觉看到的是一组连续动作画面。动画就是由按一定速度播放的一组连续变化的动作画面组成的。

动画因其数据格式的不同分为位图动画和矢量动画，因其幅间变化制作的不同分为逐帧动画和渐变动画，因其视觉感觉不同分为二维动画和三维动画。

（1）位图动画：动画中的每一个画面都是图像媒体。

（2）矢量动画：画面的媒体形式为图形媒体。

（3）逐帧动画：通过制作一个个内容相关、独立画幅且具有固定播放顺序的图像来实现的动画，它具有画面真实感强、色彩丰富等特点。缺点是制作工作量和文件数据量较大。

（4）渐变动画：需要制作的只是动画中的关键帧，即一组动作的起点和终点，关键帧与关键帧之间的动作过渡由制作软件生成。优点是文件数据量小、动作连续,缺点是画面变化随意性较差。

(5) 二维动画:在二维空间中为表述客观事物而绘制和制作的动画称为二维动画。

(6) 三维动画:在三维空间中为表述客观事物而绘制和制作的动画称为三维动画。实际上,在以监视器或投影电视为显示装置的系统中制作的动画,基本上都属于二维动画。三维效果的实现是通过改变视角、用光等参数,控制物体大小、变形和虚化等视觉效果实现的。

数字电影指的是将视频图像或外部设备存储的视频图像文件采集到计算机中,形成数字视频文件。

数字电影因压缩算法的不同分为:AVI(Audio Video Interleaved)视频信号、音频信号和控制信号交错存储压缩格式,生成的是 AVI 文件;M-JPEG(Motion-Joint Photographica Expert Group)压缩格式,生成的也是 AVI 文件;MPEG(Moving Pictures Experts Group)-I 压缩格式,生成的是 MPG 文件;MPEG-II 压缩格式,生成的也是 MPG 文件;MPEG-IV 压缩格式,生成的是 AVI 文件和 RM 压缩格式,生成的是 RM 文件。

在多媒体创作中,事先对所要使用的媒体素材进行分类整理,根据需要选择使用,可以起到事半功倍的效果。

1.2　多媒体创作工具及常用标准

多媒体是一门综合性的学科,它涉及的领域和技术相当广泛。多媒体作品之所以能够实现交互离不开各种脚本语言,本节介绍几个与多媒体环境及脚本开发密切相关的重要概念,通过对这些概念的介绍让使用者进一步加深对多媒体作品开发的了解,并从整体上了解多媒体与超文本、超媒体、HTML、SGML 和 VRML 等语言之间的相关性。

1.2.1　常用的多媒体创作工具

常用的多媒体软件开发工具目前主要有以下几种,Authorware 是 Macromedia 公司开发的著名多媒体作品开发工具,它不仅是众多的公司、企业制作多媒体产品的开发平台,更是很多大、中、小学教师制作多媒体 CAI 课件的首选工具。Authorware 结合了微软公司开发的办公软件 Access,是可以开发出具有较复杂的、交互性的和具备多媒体数据库特性的一些多媒体课件。Director 也是 Macromedia 公司开发的一款多媒体作品创作软件,目前很多著名的多媒体产品都是用 Director 开发的,受到了多媒体设计专家、艺术工作者等的青睐。使用 Director 不但可以创作多媒体教学光盘、活灵活现的网页和多媒体的互动式简报还可以制作出色的动画。多媒体作品的制作也不应该只拘泥于一种开发工具,比如 Flash 软件加平面设计软件 Photoshop 再加上脚本语言、数据库和声音编辑器等可以创作出非常优秀的多媒体作品,与 Flash 软件类似的开发工具还有 Swishmax,有时用 Flash 需要一个小时才能完成的多媒体效果,用 Swishmax 几分钟就可以完成了,Swishmax 可以通过拖曳对象快速完成动画路径的制作,可以根据命令自动生成简单的脚本。Swishmax 可以部分兼容 Flash 源码文件。

三维多媒体软件的常用开发工具 3Ds Max 是由 Autodesk 公司推出的,应用于 PC 平台的三维动画软件,从 1996 年开始就一直被应用于三维动画领域。它的前身是 3Ds,也许是依靠 3Ds 在 PC 平台中的优势，3Ds Max 一推出就受到了瞩目。它支持 Windows 95 及之后系列的操作系统，具有优良的多线程运算能力，支持多处理器的并行运算，丰富的建模和动画能力，出色的材质编辑系统，这些优秀的特点吸引了大批的三维动画制作者和公司。现在，在国内 3Ds Max 的使用人数大大超过了其他的三维软件。现在 Nurbs、Dispace Modify、Camer Traker 和 Motion Capture 这些原来只有在专业软件中才有的功能，也被引入到了 3Ds Max 中。可以说今天的 3Ds Max 给人的印象绝不是一个运行在 PC 平台的业余软件了，从电视到电影，都有 3Ds Max 的作品。比如《迷失太空》这部科幻电影中的绝大多数特技镜头都是由 3Ds Max 完成的。

3Ds Max 的成功在很大程度上要归功于它的插件。全世界有许多的专业技术公司在为 3Ds Max 设计各种插件，它们都有自己的专长，各种插件也非常专业。例如，增强的粒子系统 Sandblaster、Ourburst，设计火、烟、云的 Afterburn，制作肌肉的 Metareyes，制作人面部动画的 Jetareyes，还有 VR 渲染，有了这些插件，就可以轻松设计出惊人的虚拟现实效果。可以说每天都有新的为 3Ds Max 设计的插件推出。3Ds Max 也还有不足之处，比如它的渲染质量，虽然它有 Radisoray、Raygun 这些增强的渲染器，但不管从渲染质量和渲染速度上来讲，同 Softimage 3D 这类软件还是有差距的。

Softimage 3D、MAYA、Flint 等软件在 SGI 平台上可以发挥最好的性能。Softimage 3D 是 Softimage 公司出品的三维动画软件。Softimage 3D 杰出的动作控制技术，使越来越多的导演选用它来完成电影中的角色动画。《侏罗纪公园》里身手敏捷的速龙、《闪电悍将》里闪电侠那飘荡的斗篷，都是由 Softimage 3D 来设置动画的。MAYA 是 Alias/Wavefront 公司出品的最新三维动画软件。虽然推出没有多久，但其强大的功能却有超过 Softimage 3D 的势头。

Houdini 在国外是一个非常惹人注目的三维动画和视觉特技软件。同其他软件不同的是，它把三维动画同非线性编辑结合在一起。Houdini 比较强的功能是它的粒子系统和变形球系统。《终结者Ⅱ》里的液态机器人就是用 Houdini 的变形球系统来完成的。Houdini 的界面比较复杂，每个控制的参数很多，在这个网站 http://www.sidefx.com/ 中有对它更多的介绍。

LightWave 在好莱坞所具有的影响力也不比 Softimage、Alias 等差。可是它的价格却非常的低廉，这也是众多公司选用它的原因之一。不光有低廉的价格，LightWave 3D 的品质也是非常出色的。名扬全球的好莱坞巨片《泰坦尼克号》中的泰坦尼克号模型，就是用 LightWave 制作的。

现在在电影与电视的三维动画制作领域中，使用 LightWave 3D 的频率大大高于其他软件。Digital Domain、Will Vinton、Amblin Group、Digital Muse、Foundation 等顶尖制作公司，也纷纷采用 LightWave 3D 来进行创作。LightWave 3D 是全球唯一兼容大多数工作平台的 3D 系统。Intel(Windows NT/95/98)、SGI、SunMicro System、PowerMaC、DEC Alpha，在各种平台上都有一致的操作界面，无论使用高端的工作站系统或使用 PC，LightWave 3D 都能胜任。LightWave 3D 5.5 版包含了动画制作者所需要的各种先进的功能：光线追踪(Raytracing)、动态模糊(Motion Blur)、镜头光斑特效(Lens Flares)、反向运动学(Inverse Kinematics, IK)、Nurbs 建模(MetaNurbs)、合成(Compositing)和骨骼系统(Bones)等。http://www.newtek.com/ 是 LightWave 3D 的官方站点。

3D 动画制作软件需要有建模的功能。但是如果想有一套超强功能的 Nurbs 建模工具,恐怕非 Rhino 3D 莫属了。Rhino 3D 是真正的 Nurbs 建模工具。它提供了所有的 Nurbs 功能,丰富的工具涵盖了 Nurbs 建模的各方面:Trim、Blend、Loft、Fourside,可以说是应有尽有,能够非常容易地制作出各种曲面。Rhino 3D 的另一大优点就是它提供了丰富的辅助工具,如定位、实时渲染、层的控制和对象的显示状态等,这些可以极大地方便用户的操作。

Rhino 3D 可以定制自己的命令集。可以将常用到的一些命令集做成一个命令按钮,使用后可以产生一系列的操作,很像 DOS 里的批处理命令。这对那些经常要重复的操作特别有用,例如调整人脸形状。Rhino 3D 还提供了命令行的输入方法,用户可以输入命令的名称和参数。因为 Rhino 3D 是专门的 Nurbs 建模软件,所以不提供动画的功能。在渲染方面 Rhino 3D 还不错,提供了材质等较多的控制。不过在本书中还是只把它当作专门建立模型的工具。

Rhino 3D 可以输出许多种格式的文件。现在已经可以直接输出 Nurbs 模型到 3Ds Max、Softimage 3D 等软件中了,你也可以把 Nurbs 转换为多边形组成的物体,供其他软件调用。转换时你可以方便地选择生成不同质量的模型,以适应不同的需求。现在已经有越来越多的人用 Rhino 3D 来建模了,它的官方站点是 http://www.rhino3d.com/。

在三维动画领域当中,制作令人信服的三维地貌环境是三维多媒体作品创作的难点之一。如果用普通的三维动画制作软件来制作的话,需要花费大量的时间和精力来实现现实环境中的每一个细节。World Builder 是一套专门的三维造景软件,它可以非常方便地生成各种地形地貌与各种逼真的三维树木花草,可以从各个角度观看或者生成动画。这一切主要归功于 World Builder 内建的材料库,包括地面、水、花草树木和天空等,World Builder 内建的材料库资源非常丰富。

但 World Builder 的渲染速度很慢,如果要渲染一张比较复杂的场景,可能会花费很长的时间,不过渲染的品质不错。这个软件的界面非常像 3Ds Max,而且许多操作也非常类似。World Builder 还与其他一些三维动画软件兼容,可以将在 World Builder 里生成的场景直接调入到 3Ds Max、LightWave 等软件里使用,并且可以将场景的材质也一同输出。因此,一般通过 World Builder 来生成场景,用 3Ds Max 这样的动画软件来实现后期的着色和动画。

World Construction Set 也是一套 3D 造景软件,它所实现的功能基本上同 World Builder 相同,World Construction Set 同其他造景软件一样,提供了许多现成的库供设计者调用,但不同的是,在 World Construction Set 中云朵、湖泊等都可以设置为运动的,在渲染后的动画中可以产生非常真实的效果。World Construction Set 的一个不足之处就是场景中许多精细的地方是由贴图来实现的,而不是真正的三维模型,所以有些地方放大后会有不小的粗糙感。

World Construction Set 的界面设计得非常好,直观的地图编辑器可以方便地产生各种真实的地貌。相比之下,World Builder 在这点上就较差了。这套软件可以和 3Ds Max 等软件配合使用。

TrueSpace 是一套整合了 VRML 编程能力的三维渲染软件。TrueSpace 高超的渲染品质要归功于全新的渲染器,由 Lightwork Design 公司开发的 LightWorks Pro 渲染引擎。

TrueSpace 4.0 将高级的光传导渲染法（Radiocity）与传统的渲染功能完美地整合在一起，如光线追踪（Raytrace）。光传导技术的运用可以大大加强场景的真实性。在 TrueSpace 4.0 中，增加了更多传统的控制元件，如按钮、面板和滑动器等，界面本身已经变成 3D 工作中的一部分了，并且完全可由 3D 硬件来加速。

1.2.2 多媒体开发的常用语言标准

多媒体开发工具向着便捷、动画、视频和音频等多维多功能创作方向日新月异地发展，与开发工具相对应的是多媒体技术开发标准的制定。下面是对与多媒体技术密切相关或容易混淆的超文本、超媒体、SGML、HTML 和 VRML 等语言特征和标准的简单介绍。

1. 超文本（Hypertext）

美国人 Ted Nelson 在 1965 年杜撰了"Hypertext（超文本）"和"Hypermedia（超媒体）"这两个术语，1968 年他与 Andries Van Dam 一起在布朗大学共同开发了超文本编辑系统。这些术语的前缀"Hyper"的词义出自希腊语的"超越、超出"一词。所谓超文本就是计算机使用者通过超链接和其他人共享文本信息的一种文本。超文本的首次使用是 20 世纪 60 年代 Douglas Engelbart 在斯坦福大学开发的"On-Line 系统"上实现的。超文本揭开了网络链接的基础，后来发展出了超文本标记语言，超文本的两个要素：节点（Node）是指信息块，包括段、帧、卷和文本；链（Link）是指节点之间的指针。相对于超媒体来说，超文本的节点仅含文本，即文字、符号和数字。

2. 超媒体（UltraMedia）

超媒体是超级媒体的简称，是超文本和多媒体在信息浏览环境下结合的跨媒体平台。可以说超媒体是超文本的衍生或者必然的发展趋势，因此超媒体在本质上和超文本是一样的，只不过超文本技术在诞生初期管理的对象是纯文本，所以叫做超文本。在 20 世纪 70 年代，用户语言接口方面的先驱者 AndriesVan Dam 创造了一个新词"电子图书"，电子图书中自然包含有许多静态图片和图形，它的含义是你可以在计算机上创作作品和联想式地阅读文件，它保存了用纸做存储媒体的最好的特性，而同时又加入了丰富的非线性链接，这就促使在 20 世纪 80 年代产生了超媒体（Hypermedia）技术。发展到现在，超媒体正在进行着全新的蜕变，它不是 Hypermedia 而是 UltraMedia（U-Media）。超媒体的节点按属性和功能可以分为图形、图像、动画、视频、语言、音乐、声响、混合媒体、索引媒体以及规则等。超媒体不仅仅是一个技术词汇，它是新媒体意识与新商业思维的杂交，含有"你媒体"的意思，是 Web 2.0 与全球化 3.0 即个人全球化、媒体化的有机聚合。事实上，从现在个人最常用的 E-mail、即时通信和博客，到像 Autodesk 公司那样专门为电脑设计师打造的交互设计平台，从比尔·盖茨"未来之路"宽带视频的"超级连路"，到 Google Earth 的超市地球，都是不同层面不同量级的超媒体产品。

超媒体打破了传统的单一媒体的界限和传统思维，将平面媒体、电波媒体和网络媒体整合在一起，在不久的将来每个人都会深刻感受到超媒体的倍增效应——"用得上，用得起，用得好"。超媒体的功能需要超链接来实施，默认情况下鼠标滑向具有超链接标志的对象上时会出现一只手的形状。超链接是网状型的，如图 1-3 所示，箭头表示可创建的链接关系。

图 1-3　超媒体示意图

3. 标记语言（Markup Language）

标记（Markup）是为了传达有关文档的信息而添加到文档数据中的文本。标记可以分为说明性标记和过程性标记。标记语言（Markup Language）是用标记描述结构化数据，并且有严格的语法规则的形式语言。标记用于定义文本格式与处理、通信语义、数据库字段的含义与关系、多媒体数据源。

标记语言的发展示意图（图 1-4）。

图 1-4　标记语言发展过程

SGML 是一个组织和标记文档元素的系统。国际标准组织（ISO）于 1986 年开发出了 SGML，并使其成为国际标准。SGML 本身并不指定任何特定的格式，而是指定了用于标记元素的规则。这些标记符因而被阐释来以不同的方式安排元素的格局。SGML 广泛应用于管理那些需要频繁的修改和需要使用不同格式打印的大型文档。由于它是一个庞大而复杂的系统，所以还没有被广泛地应用于个人电脑之中。然而，由于万维网使用依照 SGML 规则定义和阐释标记符的 HTML 语言，互联网尤其是万维网的发展正不断激发着人们对 SGML 的兴趣。图 3-2 中包含了超媒体/时基结构化语言（HyTime），国际标准中定义的超媒体/时基结构化语言（HyTime）提供了许多功能，用来表示超文本工具和多媒体应用程序处理和相互交换的信息，包括静态信息和动态信息。HyTime 其实是 ISO 8879 即标准通用标注语言（SGML）的一种应用，它所制定的标准机制，用于在文档以及其他的信息载体内部、相互之间设定超链接，同时，还用来对多媒体信息从时间和空间角度进行组织。可扩展标记语言（XML），是从 SGML（ISO 8879）中派生出的简单灵活的文本格式。设计 XML 的最初目的在于应对大规模电子出版的挑战，而在万维网上大量不同类型数据的交换中，XML 也发挥了重要的作用。

4. 通用标记语言（SGML）的概念、特点与文件组成

标准通用标记语言（Standard Generalized Markup Language，SGML），即 ISO/IEC

8879：1986 是标记语言的鼻祖,现在流行的标记语言都是它的应用或它的派生语言。

SGML 的特点如下。

- 不指定文本的格式与显示,不是一种格式化语言,对文档排版没有影响。
- 使用基于内容的标记而不是基于个体的标记,方便信息的检索与管理。
- 是一种元标记语言,不是一种特定的标记语言,有用于创建具体标记语言的一套规范,使文本的格式一致性非常容易。
- 适用于涉及大量结构相似的数据工程,如目录、手册、清单和摘要等。

5. 超文本标记语言(HTML)

HTML(HyperText Mark-up Language)即超文本标记语言或超文本链接标示语言,是目前网络上最为流行的语言,也是构成网页文档的主要语言。HTML 标记语言成对出现,并存放在尖括号中,HTML 命令可以说明文字、图形、动画、声音、表格和链接等。HTML 的结构包括头部(Head)、主体(Body)两大部分,其中头部描述浏览器所需的信息,而主体则包含所要说明的具体内容。1982 年,蒂姆·伯纳斯·李(Tim Berners-Lee)为使世界各地的物理学家能够方便地进行合作研究,建立了 HTML。Tim Berners-Lee 设计的 HTML 以纯文字格式为基础,可以用任何文字编辑器进行编辑,最初仅有少量标记(TAG),因此易于掌握运用。随着 HTML 使用率的增加,人们不满足只能看到文字。Tim Berners-Lee 给出了原始定义,由 IETF 用简化的 SGML 语法进行进一步发展的 HTML,后来成为国际标准,由万维网联盟(W3C)维护。包含 HTML 内容的文件最常用的扩展名是.html,但是像 DOS 这样的旧操作系统限制扩展名为最多为 3 个字符,所以.htm 扩展名也被使用。1993 年,还是大学生的 Marc Andreessen 在他的 Mosaic 浏览器中加入了超文本标记,从此就可以在 Web 页面上浏览图片了。但人们认为仅有图片还是不够,希望可以将任何形式的媒体加到网页上。因此,HTML 的功能在不断地扩充和发展中。

超文本标记语言(第一版)——在 1993 年 6 月作为互联网工程工作小组(IETF)工作草案发布(并非标准)。

- HTML 2.0——1995 年 11 月作为 RFC 1866 发布,在 RFC 2854 于 2000 年 6 月发布之后被宣布已经过时。
- HTML 3.2——1996 年 1 月 14 日,W3C 推荐标准。
- HTML 4.0——1997 年 12 月 18 日,W3C 推荐标准。
- HTML 4.01(微小改进)——1999 年 12 月 24 日,W3C 推荐标准。
- ISO/IEC 15445：2000(ISO HTML)——2000 年 5 月 15 日发布,基于严格的 HTML 4.01 语法,是国际标准化组织和国际电工委员会的标准。

HTML 没有 1.0 版本是因为当时有很多不同的版本。有些人认为蒂姆·伯纳斯·李的版本应该算初版,这个版本没有 IMG 元素。当时被称为 HTML＋的后续版本的开发工作于 1993 年开始,最初是被设计成为"HTML 的一个超集"。第一个正式规范为了和当时的各种 HTML 标准区分开来,使用了 2.0 作为其版本号。HTML＋的发展依然继续下去,但是它从未成为标准。

HTML 3.0 规范是由当时刚成立的 W3C 于 1995 年 3 月提出的,提供了很多新的特性,例如表格、文字绕排和复杂数学元素的显示。虽然它是被设计用来兼容 2.0 版本的,但是实现这个标准的工作在当时过于复杂,在草案于 1995 年 9 月过期时,标准开发也因为缺乏浏览器支持而中止了。3.1 版本从未被正式提出,而下一个被提出的版本是开发代号为 Wilbur 的 HTML 3.2,去掉了大部分 3.0 中的新特性,但是加入了很多特定浏览器,例如 Netscape 和 Mosaic 的元素和属性。HTML 对数学公式的支持最后成为了另外一个标准 MathML。

HTML 4.0 同样也加入了很多特定浏览器的元素和属性,但是同时也开始"清理"这个标准,把一些元素和属性标记为过时的,建议不再使用它们。HTML 的未来和 CSS 结合会更好。XHTML 是一族当前和未来的文档类型及对 HTML 4.0 进行再生、细化和扩展的模块。XHTML 族文档类型是基于 XML 的,并最终被设计来与基于 XML 的用户代理协同工作。

HTML 5.0 已于 2007 年被 W3C 接纳,第一份正式草案已于 2008 年 1 月 22 日公布。HTML 5.0 有两大特点:首先,强化了 Web 网页的表现性能。其次,追加了本地数据库等 Web 应用的功能。

6. 虚拟现实语言(VRML)

虚拟现实(Virtual Reality,VR)是近年来出现的高新技术,也称灵境技术或人工环境。虚拟现实是利用电脑模拟产生一个三维空间的虚拟世界,提供使用者关于视觉、听觉和触觉等感官的模拟,让使用者如同身历其境一般,可以通过漫游的方式观察数字化三维空间事物。虚拟现实是人们通过计算机对复杂数据进行可视化操作与交互的一种全新方式,人可以通过使用特殊装置将自己"投射"到这个环境中,并操作、控制环境,实现特殊的目的,即人是这种环境的主宰。

VRML 是虚拟现实造型语言(Virtual Reality Modeling Language)的简称,本质上是一种面向 Web,面向对象的三维造型语言,它是一种解释性语言。1993 年 9 月,Tong Pari-si 和 Mark Pesce 开发了第一个 VRML 浏览器。在万维网会议上(1994 年秋于日内瓦),由 Tim Berners-Lee 和 Dave Raggett 所组织的一个名为 BOF 的小组提出了 VRML 这个名字,但当时所代表的含义为 Virtual Reality Mark-up Language,后来为了反映三维世界的建模而将 Markup 改为了 Modeling,缩写仍为 VRML。在这次大会后,一个名为 www-vrml mailing list 的组织成立了,并于 1994 年秋在第二次 WWW 大会上发布了 VRML 1.0 的草稿。VRML 1.0 允许单个用户使用非交互功能,且没有声音和动画,它只允许建立一个可以漫游的环境。虽然 VRML 1.0 给人的最初印象看起来十分有限,但它形成了一组可以被开发扩展的工作核心,以便建立 VRML 2.0、VRML 3.0 或更新的版本。VRML 2.0 的规范于 1996 年 8 月通过,它在 VRML 1.0 的基础上进行了很大的补充和完善。它以 SGI 公司的 Move World 提案为基础。SGI 公司是最有影响力的 VRML 厂商,已经引进了 Cosmo 3D——一个 VRML 2.0 的 API,作为其新的工具结构 Viper 的基础。Cosmo 3D 的附件支持 SGI 公司已有工具编写的应用程序,而这些应用程序也就变成了 Viper 内置的专用功能。SGI 公司许多广为传播的工具也支持 VRML 2.0。

1.3　多媒体计算机系统的组成

多媒体计算机系统是指能综合处理多种媒体信息,使信息之间建立联系,并具有交互性的计算机系统。多媒体计算机系统一般由多媒体计算机硬件系统和多媒体计算机软件系统组成。通常应包括 5 个层次结构，如图 1-5 所示。

多媒体应用程序
多媒体编辑与创作工具
多媒体操作系统
多媒体硬件设备的驱动程序
多媒体硬件设备

图 1-5　多媒体计算机系统层次结构

第一层为多媒体计算机主机（Multimedia PC，MPC）、各种多媒体外设的控制接口和设备。构成多媒体硬件系统除了需要较高性能的计算机主机硬件外，通常还需要音频、视频处理设备、光盘驱动器和各种媒体输入输出设备等。例如摄像机、电视机、话筒、录像机、录音机、视盘、扫描仪、CD-ROM、高分辨率屏幕、视频卡、声卡、实时压缩和解压缩专用卡、家电控制卡、通信卡、操纵杆、键盘和触摸屏等。

第二层为多媒体设备驱动程序。该层软件除驱动、控制多媒体设备外，还要提供输入输出控制界面程序（I/O 接口程序）。

第三层为多媒体操作系统，负责对多媒体计算机的硬件、软件的控制与管理。多媒体应用程序接口（API），为上层提供软件接口，使程序开发人员能在高层通过软件调用系统功能，并能在应用程序中控制多媒体硬件设备。多媒体操作系统除一般的操作系统功能外，它还为多媒体信息处理提供了设备无关的媒体控制接口。例如，Windows 操作系统提供的媒体控制接口。

第四层是媒体制作平台和媒体制作工具软件。设计者可利用该层提供的接口和工具采集、制作媒体数据。多媒体制作工具软件可缩短多媒体应用系统的开发周期，降低对设计人员技术方面的要求。

第五层为多媒体应用系统的运行平台，即多媒体播放系统。该层直接面向用户，要求有较强的交互功能和良好的人-机界面。

1.3.1　多媒体计算机系统的软件

多媒体软件系统按功能可分为系统软件和应用软件。系统软件是多媒体系统的核心，它不仅具有综合使用各种媒体、灵活调度多媒体数据进行媒体传输和处理的能力，而且还要控制各种媒体硬件设备协调地工作。多媒体系统软件主要包括多媒体操作系统、媒体素材制作软件及多媒体函数库、多媒体创作工具与开发环境、多媒体外部设备驱动软件和驱动器接口程序等。

应用软件是在多媒体创作平台上设计开发的面向应用领域的软件系统，通常由应用领域的专家和多媒体开发人员共同协作、配合完成。开发人员利用开发平台、创作工具，制作组织各种多媒体素材，生成最终的多媒体应用程序，并在应用中测试、完善，形成最终的多媒体产品。例如教育软件、电子图书等。

1.3.2　多媒体计算机系统的硬件

为促进多媒体计算机的标准化，Microsoft、IBM 等公司组成了多媒体 PC 工作组（The

Multimedia PC Working Group），先后发布了 4 个 MPC 标准。按照 MPC 联盟的标准，多媒体计算机应包含 5 个基本单元：主机、CD-ROM 驱动器、声卡、音箱和 Windows 操作系统。特别是 MPC 4.0，它为将 PC 升级成 MPC 提供了一个指导原则，MPC 4.0 要求在普通微机的基础上增加以下 4 类软、硬件设备。

- 声/像输入设备：光驱、刻录机、音效卡、话筒、扫描仪、录音机和摄像机等。
- 声/像输出设备：音效卡、录音录像机、刻录光驱、投影仪和打印机等。
- 功能卡：电视卡、视频采集卡、视频输出卡、网卡和 VCD 压缩卡等。
- 软件支持：音响、视频和通信信息以及实时、多任务处理软件。

　　MPC 标准是一个开放式的平台，用户可以在此基础上附加其他的硬件，配置性能更好、功能更强的 MPC。从现在的多媒体计算机的软、硬件性能来看，已完全超过了 MPC 标准的规定，MPC 标准已成为了一种历史，但 MPC 标准的制定对多媒体技术的发展和普及起到了重要的推动作用。

1.4　多媒体技术的发展和应用

1.4.1　多媒体的关键技术

　　多媒体的关键技术主要包括数据压缩与解压缩、媒体同步、多媒体网络和超媒体等。其中以视频和音频数据的压缩与解压缩技术最为重要。视频和音频信号的数据量大，同时要求传输速度要高，目前的微机还不能完全满足要求，因此，对多媒体数据必须进行实时的压缩与解压缩。自从 1948 年出现脉冲编码调制（PCM）编码理论以来，编码技术已有了 60 多年的历史，日趋成熟。目前主要有三大编码及压缩标准。

1. JPEG（Joint Photographic Expert Group）标准

　　JPEG 是 1986 年制定的主要针对静止图像的第一个图像压缩国际标准。该标准制定了有损和无损两种压缩编码方案，对单色和彩色图像的压缩比通常为 10∶1 和 5∶1。JPEG 广泛应用于多媒体 CD-ROM、彩色图像传真和图文档案管理等方面。

2. MPEG（Moving Picture Expert Group）标准

　　MPEG 即活动图像专家组，是国际标准化组织和国际电工委员会组成的一个专家组。现在已成为了有关技术标准的代名词。

　　MPEG 是目前热门的国际标准，用于活动图像的编码。在这里，编码指的是信息的压缩和解压缩。我们今天能够欣赏 VCD 和 DVD，完全得益于信息的压缩和解压缩。

　　MPEG 包括 MPEG-Video、MPEG-Audio 和 MPEG-System 三个部分。MPEG 是针对 CD-ROM 式有线电视传播的全动态影像，它严格规定了分辨率、数据传输率和格式。其平均压缩比为 50∶1。MPEG-1 的设计目标是达到 CD-ROM 的传输率和盒式录音机的图像质量。它广泛适用于多媒体 CD-ROM、硬盘、可读写光盘、局域网和其他通信通道。MPEG-2 的设计目标是在一条线路上传输更多的有线电视信号，它采用更高的数据传输率，以求达到更好的图像质量。MPEG-4 计划用于传输率低于 64KBps 的实时图像。当前，人们普遍对三个方面感兴趣：无线移动通信、交互式的计算机应用、音频数据和不断增加的各种应用的集成，MPEG-4 着力于把这三个方面的应用会聚在一起，将提供一种允许交互性、高压缩和通用的可访问性的新的音频编码标准。MPEG-System 则是用于处理视频和音频数据的复合和同步的标准。

3. H.216（又称为 P×64 标准）

H.216 是国际电报电话会议（CCITT）所属专家组，主要为可视电话和电视会议而制定的标准，是关于视像和声音的双向传输标准。

近 50 年来，已经产生了各种不同用途的压缩算法、压缩手段和实现这些算法的大规模集成电路和计算机软件。人们还在不断地研究更为有效的算法。

1.4.2　多媒体技术的应用领域

多媒体技术的应用领域非常广泛，几乎已渗透到了各行各业。由于多媒体具有直观、信息量大和传播迅速等显著特点，因此多媒体应用领域的拓展十分迅速。多媒体技术应用领域集文字、声音、图像、视频和通信等多项技术于一体，采用计算机的数字记录和传输传送方式，对各种媒体进行处理，具有广泛的用途，甚至可代替目前的各种家用电器，集计算机、电视机、录音机、录像机、VCD 机、DVD 机、电话机和传真机等各种电器为一体。多媒体技术是一种涉及面极广的综合技术，是开放性的没有最后界限的技术。多媒体技术的研究涉及计算机硬件、计算机软件、计算机网络、人工智能和电子出版等，其产业涉及电子工业、计算机工业、广播电视、出版业和通信业等。多媒体技术最常应用于以下 10 个方面。

（1）教育（形象教学、模拟展示和多媒体课件）：多媒体教材通过图、文、声、像的有机结合，能多角度、多侧面地展示教学内容。可以通过电子教案、形象教学、模拟交互过程、网络多媒体教学和仿真工艺过程等方式来展示。目前有多媒体参与的教学主要分成以下几类，计算机辅助教学（CAI）、计算机辅助学习（CAL）、计算机化教学（CBI）、计算机化学习（CBL）、计算机辅助训练（CAT）和计算机管理教学（CMI）等。

（2）商业广告（特技合成、大型演示）：多媒体技术主要应用于影视商业广告、公共招贴广告、大型显示屏广告、平面印刷广告和网络营销等。

（3）影视娱乐业（电影特技、变形效果）：主要应用于影视作品中，电视/电影/卡通混编特技、演艺界 MTV 特技制作、三维成像模拟特技和仿真游戏等。

（4）医疗（远程诊断、远程手术）：网络多媒体技术、网络远程诊断、网络远程手术及远程会诊等。

（5）旅游业（景点介绍）：风光重现、风土人情介绍、服务项目介绍和旅游景点虚拟现实展示等。

（6）人工智能模拟（生物、人类智能模拟）：生物形态模拟、生物智能模拟和人类行为智能模拟等。

（7）办公自动化：媒体信息的采集，静态图片、动画、视频图像的处理、加工和传输，多媒体信息点对点通信、广播，宽带网络办公环境下多媒体技术的应用等。

（8）多媒体通信：按通信网来分，多媒体技术主要应用在电话网、广电网和计算机网上。表现形式主要有视频会议技术、3G 手机等。

(9) 影视创作：影视特技、三维动画等。

(10) 数字地球：数字地球是一个以地球坐标为依据的、具有多分辨率的海量数据和多维显示的地球虚拟系统。是美国副总统戈尔于 1998 年 1 月在加利福尼亚科学中心开幕典礼上发表的题为"数字地球——新世纪人类星球之认识"演说时，提出的一个与全方位的 GIS(Geographic Information System)地理信息系统、网络和虚拟现实等高新技术密切相关的概念。严格地讲，数字地球是以计算机技术、多媒体技术和大规模存储技术为基础，以宽带网络为纽带运用海量地球信息对地球进行多分辨率、多尺度、多时空和多种类的三维描述，并利用它作为工具来支持和改善人类活动和生活质量。

多媒体技术应用领域集文字、声音、图像、视频和通信等多项技术于一体，采用计算机的数字记录和传输传送方式，对各种媒体进行处理，具有广泛的用途，甚至可代替目前的许多家用电器，集计算机、电视机、录音机、录像机、VCD 机、DVD 机、电话机和传真机等各种电器为一体。多媒体技术是一种涉及面极广的综合技术，是开放性的没有最后界限的技术。

练习

一、选择题

1. 多媒体技术中的媒体指的是(　　)。
   A. 感觉媒体　　　　B. 表示媒体　　　　C. 表现媒体　　　　D. 存储媒体

2. 下面哪项属于多媒体范畴?(　　)
   A. 交互式视频游戏　B. 立体声音乐　　　C. 彩色电视　　　　D. 彩色画报

3. 下列不属于多媒体技术特点的是(　　)。
   A. 多样性　　　　　B. 实时性　　　　　C. 交互性　　　　　D. 群体性

4. 一般认为，多媒体技术研究的兴起，从(　　)开始。
   A. 1972 年，Philips 展示播放电视节目的激光视盘
   B. 1984 年，美国 Apple 公司推出 Macintosh 系列机
   C. 1986 年，Philips 和 Sony 公司宣布发明了交互式光盘系统 CD-I
   D. 1987 年，美国 RCA 公司展示了交互式数字影像系统 DVI

5. 多媒体技术未来发展的方向是(　　)。
   (1) 高分辨率，提高显示质量　　　　　(2) 高速度化，缩短处理时间
   (3) 简单化，便于操作　　　　　　　　(4) 智能化，提高信息识别能力
   A. (1)(2)(3)　　　B. (1)(2)(4)　　　C. (1)(3)(4)　　　D. 全部

6. 下列不属于多媒体技术中的媒体的范围的是(　　)。
   A. 存储信息的实体　B. 信息的载体　　　C. 文本　　　　　　D. 图像

7. 在超文本和超媒体中不同信息块之间的连接是通过(　　)连接的。
   A. 节点　　　　　　B. 链　　　　　　　C. 线　　　　　　　D. 字节

8. 下列硬件配置是多媒体硬件系统应该有的是(　　)。
   (1) CD-ROM 驱动器　　　　　　　　　(2) 高质量的音频卡
   (3) 计算机最基本配置　　　　　　　　(4) 多媒体通信设备
   A. (1)　　　　　　B. (1)(2)　　　　　C. (1)(2)(3)　　　D. 全部

9. 下列哪项不是多媒体的应用领域？（　　）

    A. 咨询软件的策划和制作　　　　　　B. 娱乐

    C. 旅游指南　　　　　　　　　　　　D. 企业管理

10. 下列哪些说法正确？（　　）

    (1) 多媒体技术促进了通信、娱乐和计算机的融合

    (2) 多媒体技术可用来制作 VCD 及影视音响、卡拉 OK 机

    (3) 多媒体技术极大地改善了人-机界面

    (4) 利用多媒体是计算机产业发展的必然趋势

    A. (1)　　　　　　　　　　　　　　B. (1)(2)

    C. (1)(2)(3)　　　　　　　　　　　D. (1)(2)(3)(4)

二、填空题

1. 多媒体技术是利用_____对多种信息进行综合处理、建立_____，集成为一个系统并具有_____。

2. 多媒体技术交互式应用的高级阶段是_____。

3. MPC 是_____的简称。

三、简答题

1. 什么是多媒体技术？

2. 简述多媒体技术的特征。

3. 媒体分为哪几类？

4. 多媒体的关键技术是什么？

5. 多媒体技术的应用领域有哪些？

6. 什么是超文本？什么是超文本系统？试举例说明。

第 2 章　多媒体数据压缩与编码技术

在信息时代,人们越来越依靠计算机获取和利用信息。而数字化后的音频和视频等媒体信息具有媒体海量性,与当前硬件技术所能提供的计算机存储资源和网络带宽之间有很大的差距。这样,就对多媒体信息的存储和传输造成了很大的困难,成为阻碍人们有效获取和利用信息的一个瓶颈问题。语音、图像与视频等多媒体数据的压缩编码是解决多媒体数据的存储与传输的关键技术之一。由于图像和视频信息的数据量非常大,使得图像和视频的存储与处理问题更为突出。

本章介绍数据压缩的基本原理和方法,并介绍声音、图像和视频的国际压缩标准。

2.1　多媒体数据压缩的必要性与可能性

2.1.1　多媒体数据压缩的必要性

在人们每天接收的外部信息中,大部分是通过听觉和视觉系统接收的。据分析,在人类的感官所接收的外部信息中,通过耳朵接收的听觉信息约占总信息量的 20% 左右,而通过人眼的视觉接收的信息则高达 60% 以上。由于图像、视频信息具有信息量大、直观性强的特点,而且特别适合人们在信息交流中所需要的直接、亲切等生理和心理的要求特点,因此图像、视频信息在通信中的地位显得尤为重要。图像、视频文件的最大特点是占用空间大,想把图像、视频等多媒体数据文件存储和传输则需要更多的资源。因此,研究多媒体数据编码与压缩是数字处理与通信必不可少的内容。近年来,随着计算机与数字通信技术的快速发展,特别是 Internet 的兴起和多媒体系统在众多领域的广泛应用,多媒体数据编码与压缩作为数据压缩的一个分支,已受到了越来越多的关注。

图像编码与压缩从本质上来说就是对要处理的图像源数据按一定的规则进行变换和组合,从而达到用尽可能少的代码(符号)来表示尽可能多的数据信息。图像数据的特点之一是数据量大。例如,一张 A4(210mm×297mm)幅面的图片,若用中等分辨率(600dpi)的扫描仪按真彩色扫描,共有(600×210/25.4)×(600×297/25.4)个像素,每个像素占用 3 个字节,其数据量为 99.6MB。在多媒体计算机中,大量数据的传送和存储问题是面临的最大难题之一。若不进行编码压缩处理,一张 640MB 容量的普通光盘只能存放 45s 的原始电视数据。显然,电视信号数字化后直接保存的方法是不能接受的,因此必须采取图像数据压缩后再保存。彩色图像也是数据量极大的一类数据。

例如,存储一幅标准 VGA 模式的图像(640 色×480 色×256 色)时,大约需要 0.3MB 容量。若要求达到每秒钟 25 帧的全动态显示要求,每秒所需的存储容量为 7.5MB,640MB 的光盘也只能存放 1 分 25 秒的图像数据。又如,在 Internet 上,基于传统字符界面的应用被能浏览图像信息的 WWW 方式所代替。WWW 具有更加吸引人的外观,但也带来了一个重大的问题:图像信息的数据量非常庞大,使原来就已经很紧张的网络带宽资源变得更加不堪重负,在现有资源下不进行图像数据的合理编码和压缩已经完全无法正常应用了。

从传送的角度来看,则更要求数据量压缩。首先,某些图像采集有时间性,例如遥感卫星图像传回地面有一定的限制时间,某地区卫星过境后无法再得到数据,否则就要增加地面站的数量;其次,图像存储体的存储时间也有限制。它取决于存储器件的最短存取时间,若单位时间内大量图像数据来不及存储,就会丢失信息。在现代通信中,图像与视频传输也已成为了重要内容。除要求设备可靠、图像保真度高以外,实时性将是重要技术指标之一。数字信号传送规定一路数字电话为 64Kb,多个话路通道再组成一次群、二次群、三次群……通常一次群为 32 个数字话路,二次群为 120 路,三次群为 480 路,四次群为 1920 路……彩色电视的传送最能体现数据压缩的重要性,我国的 PAL 制彩电传送用 3 倍副载波取样。若用 8 位量化约需 100Mb,总数字话路为 64Kb,传送彩色电视需占用 1600 个数字话路,即使黑白电视用数字微波接力通信也要占用 900 个话路。很显然,在信道带宽、通信链路容量一定的前提下,采用编码压缩技术,减少传输数据量,是提高通信速度的重要手段。

总之,大数据量的图像信息会给存储器的存储容量、通信线路信道的带宽以及计算机的处理速度增加极大的压力。单单依靠增加存储器容量、提高信道带宽以及计算机的处理速度等方法来解决这个问题是不现实的。很显然,在信道带宽、通信线路容量一定的前提下,采用编码压缩技术,减少传输数据量,是提高通信速度的重要手段。

可见,没有多媒体编码压缩技术的发展,大容量图像、视频信息的存储与传输是难以实现的,多媒体、信息高速公路等新技术在实际中的应用也会碰到很大困难。

2.1.2　多媒体数据压缩的可能性

由分析研究发现,没有图像与视频编码和压缩技术的发展,大容量图像和视频信息的存储和传输是难以实现的。众所周知,视频是由一帧一帧的图像组成的,图像的各像素之间,无论在行方向还是在列方向,都存在着一定的相关性,即冗余度。应用某种编码方法提取或减少冗余度,便可以达到压缩数据的目的。

图像数据表示中存在着大量的冗余,通过去除那些冗余数据可以使原始图像数据极大地减少,从而解决图像数据量巨大的问题。图像数据压缩技术就是研究如何利用图像数据的冗余性来减少图像数据量的方法。即进行图像压缩研究的起点是研究应用某种编码方法提取或减少图像数据的冗余度。

下面介绍常见的一些图像数据冗余的情况。

1. 空间冗余

这是静态图像存在的最重要的一种数据冗余。一幅图像记录了画面上可见景物的颜色。同一景物表面上各采样点的颜色之间往往存在着空间连贯性,但是基于离散像素采样来表示物体颜色的方式通常没有利用景物表面颜色的这种空间连贯性,从而产生了空间冗余。我们可以通过改变物体表面颜色的像素存储方式来利用空间连贯性,达到减少数据量的目的。例如,在静态图像中有一块表面颜色均匀的区域,在此区域中所有点的光强和色彩以及饱和度都是相同的,因此数据有很大的空间冗余。

2. 时间冗余

这是序列图像（电视图像、运动图像）表示中经常包含的冗余。序列图像一般为位于一时间轴区间内的一组连续画面，其中的相邻帧往往包含相同的背景和移动物体，只不过移动物体所在的空间位置略有不同，所有后一帧的数据与前一帧的数据有许多共同的地方，这种共同性是由于相邻帧记录了相邻时刻的同一场景画面造成的，所以称为时间冗余。

3. 结构冗余

在许多图像的部分区域内存在较强的纹理结构或者具有规则形状，或是图像的各个部分存在强相似性。视频运动图像序列中不同帧之间的相关性引起的时间冗余，例如电视画面中的大部分区域信号变换缓慢，尤其是背景部分有时几乎不变，这些都是结构冗余的表现。

4. 知识冗余

有些图像的理解与某些基础知识有相当大的相关性。例如，人脸的图像有固定的结构，比如说嘴的上方有鼻子，鼻子的上方有眼睛，鼻子位于脸的中线上等。这类规律性的结构可由先验知识和背景知识得到，称此类冗余为知识冗余。根据已有的知识，对某些图像中所包含的物体，可以构造其基本模型，并创建对应各种特征的图像库，进而图像的存储只需要保存一些特征参数，就可以大大减少数据量。知识冗余是模型编码主要利用的特征。

5. 视觉冗余

人眼感觉到的区域的亮度不仅仅取决于该区域的反射光，还取决于其他因素。产生这个现象是因为眼睛对视觉信息感受的灵敏性不同。人类的视觉系统对于图像的感知是非均匀和非线性的，人眼对一般图像中的许多信息并不敏感，并不是对图像中的任何变化都能察觉得到。然而在获取原始图像数据时，通常假定视觉系统是线性的和均匀的，对视觉敏感与否不进行设定，这样就会产生比较多的数据，这就是视觉冗余。如果压缩编码方案能够充分利用人眼的视觉系统特性，可以达到较高的压缩比。

6. 图像区域的相似性冗余

它是指图像中的两个或多个区域所对应的所有像素值相同或相近而产生的数据重复性存储，这就是图像区域的相似性冗余。在以上情况下，若记录了一个区域中各像素的颜色值，则与其相同或相近的其他区域就不再需要记录其中各像素的值了。向量量化方法就是针对这种冗余性的图像压缩编码方法。

7. 纹理的统计冗余

有些图像纹理尽管不严格服从某一分布规律，但是它在统计意义上服从该规律。利用这种性质也可以减少表示图像的数据量，因此我们称之为纹理的统计冗余。

上述各种形式的冗余，使得图像压缩成为可能。图像编码方法都是基于各种冗余信息和人类的视觉特性，以尽量少的比特数表示和重建原始图像的。

随着对人类视觉系统和图像模型的进一步研究,人们可能会发现更多的冗余,使多媒体数据压缩编码的可能性越来越大,从而推动多媒体压缩技术的进一步发展。

2.2　压缩编码基础理论

多媒体数据压缩编码与信息论密不可分。信息论是研究编解码的理论基础,信息论理论基础的建立始于香农(C. E. Shannon)于 1948 年发表的论文。文章中指出通信系统传递的对象就是信息,并提出了信息熵的概念,以及如何在噪声环境下有效而可靠地传递信息的主要方法就是编码等一系列经典理论。香农 1959 年的文章系统地提出了信息率失真理论和限失真信源编码定理,为各种数据压缩编码奠定了理论基础。信息论中认为,如果信源编码的熵大于信源的实际熵,则该信源中一定存在冗余。去掉冗余不会减少信息量,仍可原样恢复数据,但是如果减少了熵,数据则不能完全恢复。不过,在允许的范围内损失一定的熵,数据仍然可以近似恢复,得到的信息仍然可以接受。

图像压缩一般是通过改变图像的表示方式来实现的,所以压缩和编码是分不开的。从 20 世纪 60 年代后期开始,信源编码逐渐成为人们研究的热点,尤其是在网络技术和多媒体技术飞速发展的今天更是如此,本课题研究的图像压缩涉及的就是信源编码。一个图像压缩系统包括两个结构块:编码器和解码器,如图 2-1 所示。若将图像 $f(x,y)$ 输入到编码器中,这个编码器可以根据输入数据生成一组符号。在通过信道进行传输之后,将经过编码的表达符号送入解码器,经过重构后,就生成了输出图像 $g(x,y)$。一般来讲,$g(x,y)$ 可能是也可能不是原图像 $f(x,y)$ 的准确复制品。如果输出图像是输入的准确复制,系统就是无误差的或具有信息保持编码的系统;如果不是,则在重建图像中就会呈现某种程度的失真。

图 2-1　一个常用于图像压缩的系统模型

编码模型中显示的编码器和解码器都包含两个彼此相关的函数或子块。编码器由一个消除输入冗余的信源编码器和一个用于增强信源编码器输出的噪声抗扰性的信道编码器构成。解码器包括一个信道解码器,它后面跟着一个信源解码器。如果编码器和解码器之间的信道是无噪声的,则信道编码器和信道解码器可以略去,而一般的编码器和解码器分别是信源编码器和信源解码器。

2.3　编码压缩方法分类

目前,图像编码压缩的方法很多,多媒体数据压缩方法根据不同的依据可产生不同的分类。

根据解压缩后重建图像和原始图像之间是否具有误差,可以将图像编码与压缩方法分为无损(无失真或无误差)编码和有损(有失真或有误差)编码两大类。

(1) 无损编码。这类压缩算法中删除的仅仅是图像数据中冗余的信息,因此在解压缩后能精确恢复原始图像。无损编码用于要求重建后图像严格地和原始图像保持相同的场合，例如，用于复制、保存十分珍贵的历史、文物图像等。

（2）有损编码。这类算法是一种以放弃部分信息量为代价换取缩短平均码长的编码压缩方法。由于放弃了一些图像细节或其他不太重要的内容，因此在解压缩时只能对原始图像进行近似的恢复，而不能进行准确的复原。它只适合大多数用于存储数字化后的模拟数据。

根据编码原理，图像压缩编码分为熵编码、预测编码、变换编码和混合编码等。

（1）熵编码。熵编码是纯粹基于信号统计特性的编码技术，是一种无损编码。熵编码的基本原理是给出现概率较大的符号赋予一个短码字，而给出现概率较小的符号赋予一个长码字，从而使得最终的平均码长很小，常见的熵编码方法有霍夫曼编码、算术编码和行程编码。

（2）预测编码。预测编码是基于图像数据的空间或时间冗余特性，用相邻的已知像素（或像素块）来预测当前像素（或像素块）的取值，然后再对预测误差进行量化和编码。预测编码可分为帧内预测和帧间预测，常用的预测编码有差分脉冲编码调制和运动补偿法。

（3）变换编码。变换编码通常是将空间域上的图像经正交变换映射到另一变换域上，使变换后的系数之间的相关性降低。图像变换本身并不能压缩数据，但变换后图像的大部分能量只集中到少数几个变换系数上，再采用适当的量化和熵编码就可以有效地压缩图像。

（4）混合编码。混合编码是指综合了熵编码、变换编码和预测编码的编码方法，如 JPEG 标准和 MPEG 标准。

根据图像的光谱特征，图像压缩编码分为单色图像编码、彩色图像编码和多光谱图像编码。

根据图像的灰度，图像压缩编码分为多灰度编码和二值图像编码。

以第一种分类为例。无损压缩可以精确地从压缩数据中恢复出原始数据。常见的无损压缩技术有霍夫曼编码、算数编码、行程编码和字典编码。

有损压缩是以丢失部分信息为代价来换取高压缩比的，但是，如果丢失部分信息后造成的失真是可以容忍的，则压缩比增加是有效的。常见的有损压缩技术有预测编码、变换编码、分形编码、基于模型编码以及其他编码。

有损压缩技术主要应用于影像节目、可视电话会议和多媒体网络等由音频、彩色图像和视频组成的多媒体应用中。

下面根据编码技术的原理分别介绍几种主要的编码压缩方法。

2.4　统计编码

统计编码属于无损编码，它是根据消息出现概率的分布特性进行的压缩编码。这种编码的宗旨是，在消息和码字之间找到明确的一一对应关系，以便在恢复时能准确无误地再现出来，或者至少是极相似地找到相应的对应关系，并把这种失真或不对应概率限制到可容忍的范围内。常用的统计编码有香农-费诺编码、霍夫曼编码、算术编码、游程编码和字典编码等。

2.4.1　香农-费诺编码

香农-费诺编码具体如下。

（1）把 $x_1,\cdots,x_n$ 按概率由大到小、从上到下排成一列,然后把 $x_1,\cdots,x_n$ 分成两组 $x_1,\cdots,x_k$, $x_{k+1},\cdots,x_n$,并使这两组符号概率之和相等或几乎相等,即 $\sum\limits_{i=1}^{k}P(x_i) \approx \sum\limits_{j=k+1}^{n}P(x_j)$。

（2）把两组分别按 0,1 赋值,例如将第一组赋值为零,则第二组赋值为 1。

然后分组、赋值,不断反复,直到每组只有一种输入为止。将每个 x 所赋的值依次排列起来就是香农-费诺编码。以前面的数据为例,如图 2-2 所示。

输入	概率					
x_1	0.4	0				0
x_2	0.3		0			10
x_3	0.1			0	0	1100
x_4	0.1	1	1	0	1	1101
x_5	0.06			1	0	1110
x_6	0.04				1	1111

图 2-2　香农-费诺编码

香农-费诺编码的目的是产生具有最小冗余的码字。基本思想是产生编码长度可变的码字。码字长度可变指的是,被编码的一些消息的符号可以用比较短的码字来表示。估计码字长度的准则是符号出现的概率。符号出现的概率越大,其码字的长度越短。

2.4.2　霍夫曼编码

1. 理论基础

一个事件集合 $x_1,x_2,\cdots,x_n$ 处于一个基本概率空间,其相应概率为 $p_1,p_2,\cdots,p_n$,且 $p_1+p_2+\cdots+p_n=1$。每一个信息的信息量为: $I(x_k) = -\log_a(p_x)$。

定义在概率空间中的每一个事件的概率不相等时的平均信息量为信息熵,则信息熵 H 可采用如下公式计算: $H = E\{I(x_k)\} = \sum\limits_{k=1}^{n}P_k I(x_k) \approx \sum\limits_{k=1}^{n}-P_k\log_a p_k$。

上式中,当 $a=2$ 时,H 的单位为比特;当 $a=e$ 时,H 的单位为奈特。

对于图像来说,$n=2^m$ 个灰度级为 x_i,则 $P(x_i)$ 为各灰度级出现的概率,熵即表示平均信息量为多少比特。也就是说,熵是编码所需比特数的下限,即编码所需的最少比特。编码时,一定要用不少于熵的比特数编码才能完全保持原图像的信息,这是图像数据压缩的下限。

2. 霍夫曼编码

霍夫曼编码(Huffman Enceding)是常用的压缩方法之一,它是 Huffman 在研究文本文件的压缩时提出来的。它是一种无损压缩方法,通过设计合理的代码取代数据来实现。霍夫曼编码的基本思路是用变长的码字来使冗余量达到最小,出现频率越高的像素值,其对应的编码长度越短,反之出现频率越低的像素值,对应的编码长度越长。这样就可以达到用尽可能少的代码表示信源数据的目的。从而达到用尽可能少的码符号表示源数据。它在变长编码方法中是最佳的。

设信源 A 的信源空间为:

$$[A \cdot P] = \begin{bmatrix} A: & a_1, a_2, \cdots, a_n \\ P(A): & P(a_1), P(a_2), \cdots, P(a_n) \end{bmatrix}$$

其中 $\sum\limits_{i=1}^{N} P(a_i) = 1$,现用有 r 个码符号的码符号集体 $X: \{x_1, x_2, \cdots, x_r\}$ 对信源 A 中的每个符号 $a_i (i = 1, 2, \cdots, N)$ 进行编码。具体编码方法如下。

(1) 把信源符号 a_i 按其出现概率的大小顺序排列起来;

(2) 把最末两个具有最小概率的元素的概率加起来;

(3) 把该概率之和同其余概率由大到小排队,然后再把两个最小概率加起来,再重新排队。

重复以上步骤直到最后只剩下两个概率为止。

【例 2-1】 设有编码输入 $X = \{x_1, x_2, x_3, x_4, x_5, x_6\}$。其频率分布为 $P(x_1) = 0.4$, $P(x_2) = 0.3, P(x_3) = 0.1, P(x_4) = 0.1, P(x_5) = 0.06, P(x_6) = 0.04$,现求其最佳霍夫曼编码 $W\{w_1, w_2, w_3, w_4, w_5, w_6\}$。

解:霍夫曼编码过程如图 2-3 所示。本例中对 0.6 赋予 0,对 0.4 赋予 1,0.4 传递到 x_1,所以 x_1 的编码便是 1。0.6 传递到前一级是两个 0.3 相加,大值是单独一个元素 x_2 的概率,小值是两个元素概率之和,每个概率都小于 0.3,所以 x_2 赋予 0,0.2 和 0.1 求和的 0.3 赋予 1。所以 x_2 的编码是 00,而剩余元素编码的前两个码应为 01。0.1 赋予 1,0.2 赋予 0。以此类推,最后得到元素的编码如表 2-1 所示。

表 2-1 信源出现的概率及其编码

元素 x_i	X_1	X_2	X_3	X_4	X_5	X_6
概率 $P(x_i)$	0.4	0.3	0.1	0.1	0.06	0.04
编码 w_i	1	00	011	0100	01010	01011

输入概率

图 2-3 霍夫曼编码过程

经霍夫曼编码后,平均码长为:

$$\sum_{i=1}^{6}P(w_i)n_i = 0.4\times1+0.3\times2+0.1\times4+0.06\times5+0.04\times5 = 2.2b$$

该信源的熵为 $H=2.14b$,编码后计算的平均码长为 2.2b,非常接近熵,可见霍夫曼编码是一种较好的编码。

理论研究表明,霍夫曼编码是一种接近于信源熵的编码方法。但是霍夫曼编码也存在着不足,一是它必须精确地统计原始文件中每个值的出现概率,如果没有这个精确的统计,压缩的效果会打折扣,甚至达不到预期的压缩效果。而在实际应用中,由于很难事先得知信源数据中各符号发生的概率,对那些要求实时编码的工作带来很大困难。二是它对位的增删比较敏感。由于霍夫曼编码的所有码字是合在一起的,没有分位,所以如果丢失一位或者增加噪声都会使解码结果面目全非。

2.4.3　算术编码

算术编码没有沿用数据编码技术中用一个特定的代码代替一个输入符号的一般做法,它把要压缩处理的整段数据映射到一段实数半开区间[0,1)内的某一区段,构造出小于 1 且大于或等于 0 的数值。这个数值是输入数据流的唯一可译代码。

下面通过一个例子说明算术编码的方法。

对一个 4 符号信源 $A=\{a_1,a_2,a_3,a_4\}$,各字符出现的概率和设定的取值范围如表 2-2 所示。

表 2-2　字符出现的概率和设定的取值范围

字符	概率	范围
a_3	0.2	[0,0.2)
a_1	0.2	[0.2,0.4)
a_2	0.4	[0.4,0.8)
a_4	0.2	[0.8,1.0)

范围给出了字符的赋值区间。这个区间是根据字符发生的概率划分的。具体把 a_1,a_2,a_3,a_4 分配在哪个区间范围,对编码本身没有影响,只要保证编码器和解码器对字符的概率区间有相同的定义即可。为讨论方便起见,假定有 $Ns=Fs+C_l\times L$,$Ne=Fe+Cr\times L$。式中 Ns 为新子区间的起始位置;Fs 为前子区间的起始位置;C_l 为前符号的区间左端;Ne 为新子区间的结束位置;Fe 为前子区间的结束位置;Cr 为当前符号的区间右端;L 为前子区间的长度。

按上述区间的定义,若数据流的第一个字符为 a_1,由字符概率取值区间的定义可知,代码的实际取值范围是[0.2,0.4),即输入数据流的第一个字符决定了字符最高有效位取值的范围,然后继续对源数据流中后续字符进行编码。每读入一个新的符号,输入数值范围就进一步缩小。读入第二个符号 a_2 取值范围在区间[0.4,0.8)内。但需要说明的是由于第一个字符 a_1 已将取值区间限制在[0.2,0.4)的范围中,a_2 的实际取值是在前符号范围的[0.4,0.8)处。根据计算,字符 a_2 的编码取值范围是[0.28,0.36)。最终结果如表 2-3 所示。

表 2-3　输出结果

字符	概率	范围
a_1	0.2	$[0.2,0.4)$
a_2	0.08	$[0.28,0.36)$
a_3	0.016	$[0.28,0.296)$
a_2	0.0064	$[0.2864,0.2928)$
a_4	0.00128	$[0.2915,0.2928)$

由此可见,算术编码的基本原理是将编码的信息表示为实数 0 和 1 之间的一个间隔,消息越长,它的间隔就越小,表示这一间隔所需的二进制位就越多。

2.4.4　游程编码

游程编码又叫做行程长度编码(Run-Length coding,RLc),它是一种利用空间冗余度压缩图像的方法,相对比较简单,属于统计编码类。

游程编码的基本思想是,当二值图像按照从左到右的扫描顺序记录每一行时,总会交替出现一定数量的连续白点和连续黑点,如图 2-4 所示。通常把具有相同灰度值的相邻像素组成的序列称为一个游程,游程中像素的个数称为游程长度,简称游长。游程编码就是将这些不同的游程长度构成的字符串用其数值和游长数值来表示。对图像进行编码时,首先对图像进行扫描,如果有连续的 L 个像素具有相同的灰度值 G,则对其做行程编码后,只需传送一个数组 (G,L) 就可代替传送这一串像素的灰度值。图 2-4 中写成白 4、黑 3、白 5、黑 2、白 3(其含义是 4 个白、3 个黑、5 个白、2 个黑、3 个白)。然后,再对游程进行变长编码,根据出现概率的不同分配不同长度的码字。很明显,游程长度越长,游程编码的效率越高,因而特别适用于灰度等级少,灰度值变化小的二值图像。

图 2-4　游程编码图 1

游程编码分为定长游程编码和变长游程编码两类。定长游程编码是指编码的游程所使用的位数是固定的,即游程长度 RL 位数是固定的。如果灰度连续相同的个数超过了固定位数所能表示的最大值,则进入下一轮游程编码。变长游程编码是指对不同范围的游程使用不同位数的编码。

游程编码一般不直接应用于多灰度图像,比较适合于二值图像的编码。为达到较好的压缩效果,有时游程编码和其他一些编码方法混合使用。游程编码适合于二值图像数据序列的原因在于,在二值序列中,只有 0 和 1 两种符号;这些符号的连续出现,形成了 0 游程 $L(0)$,1 游程 $L(1)$。0 游程和 1 游程总是交替出现的。倘若规定二值序列是从 0 开始的,第一个游程是 0 游程,第二个必是 1 游程,第三个是 0 游程……各游程长度 $[L(0),L(1)]$ 是随机的,其取值为 $1,2,3,\cdots,\infty$。

定义了游程和游程长度后,就可以把任何二元序列变换成游程长度的序列。这一变换是可逆的,一一对应的。

从二元序列转换到游程序列的方法比较简单。方法为：对二元序列的 0 和 1 分别计算，可得到 0 游程和 1 游程。若对游程长度进行霍夫曼编码，必须先测定 $L(0)$ 和 $L(1)$ 的分布概率，或从二元序列的概率特性计算各种游程长度的概率。

游程编码主要应用在 ITU(CCITT) 为传真制定的文件传真三类机 G3 的一维标准中，在该标准中游长的霍夫曼编码分为行程码和终止码两种，对不同长度的黑游程和白游程采用不同的编码方式，如图 2-5 所示。

图 2-5　游程编码图 2

2.4.5　字典编码

字典编码的基本思想是用符号代替一串字符，这一串字符可以是有意义的，也可以是无意义的。

图像数据实际上是由字符串组成的，在对一幅图像数据进行编码之前首先设置一个编码码表，这个码表可以是已知的 256 个字符组成的码表，表的每一栏可看成是由单个字符组成的字符串，并且给每一栏都编一个号码。

在编码图像数据的过程中，每读一个字符，就与以前读入的字符串拼接起来成为一个新的字符串，并且查看码表中是否已经有相同的字符串，如果有，就用码表中的字符串的号码代替这个字符；如果没有，就把这个新的字符放到码表中，并且给它编上一个新的号码。在数据存储或传输时，只存储或传输号码，而不存储或传输码表本身。在解码时，按照编码时的规则一边生成码表一边还原图像数据。

1. 编码算法

字典编码是围绕称为词典的转换表完成的。这张转换表用来存放称为前缀的字符序列，并且为每个表项分配一个码字，或者称为序号。这张表实际上是把 8 位 ASCII 字符集进行扩充，增加的字符用来表示在文本或图像中出现的可变长度 ASCII 字符串。扩充后的代码可用 9 位、10 位、11 位、12 位甚至更多位来表示。

字典编码器通过管理这个词典完成输入与输出之间的转换。它输入的是字符流，字符流可以是 8 位 ASCII 字符组成的字符串，而输出的是用 n 位表示的码字流，码字表示单个字符或多个字符组成的字符串。

字典编码器使用的是贪婪算法。在贪婪分析算法中，每一次分析都要串行地检查来自字符流的字符串，从中分解出已经识别的最长的字符串，也就是已经在词典中出现的最长的前缀（Prefix）。用已知的前缀加上下一个输入字符 C 也就是当前字符作为该前缀的扩展字符，形成新的扩展字符串——缀-符串 String：Prefix.C。这个新的缀-符串是否要加到词典中，还要看词典中是否存有和它相同的缀-符串。如果有，那么这个就变成前缀，继续输入新的字符，否则就把它写到词典中生成一个新的前缀，并给一个代码。

2. 译码算法

字典译码算法中还会用到两个术语。

当前码字: cW 指当前正在处理的码字,用 string.cW 表示当前缀-符串。

先前码字: pW 指先于当前码字的码字,用 string.pW 表示先前缀-符串。

字典译码算法开始时,译码词典与编码词典相同,它包含所有可能的前缀根。算法在译码过程中会记住先前码字,从码字流中读入当前码字之后输出当前缀-符串,然后把用 string.cW 第一个符号扩展的先前缀-符串添加到词典中。

【例 2-2】 编码字符如表 2-4 所示,编码过程如表 2-5 所示,译码过程如表 2-6 所示,其中,"步骤"表示编码步骤,"位置"表示在输入数据中的当前位置,"词典"表示添加到词典中的缀-符串,它的索引在括号中,"输出"表示码字输出。

表 2-4　被编码的字符串

位置	1	2	3	4	5	6	7	8	9
字符	A	B	B	A	B	A	B	A	C

表 2-5　编码的过程

步骤	位置	词　典		输出
		(1)	A	
		(2)	B	
		(3)	C	
1	1	(4)	AB	(1)
2	2	(5)	BB	(2)
3	3	(6)	BA	(2)
4	4	(7)	ABA	(4)
5	6	(8)	ABAC	(7)
6	—	—	—	(3)

表 2-6　译码的过程

步骤	代码	词　典		输出
		(1)	A	
		(2)	B	
		(3)	C	
1	(1)	—	—	A
2	(2)	(4)	AB	B
3	(2)	(5)	BB	B
4	(4)	(6)	BA	AB
5	(7)	(7)	ABA	ABA
6	(3)	—	ABAC	C

2.5　预测编码

预测编码是图像压缩技术的一个重要分支,其基本思想是,在一般的二维图像中相邻像素间存在着相关性,利用这种相关性,每个像素的值可以根据其临近的前几个像素的值进行预测。将像素点的实际取值和预测值相减得到一个误差值,尽管预测误差的数据量与原始图像数据量相同,但其均方根较原始图像大大减小,也就是说对于每一个误差数据,只要用较少的码字即可以表示出来,对该误差值进行编码即得到预测编码结果。显然,在恢复图像的时候,需要有一个相应的预测器。如果模型足够好,样本序列的时间相关性较强,那么误差信号将远小于原始信号,可以用较少的值对其进行差值量化,得到较好的压缩效果。

2.5.1　无损预测编码

一幅二维静止图像,设空间坐标(i,j)像素点的实际灰度为$f(i,j)$,$f(i,j)$是根据已出现的像素点的灰度对该点的预测灰度计算预测值的像素,可以是同一扫描行的前几个像素,或者是前几行上的像素,甚至是前几帧的邻近像素。实际值和预测值之间的差别可以表示为:$e(i,j)=f(i,j)-f(i,j)$。此差值定义为预测误差。

由图像的统计特性可知,相邻像素之间有着较强的相关性,即相邻像素之间灰度值比较接近。由此,像素的值可根据以前已知的几个像素来估计、猜测,即预测。预测编码是根据某一模型,利用以往的样本值对新样本值进行预测,然后将样本的实际值与其预测值相减得到一个误差值。如果模型足够好且样本序列在时间上相关性较强,那么误差信号的幅度将远远小于原始信号,对差值信号不进行量化而直接编码就称为无损压缩编码。

预测误差计算公式为:

$$e(i,j)=f(i,j)-\hat{f}(i,j)=f(i,j)-\left[a_1f(i,j-1)+a_2f(i-1,j-1)+a_3f(i-1,j)\right]$$

设$a=f(i,j-1)$,$b=f(i-1,j)$,$c=f(i-1,j-1)$,$f(i,j)$的预测方法如图 2-6、图 2-7所示。

图 2-6　系数表

选择方法	预测值 $\hat{f}(i,j)$
0	非预测
1	a
2	b
3	c
4	$a+b-c$
5	$a+(b-c)/2$
6	$b+(a-c)/2$
7	$(a+b)/2$

图 2-7　预测值

2.5.2　有损预测编码

　　在预测编码中,若直接对差值信号进行编码就称为无损预测编码;与之相反,如果不是直接对差值信号进行编码,而是对差值信号进行量化后再进行编码就称为有损预测编码。有损预测编码有很多种,其中差分脉冲编码调制(DPCM),是一种有代表性的编码方法。

　　DPCM 系统的工作原理如图 2-8 所示。系统包括发送、接收和信道传输三部分。发送端由编码器、量化器、预测器和加减法器组成;接收器包括解码器和预测器;信道传输以虚线表示。图中输入信号 $f(i,j)$ 是坐标 (i,j) 处的像素的实际灰度值,$\hat{f}(i,j)$ 是由已出现的先前相邻像素点的灰度值对该像素的预测灰度值,$e(i,j)$ 是预测误差。假如发送端不带量化器,直接对预测误差进行编码、传送,接收端可以无误差地恢复 $f(i,j)$。这是可逆的无失真的 DPCM 编码,是信息保持编码。但是,如果包含量化器,这时编码器对 $e'(i,j)$ 编码,量化器导致了不可逆的信息损失,这时接收端经解码恢复出的灰度信号不是真正的 $f(i,j)$,而是以 $f'(i,j)$ 表示这时的输出。可见引入量化器会引起一定程度的信息损失,使得图像质量受损。但是,为了压缩位数,利用人眼对图像信息丢失不易察觉的视觉特点,带有量化器有失真的 DPCM 编码系统还是普遍被采用。

图 2-8　DPCM 系统的工作原理

2.6　变换编码

2.6.1　变换编码的原理

　　变换编码不是直接对空域图像信号进行编码,而是首先将空域图像信号映射变换到另一个正交矢量空间(变换域或频域),产生一批变换系数,然后对这些变换系数进行编码处理。在发送端将原始图像分割成 $1\sim n$ 个子图像块,每个子图像块送入正交变换器做正交变换,变换器输出的变换系数经滤波、量化和编码后送入信道传输到达接收端,接收端做解码、逆变换和综合拼接,恢复出空域图像。

　　变换编码有两个最明显的特点:一是可以得到高的压缩比;二是比预测编码等其他方法的计算复杂度高。变换编码之所以能压缩信息的比特数,是因为在经过变换得到的系数矩阵中,数值较大的方差总集中在少数系数中。多数图像的统计特性表明,大幅度的系数往往集中在低频率区内,这样就可以给那些较小的系数分配较少的比特数,甚至可以不予传送,从而压缩了整个传送数据的比特数。因此,变换本身只是把分布的信息变得集中起来,为合理地少分配比特数给某些数据提供可能。

正交变换中常采用的有傅里叶变换、沃尔什变换、离散余弦变换和 K-L 变换等,其中 K-L 变换是一种最佳正交变换,但计算复杂,在编码中很少使用。离散余弦变换在数字图像数据压缩编码技术中可与最佳变换 K-L 变换媲美。因其性能和误差很接近,而离散余弦变换计算复杂度适中,又具有可分离特性,还有快速算法等特点,所以在近年的多媒体技术中,采用该编码的方案很多。

2.6.2　离散余弦变换编码

余弦变换是傅里叶变换的一种特殊情况。在傅里叶级数的展开式中,如果被展开的函数是实偶函数。那么,傅里叶级数中只包含余弦项,再将其离散化由此导出余弦变换,或称为离散余弦变换(DCT)。

二维离散余弦正交换公式为:

$$C(u,v) = E(u)E(v)\frac{2}{N}\sum_{x=0}^{N-1}\sum_{y=0}^{N-1}f(x,y)\cdot\cos\left(\frac{2x+1}{2N}u\pi\right)\cdot\cos\left(\frac{2y+1}{2N}v\pi\right)$$

其中,$x,y,u,v = 0,1,\cdots,N-1$。

$E(u),E(v) = 1/\sqrt{2}$,当 $u=v=0$ 时;

$E(u),E(v) = 1$,当 $u=1,2,\cdots,N-1$; $v=1,2,\cdots,N-1$ 时。

二维离散余弦逆变换公式为:

$$f(x,y) = \frac{2}{N}\sum_{u=0}^{N-1}\sum_{v=0}^{N-1}E(u)E(v)C(u,v)\cdot\cos\left(\frac{2x+1}{2N}u\pi\right)\cdot\cos\left(\frac{2y+1}{2N}v\pi\right)$$

其中,$x,y,u,v = 0,1,\cdots,N-1$。

$E(u),E(v) = 1/\sqrt{2}$,当 $u=v=0$ 时;

$E(u),E(v) = 1$,当 $u=1,2,\cdots,N-1$; $v=1,2,\cdots,N-1$ 时。

二维离散余弦变换具有可分离特性,所以,正交换和逆交换均可将二维变换分解为一维变换(行、列)进行计算。同傅里叶变换一样,DCT 变换也存在快速算法。在离散余弦变换为主要方法的变换编码中,一般不直接对整个图像进行变换,而是首先对图像分块,将 $M\times N$ 的一幅图像分成不重复的 $K\times K$ 块分别进行变换。分块大小通常选 8×8 和 16×16。采用 DCT 进行变换编码时,通常首先将原始图像分成子块,对每一子块经正交变换得到变换函数,并对变换系数经过量化和取舍,然后采用熵编码等方式进行编码后,再由信道传输到接收端。在接收端,经过解码、反量化和逆变换后,得到重建图像。

2.6.3　小波变换

小波变换的基本思想是将信号展开成一族基函数的加权和,即用一族函数来表示或逼近信号或函数。这一族函数是通过基本函数的平移和伸缩构成的。小波变换用于图像编码的基本思想就是把图像进行多分辨率分解,分解成不同空间、不同频率的子图像,然后再对子图像进行系数编码。小波变换本身并不具有压缩功能,之所以将它用于图像压缩,是因为生成的小波图像的能量主要集中于低频部分,水平、垂直和对角线上的高频部分则较少,可以将这一特性与一定的编码算法相结合,达到高效压缩图像的目的。小波变换作为一种多尺度、多分辨率的分析方法,由于小波具有很好的时频或空频局部特性,特别适合于按照人类的视觉系统特性设计图像压缩编码方案,也非常有利于图像的分层传输。实验证明,图像的小波变换编码,在压缩比和编码质量方面优于传统的 DCT 变换编码。目前,建立在小波变换基础上的常用图像压缩方法有阈值标量量化、矢量量化、零树框架、零块框架、尾数优化截断及上下文算术编码等。

基于小波变换的图像压缩方法能在高压缩比的前提下保持良好的重建图像质量。其压缩算法分为三个步骤:小波变换、量化和编码。

具体步骤如下。

(1) 选择合适的小波基对原始图像进行小波变换。

(2) 对变换系数进行量化。量化方法分为矢量量化、标量量化和零树量化。矢量量化能得到较高的压缩比,但压缩时间较长并且重建图像的质量较差;标量量化能保持较高的图像质量但压缩比较低;采用零树结构进行的量化则充分利用了小波变换优秀的时域——频域局部化特性,及各方向上分解系数间的相关性,能取得较好的压缩效果。

(3) 对量化后的系数进行编码。将量化后的系数转化为字符流,使其熵最小。其中,量化方法是研究的主要问题,对图像的变换系数采用不同的量化编码,就可以得到不同的压缩方法。

小波变换在静态和动态图像压缩领域得到了广泛的应用,而且成为了 MPEG-4 等国际标准的重要环节。利用小波变换技术实现对图像、视频和声音的压缩可以得到很好的压缩效果。

2.7　其他编码

2.7.1　矢量量化编码

由 Shannon 信息论理论可知,当数据相关的时候,采用多维编码比一维编码有更小的平均编码熵。在数据的相关阶数不小于编码维数的条件下,高维编码总会比低维编码有更高的编码效率。因此,在图像压缩编码中,相对于标量量化而言,矢量量化更能利用图像数据之间的相关性进行数据压缩,从而获得较高的压缩比。

矢量量化分为将矢量空间划分区域和为每个子区域选择量化码字两个步骤。设:$x = (x_1, x_2, \cdots, x_k)^T$ 为 K 维矢量,其分量 $\{x_i | 1 \leqslant i \leqslant K\}$ 为实的,幅值连续的随机变量。矢量量化可以看作是由一个 K 维矢量空间 R^k 到 R^k 的一个有限子集 Y 的映射。

$$Q: R^k \rightarrow y$$

其中,$\{Y = y_i | i = 1, 2, \cdots, N\}$ 是一个重建矢量集,N 是 y 中的矢量个数。称 $y_i = (y_{i1}, y_{i2}, \cdots, y_{ik})^T$ 为码矢量,Y 为矢量量化器的码书。码书大小 N 也叫做量化电平数。

矢量量化器 Q 由码书 Y 和对输入矢量空间的分隔尺 $\{R_1, R_2, \cdots, R_N\}$ 来定义,其中尺是分割成的子区间,$i = 1, 2, \cdots, N$ 是映射成 y_i 的所有矢量的集合。这 N 个子区间满足

$$\bigcup_{i=1}^{N} R_i = R^k, R_i \bigcap R_j = 0, \quad \forall i \neq j$$

矢量量化编码器根据一定的失真测度在码书中搜索出与输入矢量间失真最小的码字。

传输时仅传输该码字在码书中的位置索引信息。解码时只要根据接收到的码字位置索引信息在码书中查找该码字,将它作为输入矢量的重构矢量。

2.7.2　子带编码

子带编码技术是一种高质量、高压缩比的图像编码方法。它的基本依据是:人眼对不同频域段的敏感程度不同,图像信号可以划分为不同的频域段。子带编码的基本思想是利用一滤波器组,经采样将输入信号分解为高频分量和低频分量,然后分别对高频和低频分量进行量化和编码。解码时,高频分量和低频分量经过插值和共轭滤波器合成原信号。

子带编码的关键技术在于:一是采用分解与合成滤波器组处理边带;二是对各子带采用适当的编码技术进行编码。其优点是量化在各子带内单独进行,量化噪声被限制在各子带内,可以防止能量较小的频带内的信号受其他频带内量化噪声的干扰。

2.8　视频编码

视频信号由于信息量大,传输网络带宽要求高。因此,必须进行视频压缩编码。视频压缩编码的方法与采用的信源模型有关。

如果将视频信源看成是样点存在时间和空间上相关的图像序列,对应的参数就是像素的亮度和色度的幅度值。对这类参数进行编码的技术称为第一代视频编码,也称为基于波形的编码。第一代编码方法主要有预测编码、变换编码和基于块的混合编码方法等。

如果采用把信源看成是由不同的物体组成的图像序列,其模型参数就是物体的形状、纹理、运动和颜色。对这类参数进行编码的技术称为第二代视频编码,也称为基于内容的编码。第二代视频编码方法主要采用分析合成编码、基于知识的编码、模式编码、视觉编码和语义编码等。

下面以预测编码为例,介绍视频编码的基本思想。

2.8.1　帧内预测编码

在视频预测编码中,主要分为帧间编码和帧内编码。所谓帧内编码,就是在一个视频帧内,即一幅图像内进行的预测。帧内预测编码的优点主要是算法简单,易于实现,但压缩比比较低,因此在视频图像压缩中几乎不单独使用。

2.8.2　帧间预测编码

在图像传输技术中,活动图像特别是电视图像是关注的主要对象。活动图像是由时间上以帧周期为间隔的连续图像帧组成的时间图像序列,它在时间上比在空间上具有更大的相关性。大多数电视图像相邻帧间细节变化是很小的,即视频帧间具有很强的相关性,帧间预测编码就是利用视频图像帧间的相关性,即时间相关性来获得比帧内编码高得多的压缩比。

2.9　数据压缩编码标准

在色彩缤纷、变幻无穷的多媒体世界里,用户如何选择产品,用户如何自由地组合、装配来自不同厂家的产品部件,构成自己满意的系统呢? 这就提出了一个不同厂家产品的兼容性问题,因此需要一个全球性的统一的国际技术标准。

国际标准化协会(ISO)、国际电子学委员会(IEO)和国际电信协会(ITU)等国际组织,于 20 世纪 90 年代制定了重要的多媒体国际标准。

2.9.1　静态图像压缩编码标准

对于静态图像压缩,已有多个国际标准,如 ISO 制定的 JPEG 标准、JBIG 标准、ITU-T 的 G3、G4 等。特别是 JPEG 标准,适用于黑白及彩色照片、彩色传真和印刷图片,可以支持很高的图像分辨率和量化精度。

1. JPEG 标准

由国际标准化组织与 CCITT 联合发起的联合图像专家组,在 20 世纪 90 年代初制定了静止图像的编码标志 JPEG(Joint Photographic Expert Group)。JPEG 标准采纳了一种 8 点 DCT 结构,在硬件条件较低的环境下能够得到较高的压缩比和保真度。

JPEG 标准是一个用于灰度或彩色图像的压缩标准,包括无损模式和多种类型的有损模式,非常适用于那些不太复杂或一般取自真实景象的图像的压缩。它使用离散余弦变换、量化、行程和霍夫曼编码等技术,是一种混合编码标准。它的性能依赖于图像的复杂性,对一般图像将以 20∶1 或 25∶1 的比率来压缩,无损模式的压缩比常采用 2∶1。对于非真实图像,使用 JPEG 效果并不理想。如果硬件处理的速度足够快,则数字动态视频可由 JPEG 图像标准实现。但是它不能充分利用帧间冗余,不能挖掘最大的压缩潜力。

2. JPEG-2000 标准

1999 年,国际标准化组织出台了国际化标准 JPEG-2000,其内容主要包括:JPEG-2000 图像编码系统、应用扩展、运动 JPEG-2000、兼容性、参考软件和复合图像文件格式。它将小波理论内容加入其中,使得在低比特率时重构图像的主观保真度能够比以往的标准有较大的提高。而且在高比特率时,重构效果能够得到保证。JPEG-2000 的算法从原来 JPEG 采用的以离散余弦变换算法为主的区块编码,改用为以离散小波变换算法为主的多解析编码方式。JPEG-2000 的特点是:高压缩率、无损压缩、渐进传输、感兴趣区域压缩和图像处理简单等。

总体来说,在压缩比和编码质量方面优于以 DCT 为基础的 JPEG 标准。

2.9.2　音频编码标准

音频信号是多媒体信息的重要组成部分。音频信号可分为电话质量的语言、调幅广播质量的音频信号和高保真立体声信号(如调频广播信号、激光唱片音盘信号等)数字音频压缩技术标准分为电话语音压缩、调幅广播语音压缩和调频广播及 CD 音质的宽带音频压缩 3 种。

在语音编码技术领域,各个厂家都在大力开发与推广自己的编码技术,使得在语音编码领域编码技术产品种类繁多,兼容性差,各厂家的技术也难以尽快地得到推广。所以,需要综合现有的编码技术,制定出全球统一的语言编码标准。自 20 世纪 70 年代起,CCITT 第 15 研究组和国际标准化组织已先后推出了一系列的语音编码技术标准。其中,CCITT 推出了 G 系列标准,而 ISO 则推出了 H 系列标准。

1. 电话(200Hz~3.4kHz)语音压缩标准

主要有 ITU 的 G.722(64Kbps)、G.721(32Kbps)、G.728(16Kbps)和 G.729(8Kbps)等建议,用于数字电话通信。

2. 调幅广播(50Hz~7kHz)语音压缩标准

主要采用 ITU 的 G.722(64Kbps)建议,用于优质语音、音乐、音频会议和视频会议等。

3. 调频广播(20Hz~15kHz)及 CD 音质(20Hz~20kHz)的宽带音频压缩标准

主要采用 MPEG-1 或 MPEG-2、双杜比 AC-3 等建议,用于 CD、MD、MPC、VCD、DVD、HDTV 和电影配音等。

2.9.3 视频编码标准

ITU-T 和 ISO/IEC JTC1 是目前国际上制定视频编码标准的正式组织,ITU-T 的标准称为建议,并命名为 H.26x 系列,比如 H.261、H.263 等。ISO/IEC 的标准称为 MPEG-x,比如 MPEG-1、MPEG-2 和 MPEG-4 等。H.26x 系列标准主要用于实时视频通信,比如视频会议、可视电话等;MPEG 系列标准主要用于视频存储(DVD)、视频广播和视频流媒体(如基于 Internet、DSL 的视频,无线视频等)。图 2-9 说明了这两族标准的发展历程。

图 2-9　视频编码标准的发展过程

CCITT(国际电报电话咨询委员会)于 1984 年成立了一个专家组,专门研究电视电话的编码问题,并于 1990 年完成和批准了 CCITT 推荐书 H.261。在 H.261 的基础上,1996年 ITU-T 完成了 H.263 编码标准。在编码算法复杂度增加较少的基础上,H.263 能提供更好的图像质量、更低的速率。目前,H.263 编码是 IP 视频通信采用最多的一种编码方法。1998 年 ITU-T 推出的 H.263＋是 H.263 建议的第二版,它提供了 12 个新的可协商模式和其他特征,进一步提高了压缩编码性能。ITU 还制定了一系列音频编码标准,如G.711、G.722、G.723、G.727、G.728 和 G.729 等。

MPEG 是 ISO/IEC JTC1 1988 年成立的运动图像专家组（Moving Picture Expert Group)的简称,负责数字视频、音频和其他媒体的压缩、解压缩、处理和表示等国际技术标准的制定工作。从 1988 年开始，MPEG 专家组每年召开 4 次左右的国际会议，主要内容是制定、修订和发展 MPEG 系列多媒体标准。已推出的标准包括 MPEG-1、MPEG-2、MPEG-4、MPEG-7 和 MPEG-21。目前，MPEG 系列标准已经成为了影响最大的多媒体技术标准，对数字电视、视听消费电子产品、多媒体通信等信息产业的重要产品产生了深远影响。除了联合开发 H.262/MPEG-2 标准外，大多数情况下，这两个组织独立制定相关标准。1997 年，ITU-T VCEG 与 ISO/IEC MPEG 再次合作，成立了 Joint VideoTeam(JVT)，致力于开发新一代的视频编码标准 H.264。1998 年 1 月，开始草案征集；1999 年 9 月，完成了第一个草案；2001 年 5 月，制定了其测试模式 TML-8；2002 年 6 月，JVT 第 5 次会议通过了 H.264 的 FCD 版；2002 年 12 月，ITU-T 在日本的会议上正式通过了 H.264 标准，并于 2003 年 5 月正式公布了该标准。国际电信联盟将该系统命名为 H.264/AVC，国际标准化组织和国际电工委员会将其称为 14496-10/MPEG-4 AVC。

1. 经典的视频编码技术

1948 年，Oliver 提出了第一个编码理论——脉冲编码调制(Pulse Coding Modulation, PCM)；同年，Shannon 的经典论文——"通信的数学原理"首次提出并建立了信息率失真函数的概念；1959 年，Shannon 进一步确立了码率失真理论，以上工作奠定了信息编码的理论基础。主要编码方法有预测编码、变换编码和统计编码，也称为三大经典编码方法。

预测编码的基本思想是：根据数据的统计特性得到预测值，然后传输图像像素与其预测值的差值信号，使传输的码率降低，达到压缩的目的。预测编码方法简单经济，编码效率较高。

变换编码的基本思想是：由于数字图像像素间存在高度相关性，因此可以进行某种变换来消除这种相关性。

统计编码的基本思想是：主要针对无记忆信源，根据信息码字出现概率的分布特征而进行压缩编码，寻找概率与码字长度间的最优匹配。常用的统计编码有游程编码、霍夫曼编码和算术编码三种。

三大经典编码方法以信息论和数字信号处理技术为理论基础，构成了目前最为通用的编码标准的基础。

近年来不局限于信息论的框架，充分利用人的视觉生理、心理和图像信源的各种特征的"第二代"编码技术正在被广泛的研究，包括基于分形的编码、基于模型的编码、基于区域分割的编码和基于神经网络的编码等。

"第二代"编码方法充分利用了计算机图形学、计算机视觉、人工智能与模式识别等相关学科的研究成果，为视频(图像)压缩编码开拓出了广阔的前景。

但是由于"第二代"编码方法增加了分析的难度，所以大大增加了实现的复杂性。从当前发展情况来看，"第二代"编码方法仍处于深入研究的阶段。例如，分形法由于图像分割、迭代函数系统代码的获得是非常困难的，因而实现起来时间长，算法非常复杂。模型法则仅限于人头肩像等基本的视频(图像)上，进一步的发展有赖于新的数学方法和其他相关学科的发展。神经网络的工作机理至今仍不清楚，硬件研制不成功，所以在视频(图像)编码中的应用进展缓慢，目前多与其他方法结合使用。

正因为如此，目前主流的编码技术还都基本未采用"第二代"编码方法。

2. MPEG

视频压缩的一个重要标准是 MPEG,已经推出有 MPEG-1、MPEG-2、MPEG-4、MPEG-7 和 MPEG-21 等系列标准。另一个重要的标准是 H 系列,包括 H.261、H.263 等标准。

MPEG 是活动图像专家组的缩写,MPEG 组织最初得到的授权是制定用于"活动图像"编码的各种标准,随后扩充为"活动图像及其伴随的音频及其组合"。后来针对不同的应用需要,解除限制,成为现在的标准的组织。

MPEG-1 标准于 1993 年 8 月公布,是用于传输 1.5Mbps 数据传输率的数字存储媒体运动图像及其伴音的标准。该标准包括 5 个部分:第一部分说明了如何根据第二部分——视频和第三部分——音频的规定,对音频和视频进行复合编码;第四部分说明了检验解码器或编码器的输出比特流复合前三部分规定的过程;第五部分是一个用完整的 C 语言实现的编码和解码器。

MPEG-2 压缩标准,以实现视/音频服务与应用互操作的可能性。MPEG-2 标准是针对标准数字电视和高清电视在各种应用下的压缩方案和系统层的详细规定。MPEG-2 不是 MPEG-1 的简单升级,它在系统和传送方面做了更加详细的规定和进一步的完善,特别适用于广播级的数字电视的编码和传送,被认定为 SDTV 和 HDTV 的编码标准。

MPEG-4 与 MPEG-1 和 MPEG-2 有很大的不同。MPEG-4 不只是一种具体的压缩算法,它还是针对数字电视、交互式绘图应用(影音合成内容)和交互式多媒体(WWW、资料收集与分散)等整合及压缩技术的需求而制定的国际标准。MPEG-4 标准将众多多媒体应用集成于一个完整的框架内,旨在为多媒体通信及应用环境提供标准的算法及工具,从而建立起一种能被多媒体传输、存储和检索等应用领域普遍采用的统一数据格式。

MPEG-7 标准被描述为"多媒体内容描述接口",它为各类多媒体信息提供一种标准化的描述,这种描述将与内容本身有关,允许快速和有效地查询用户感兴趣的资料。它将扩展现有内容识别专用解决方案的有限的能力,特别是它还包括了更多的数据类型。也就是说,MPEG-7 规定了用于描述各种不同类型多媒体信息的描述符的标准集合。MPEG-7 标准可以支持非常广的应用,如广播媒体的选择(广播、电视节目)、音视数据库的存储和检索、Internet 上的个性化新闻服务、智能多媒体、多媒体剪辑、数字多媒体图书馆和家庭娱乐等。

制定 MPEG-21 标准的目的如下。

(1) 将不同的协议、标准和技术等有机地融合在一起。

(2) 制定新的标准。

(3) 将这些不同的标准集成在一起。

MPEG-21 标准其实就是一些关键技术的集成,通过这种集成环境对全球数字媒体资源进行透明和增强管理,实现内容描述、创建、发布、使用、识别、收费管理、产权保护、用户隐私权保护、终端和网络资源抽取、事件报告等功能。

至今某些多媒体应用系统仍然采用 MPEG-2 编码标准,这是因为这种标准的画面质量好,压缩比高。然而 MPEG-2 标准在应用中也暴露出其不足的方面:基于宏块和帧的编码方式限制了对内容的交互操作、压缩效率仍不理想、窄带网上的传输质量受到限制和对媒体的兼容能力有待提高等。MPEG-4 标准以其基于对象编码的技术特点和它可实现的功能,在网络多媒体应用中有很大的潜力。将 MPEG-4 用于网络多媒体应用系统,一方面可以发挥它在多媒体应用方面的优势,另一方面也可以提高应用系统的服务质量,拓宽系统的业务范围。可见,MPEG-4 必将逐渐取代 MPEG-2 成为网络多媒体业务的核心编码标准。

MPEG-4 的应用前景是广泛而深远的。它的出现将对以下各方面产生较大的推动作用:数字电视、动态图像、万维网 WWW、实时多媒体监控、低比特率下的移动多媒体通信、内容存储和检索多媒体系统、Internet/Intranet 上的视频流与可视游戏、基于面部表情模拟的虚拟会议、DVD 上的交互多媒体应用、基于计算机网络的可视化合作实验室场景应用和演播电视等。

练习

一、选择题

1. 图像序列中的两幅相邻图像,后一幅图像与前一幅图像之间有较大的相关,这是(   )。

    A. 空间冗余   B. 时间冗余   C. 信息熵冗余   D. 视觉冗余

2. 国际标准 MPEG-2 采用了分层的编码体系,提供了 4 种技术,它们是(   )。

    A. 空间可扩展性;信噪比可扩充性;框架技术;等级技术

    B. 时间可扩充性;空间可扩展性;硬件扩展技术;软件扩展技术

    C. 数据分块技术;空间可扩展性;信噪比可扩充性;框架技术

    D. 空间可扩展性;时间可扩充性;信噪比可扩充性;数据分块技术

二、思考题

1. 信源符号及其概率如下:

a	a_1	a_2	a_3	a_4	a_5
$p(a)$	0.5	0.25	0.125	0.0625	0.0625

求其霍夫曼编码,信息熵和平均码长。

2. 数据压缩方法可分为几大类? 各类别都有哪些主要特点?

3. JPEG 标准的基本系统中压缩过程有哪几步? 每步是如何工作的?

4. MPEG 标准系列都有哪些标准? 各自的特点是什么?

第 3 章　　　　　数字音频处理

声音是携带信息的非常重要的媒体,是多媒体技术研究中的一个重要内容。声音的种类很多,可分为语音和非语音。声音是人们用来传递信息最方便、最熟悉的方式,声音携带的信息量大、精确。

随着多媒体信息处理基础的发展,计算机数据处理能力的增强,音频处理技术受到了重视,并得到了广泛的应用。如视频图像的配乐、静态图像的解说、可视电话、虚拟现实中的声音模拟和电子读物的有声输出等。

本章将介绍数字音频的概念、音频的数字化、语音合成技术和语音识别技术等,重点讲述语音合成技术、音乐合成技术、语音识别的关键技术以及语音识别的应用。

3.1　数字音频的基础

3.1.1　模拟音频信号

声音是通过物体振动产生的,是通过介质(空气等)传播并能被人或动物听觉器官所感知的波动现象。噪声的无规律性表现在它的无周期性上,而有规律的声音可用一条连续的曲线来表示,因此也可称为声波。

这种在时间和幅度上都连续的声波信号,称为模拟音频信号。另外,磁带、老式密纹唱片上记录的信号以及 AM、FM 广播信号也是模拟音频信号。

声音有三大要素,分别做如下说明。

音调:它与声音的频率有关,频率高则声音高,频率低则声音低。

音强:它又称为响度。取决于声音的幅度。也就是说,振幅决定了声音的大小和强弱。

音色:它由混入基音的泛音所决定。每个基音都有其固有频率和不同音强的泛音,因此使得每个声音具有特殊的音色效果。

这三个要素与声波参数紧密联系。

1. 音调与基频

人对声音频率的感觉表现为音调的高低,在音乐中称为音高。音高是指声波的基频。基频越低,给人的感觉越低沉。音乐的音高标准是 1939 年在伦敦国际会议上确定的。

2. 音色与泛音

人们能够分辨具有相同音高的钢琴和小提琴声音,正是因为其具有不同的音色,也就是说用钢琴和小提琴演奏同一首乐曲,听起来感觉不同。音色是由混入基音的泛音所决定的。

音乐中听到的音是各种乐器以不同的方式振动、共鸣而产生的,不同的乐器有不同的振动方式,产生的音色有很大差别,这种差别就是因为乐器所发出的声音内包含的泛音在数量、强度等方面有所不同而引起的。

3. 音强与幅度

判断乐音的基础是音强,它是指声音信号中主音调的强弱程度。人耳对于声音细节的分辨与强度有直接关系,只有在强度适中时人耳辨音才最灵敏。如果一个音的强度太低,则难以正确辨别其音高和音色。

4. 音宽与频带

频率宽带也称带宽,它用来描述组成复合信号的频率范围。例如,普通电话容许语音信号通过,带宽约为 3.2kHz;高保真度(Hi-Fi)声音的频率范围为 10～20 000Hz,带宽约为 20kHz。

客观上讲,通常用频率带宽、动态范围和信噪比等指标衡量音频信号的质量。音频信号的频带越宽,所包含的音频信号分量越丰富、音质越好。动态范围越大,信号强度的相对变化范围就越大,而信噪比是有用信号与噪声之比,信噪比越大,声音质量越好。

众所周知,模拟磁性录音技术已经有很多年了。这一技术的原理被广泛地用于采集、播放各种各样的声音,如音乐、配乐和特殊音效等。这种模拟录音方式直接记录音频信号的波形,重放时用唱针扫描槽纹或者用放音频头来拾取信号。但模拟磁性录音性能受电磁性能的影响很大,磁带频率特征的微小变化都会对音质产生影响。目前,模拟录音的动态范围可达 80dB。若想进一步提高录音、放音的音质,只能求助于数字音频技术。

3.1.2　数字音频基础

首先说明音频编码的原理,计算机中的音频必须是数字形式的。数字音频是一个数据序列,它是由模拟音频经过采样、量化和编码后得到的。这种把模拟信号转换成数字信号的最基本的编码方法称为脉冲编码调制,它主要包括采样、量化和编码三个过程。采样是把时间连续的模拟信号转换成时间离散、幅度连续的采样信号;量化是将时间离散、幅度连续的采样信号转换成时间离散、幅度离散的数字信号;编码是将量化后的信号编码形成二进制的数据,这样,模拟信号就转化成了数字信号。

数字音频系统是通过将声波波形转换成一连串的二进制数据来再现原始声音的,实现这个步骤使用的设备是模数转换器。它以每秒上万次的速率对声波进行采样,每一次采样都记录下了原始模拟声波在某一时刻的状态,称为样本。

将一串样本连接起来,就可以描述一段声波了,每一秒钟所采样的数目称为采样频率或采样率,单位为 Hz(赫兹)。常用的音频采样频率有 8kHz、11.025kHz、22.05kHz、16kHz、37.8kHz 和 44.1kHz。

采样频率越高所能描述的声波频率就越高。采样必须满足采样定理,即对于随时间连续变化的模拟信号波形,必须用该信号所含的最高频率的 2 倍来进行采样,才可保证原模拟信号不丢失。对于每个采样,系统均分配一定存储位(bit 数)来表达声波的声波振幅状态,称为采样分辨率或采样精度,每增加一个 bit,表达声波振幅的状态数就翻一番。采样精度越高,声波的还原就越细腻。可以计算出 16bit 能够表达 65 536 种状态。

　　模拟声音在时间上是连续的,以数字表示的声音是一个数据序列,在时间上只能是离散的。因此,当把模拟声音变成数字声音时,需要每隔一个时间间隔在模拟声音波形上取一个幅度值,称为抽样。时间间隔称为抽样周期,它的倒数称为采样频率。

　　由此可见,数字声音是一个数据序列,它是模拟声音经过采样、量化后得到的。计算机、数字 CD 等中存储的都是数字声音。模拟/数字转换器可以把模拟声音变成数字声音;数字/模拟转换器可以恢复出模拟声音。

　　音频资源的文件格式用来提供计算机平台之间的应用和交换的兼容性,其中除了音频数据外有些还包括控制数据,如很多文件格式在文件头部描述了文件的取样速率、比特率、信道的数量和压缩的类型等信息。目前流行的音频文件格式有 WAV、MP3、Real Media 和 Windows Media 等格式。

　　可以对这些格式进行适当的分类以利于分析、使用和研究。

　　按应用的范围来划分,应用最广泛的格式包括 MP3 格式、Real Media(此类格式有以下几个形式 RA、RM 和 RAM 等,主要应用于网络广播类流媒体)、Windows Media(包括 ASF、ASX、WMA 和 WAX)这三种格式。其他格式,如 QuickTime、WAV 格式、杜比 AC-3、MIDI、VQF、Ogg Vorbis、MP3PRO、MP4、MPEG-2 AAC 格式等相对使用较少。对于我们来说,还是应该从广泛使用的三种格式中选择一种,即 Calis 推荐的三种格式。

　　按播放使用方式来划分,主要分为下载格式和流媒体格式。Calis 推荐的三种格式中,MP3 格式是下载格式,需要先下载后播放。Windows Media 和 Real Media 都是既可以下载后播放又可以以流媒体格式播放的。相比之下,服务器在流式传输模式下,可以提供更高的并发连接数,具有更好的服务性能,是我们应该优先考虑选择的。

　　按压缩情况划分,WAV 格式未加以压缩,其他格式均是压缩格式。从上述分析来看,我们应该从 Real Media 和 Windows Media 中选择一种,从开发和使用成本来考虑,我们选择 Windows Media。这样的选择也兼顾到了读者希望能将下载的音频资料拷贝到 MP3 播放器中使用的需求,因为市场上销售的 MP3 播放器几乎 100% 支持 WMA 格式的音频文件,而能够支持 Real Media 格式的 MP3 播放器则很罕见。

3.2　音频的数字化

3.2.1　声音的数字化过程

　　数字化主要包括采样和量化两个方面。相应地,数字化音频的质量也取决于采样频率和量化位数这两个重要参数。

1. 采样

　　所谓采样就是在某些特定的时刻对模拟信号进行取值。采样的过程是每隔一个时间间隔在模拟信号的波形上取一个幅度值,把时间上的连续信号变成时间上的离散信号。该时间间隔称为采样周期 t,其倒数为采样频率 $f_s = 1/t$。采样频率表示计算机每秒钟采集多少个声音样本。一般来说,采样频率越高,采样的间隔时间越短,则在单位时间内计算机得到的声音样本数据就越多,对声音波形的表示也越精确,声音失真越小,用于存储音频的数据量越大。

2. 量化

采样解决了音频波形信号在时间坐标上把一个波形切分成若干个等分的数据化问题，但是每个样本某一瞬间声波幅度的电压值的大小仍为连续值，因此，需要用某种数字化的方法来反映。这种将每个采样值在幅度上进行离散化处理的过程称为量化。

量化可分为均匀量化和非均匀量化。均匀量化是把采样后的信号按整个声波的幅度等间隔分成有限个区段，把落入某个区段内的样值归为一类，并赋予相同的量化值。非均匀量化是根据信号的不同区间来确定量化间隔的。对于信号值小的区间，其量化间隔也小；反之，量化间隔就大。这样就可以在满足精度要求的情况下用较少的位数来表示。

声音数字化的两个步骤是采样和量化。采样就是每隔一段时间就读一次声音信号的幅度，量化就是把采样得到的声音信号的幅度转换为数字值。时间上的离散称为采样，幅度上的离散称为量化。

模拟信号经过采样和量化后，形成一系列的离散信号。这种数字信号可以以一定的方式进行编码，形成计算机内部运行的数据。经过编码后的声音信号就是数字音频信号。即数字音频是一个数据序列，它是由模拟声音经采样、量化和编码后得到的。音频压缩编码就是在它的基础上进行的。对量化后的数字信号可采用某种形式进行编码存储。具体的编码方法在前面章节中已介绍。

3.2.2　人耳对声音的感知特性

在多媒体系统中，音频信号可分为两类：语音信号和非语音信号。非语音信号又可分为乐音和杂音。非语音信号的特点是不具有复杂的语意和语法信息，信息量低、识别简单。语音是语言的物质载体，语言是人类社会特有的一种信息系统，是社会交际工具的符号。

音频信号处理的特点如下。

（1）音频信号是依赖时间的连续媒体。因此，音频处理的时序性要求很高。如果在时间上有 25ms 的延迟，就会感到断续。

（2）由于人接收声音有左右两个通道，因此使计算机模拟自然声音时，也应有两个声道，即理想的合成声音应该是立体声的。

（3）由于语音信号不仅仅是声音的载体，同时还携带了情感的意向，所以对语音符号的处理不仅是信号处理问题，还要抽取语意等其他信息，还会涉及社会学、语言学等。

人类听觉系统（Human Auditory System，HAS）功能复杂，它不仅是一个声音接收器，还是一个声音分析器，同时还能判别响度、音调和音色，而这些功能几乎都是与大脑结合作用的产物。因此，人耳听觉特性涉及生理声学和心理声学两方面的问题。

（1）人耳听觉的强度和频率范围

声音能否被听到，主要取决于它的频率和强度，正常人的听觉频率范围为 20Hz～20kHz，强度范围为 $-5\sim130$dB。人耳对频率范围在 2～5kHz 频段的声音最敏感。频率高于或低于这个频段时，人耳的听觉灵敏度开始逐渐下降。图 3-1 画出了在没有噪声的情况下人耳听觉的绝对阈值曲线。能量值位于曲线以下的声音人耳无法察觉到，只有当声音的能量超过临界曲线时，才能被听到。

图 3-1　绝对阈值曲线

（2）人耳的掩蔽效应

掩蔽效应（Masking Effect），是指当存在一个较强声音时，弱的声音将不被人耳所察觉。人耳听不见的被掩蔽声音的最大声压级称为掩蔽门限。掩蔽门限取决于掩蔽和被掩蔽信号的频率、声压强及音调或噪声特性。图 3-2 为人耳听觉掩蔽曲线，由于 A 频带音频信号的能量远大于相邻频带，掩蔽曲线之下的其他频带信号都被掩蔽起来，即使其能量已超过了绝对阈值曲线仍然无法被人耳察觉。

图 3-2　听觉掩蔽曲线

掩蔽效应分为频域掩蔽和时域掩蔽。频域掩蔽是指两个音频信号同时出现，若两者频率相近，较强的信号将使较弱的信号不易被听见。目前高质量的音频编码技术均运用了频率掩蔽模型。时域掩蔽可分为前掩蔽和后掩蔽。前掩蔽是指在强掩蔽声音出现之前 5～20ms 的时间内，被掩蔽声音不可听见。后掩蔽是指在强掩蔽声音消失后的 50～200ms 时间内，被掩蔽声音不可听见。回声隐藏技术就是利用了时域掩蔽效应。

（3）人耳对绝对相位不敏感

人耳对声音信号的绝对相位不敏感，只对其相对相位敏感。人耳能做短时的频率分析，对信号的周期性即音调很敏感，但感知信号相位却不灵敏。

人耳听觉的以上这些特性为数字音频相关技术的可行性研究提供了理论依据。

3.2.3　数字声音的基本参数

数字音频的基本功能是以一定的采样率、一定量化位的分辨率录制和播放音频信号。

其基本技术参数包括如下 5 点。

1. 采样频率

采样频率是指一秒钟内采集的次数。根据奈奎斯特采样理论,如果对某一模拟信号进行采样,则采样后可还原的最高信号频率只有采样频率的一半,或者说只要采样频率高于输入信号最高频率的两倍,就能从采样信号序列重构原始信号。因此,采样频率越高,它可恢复的音频信号分量越丰富,其声音的保真度越好。用 44kHz 的采样频率对声音信号进行采样时,可记录的最高音频为 22kHz,这正是人耳能分辨的最高音频再加上一定的保护频带。所以,CD 激光唱盘的音质与原始声音几乎毫无差别。这种音质就是我们常说的超级高保真音质。

采样的三个标准频率分别为 44.1kHz、22.05kHz 和 11.025kHz。一般音频卡都有其特定的采样频率范围。

2. 量化位数

量化位数决定了模拟信号数字化后的动态范围。一般的量化位数为 8 位和 16 位。若以 8 位采样,则其波形的幅值可分为 $2^8 = 256$ 等份,等效的动态范围为 $20 \times \log(256) = 48dB$。量化位数越高,相当于信号的动态范围越大,数字化后的音频信号就越可能接近原始信号。

3. 声道数

单声道就是一次产生一组声波数据,如果一次同时产生两组声波数据,则称为双声道或立体声。双声道在硬件中要占两条线路,一条是左声道,一条是右声道。立体声不仅音质、音色好,而且更能反映人们的听觉效果。但立体声数字化后所占空间比单声道多一倍。

4. 数据率

音频信号数字化后,其数据率(每秒位数)与信号在计算机中的实时传输有直接关系,而其总数据量又与计算机的存储空间有直接关系。因此,数据率是计算机处理时要掌握的基本技术参数。未经压缩的数字音频数据率可按下式计算:

$$数据率(bit/s) = 采样频率(Hz) \times 量化位数(bit) \times 声道数$$

其中数据率以每秒比特为单位,采样频率以赫兹为单位,量化位数以比特计。

如果采用 PCM 编码,音频数字化所需占用的空间可用下式计算:

$$音频数据量 = 数据率 \times 持续时间 /8(Byte)$$

其中数据量以字节(Byte)为单位,数据率以每秒比特为单位,持续时间以秒为单位。

5. 编码与压缩比

音频数据量很大,因此在编码时常常要采用压缩的方式。实际上编码的作用第一是采用一定的格式来记录数字数据,第二是采用一定的算法来压缩数字数据以减少存储空间和提高传输效率。压缩编码的基本指标之一就是压缩比,它的定义是同一段时间间隔的音频数据压缩后的数据量与压缩前的数据量之比。

$$音频数据压缩比 = \frac{压缩后的音频数据量}{压缩前的音频数据量}$$

压缩比通常小于 1。在某些情况下，采用不同的采样指标实际上就进行了数据的压缩。理论上讲，压缩比越小，丢掉的信息越多、信号还原后失真越大。但实际上人耳对音频的细节并不太熟悉。

3.3　语音合成技术

3.3.1　语音合成

一般来讲，实现计算机语音输出有两种方法：一种是录音/重放，一种是文/语转换。第二种方法是基于声音合成技术的一种声音产生技术，它可用于语音合成和音乐合成。

文/语转换是语音合成技术的延伸，它能把计算机内的文体转换成连续自然的语音流，若采用这种方法输出语音，应该预先建立语音参数数据库、发音规则库等。需要输出语音时，系统按照需求先合成语音单元，再按照语音学规则或发音学规则，连接成自然的语流。

计算机话语输出按照其实现的功能来分，可以分为以下两个方向。

（1）有限词汇的计算机语音输出

它可以采用录音/重放技术，或者针对有限词汇采用某种合成技术，对语言理解没有要求。可用于语音报时、报站名等。

（2）基于语音合成技术的文字/语音转换

进行由书面语言到语音的转换，它并不是只是由正文到语音信号的简单映射，它还包括对书面语音的理解，以及对语音的韵律处理。

从合成采用的技术来讲可以分为发音参数合成、声道模型参数合成和波形编辑合成；从合成策略上来讲可以分为频谱逼近和波形逼近。

（1）发音器官参数语音合成

这种方法对人的发音过程进行直接模拟。它定义了唇、舌和声带等的相关参数，来估计声道截面积函数，进而计算声波。

（2）声道模型参数语音合成

该方法基于声道截面积函数或声道谐振特性合成语音，如共振峰合成器和 LPC 合成器。

（3）波形编辑语音合成技术

波形编辑语音合成技术是直接把语音波形数据库中的波形相互拼接在一起，输出连续语流。该技术在 PSOLA 方法的推动下得到了很大的发展与广泛的应用。

PSOLA 就是基音同步叠加，它把基音周期的完整性作为保证波形及频谱平滑连续的基本前提，该算法按以下步骤实施：

- 对原始波形进行分析，产生非参数的中间表示；
- 对中间表示进行修改；
- 将修改过的中间表示重新合成为语音信号。

1. 语音基元数据库的构建

任何一个计算机语言输出系统都有语音数据库,用于存储语音基元。构建语音基元数据库重点要考虑两个问题:基元的选择和语音数据的存储形式。

(1) 基元的选择

基元的选择有多种方案,目前常用的有次音素、音素、音节、词汇、双音素和三音素等,基元选得大,容易获得较好的音质;基元选得小,数据量小,拼接灵活,但韵律修饰规则复杂。

(2) 语音数据的存储形式

语音数据的存储形式可分为两大类:波形存储和参数存储,这取决于合成算法。为了减少数据量,一般要对语音数据进行压缩。

- 波形存储方式存储。该方式是数字化的语音波形数据。这些数据一般都经过编码,常用的编码方式有 PCM 等。它的主要优点是编码和解码算法简单,易于实时实现,缺点是数据量大。
- 参数存储方式存储。该方式是从语音信号中提取的参数,常用的有 LPL 参数、LSP 和共振峰参数等。参数存储方式的主要优缺点和波形方式相反。主要优点是数据量小,易于实现韵律修改,但有限的参数很难表述自然语音的细微变化。

2. 韵律模拟

(1) 自然语言中的韵律特征

在自然语流中,人们使用语调、节奏和重音等方式来表达说话者的语义和情感,这些特征是自然语流的重要组成部分。

(2) 韵律的合成及方法

由于语音数据库中不可能把反映韵律变化的基元都选存进去,言语输出要想取得高质量,必须具备韵律合成的功能。语调、节奏和重音这些韵律特征是通过超音段特征——音高、音长、音强及频率分布的变化而表现出来的。

(3) 韵律模拟的问题

要实现韵律模拟,需要解决韵律规则、韵律描述、计算模型和修改算法等问题。这要借助于语音学、语言学、心理学和信号处理等学科的成果。但目前对自然语流中韵律现象的研究还远未达到建立可计算韵律模型的要求。

现在语音合成技术已经应用到了生活的各个方面,主要体现在以下 6 个方面。

(1) 根据语音合成技术极强的处理信号的能力,主要针对通信的不同技术、设备及应用方法,采用了语音增强、语音编码及语音解码的功能来达到对信号分析、抑制噪声的作用。

(2) 在图像处理方面,语音合成技术也起到了很大的作用,它能够极大限度地对图像的处理产生良好的影响。

(3) 语音合成技术与语音识别,语音转换技术联合使用,可以更好地处理语音信号的噪声及语音信号的增强等各种问题。

(4) 针对现在普遍使用的手机业务,语音合成技术也可以更加方便地对话音进行改进。

(5) 在智能的交换领域及语音的呼叫方面,语音合成技术也起到了越来越重要的作用。

(6) 为了更好地对语音信号进行录入、处理及提取,可通过语音合成技术实现。

3.3.2　音乐合成

数字音频是一种数字式录音/重放的过程。在多媒体系统中,除了用数字音频的方式之外,还可以用采样合成的方式产生音乐。音乐合成的方式是根据一定的协议标准,采用音乐符号记录方法来记录和解释乐谱,并合成相应的音乐信号,这就是 MIDI 方式。

MIDI 是乐器数字接口的缩写,泛指数字音乐的国际标准。任何电子乐器,只要有处理 MIDI 信息的微处理器,并有合适的硬件接口,都可以称为一个 MIDI 设备。MIDI 不是把音乐的波形进行数字化采样和编码,而是将数字化电子乐器的弹奏过程记录下来,当需要播放这首乐曲时,根据记录的乐谱指令,通过音乐合成器生成音乐声波,经过放大后由扬声器播出。

音乐合成器生成的音乐采用 MIDI 文件存储。MIDI 文件是用来记录音乐的一种文件格式,后缀名为. mid 或. midi。这种文件格式非常特殊,其中记录的不是音频数据,而是演奏音乐的指令,不同的指令与不同的乐器相对应。MIDI 文件的特殊结构方便了音乐人,他们不用学习计算机中音频数据的编码原理,就可以用他们熟悉的传统音乐创作方式进行数字音乐的创作。

MIDI 音乐的产生过程如下所述。MIDI 电子乐器通过 MIDI 接口与计算机相连,这样,计算机可通过音序器软件来采集 MIDI 电子乐器发出的一系列指令。这一系列指令可记录到以. mid 为扩展名的 MIDI 文件中。在计算机上音序器可对 MIDI 文件进行编辑和修改。最后,将 MIDI 指令送往音乐合成器,由音乐合成器将 MIDI 指令符号进行解释并产生波形,然后通过声音发生器送往扬声器播放出来。

3.4　语音识别技术

语音识别是将人发出的声音、字或短语转换成文字、符号或给出响应,如执行控制、作出问答。语音识别将可能取代键盘和鼠标成为计算机的主要输入手段,使用户界面产生一次质的飞跃。

语音识别的本质可以归结为模式识别和模式匹配的过程,与常规模式识别系统一样,语音识别过程一般分为两个步骤:第一步是系统"学习"或者"训练"阶段,这一阶段的任务是建立识别基本单元的声学模型以及文法分析的语言模型等;第二步是"识别"或"测试"阶段,根据识别系统的类型选择能够满足要求的一种识别方法,采用语音分析方法提取出这种识别方法所要求的特征参数,按照一定的准则和测度与系统模型进行比较,通过判决得出识别结果。

语音识别系统框图如图 3-3 所示,待测语音通过麦克输入系统的输入端,首先要经过预处理。预处理包括分帧、预加重、幅度归一化和端点检测。将分帧后的语音信号逐帧进行特征提取。常用的特征包括:短时平均能量或幅度、短时平均过零率和短时自相关函数等。根据实际需要选择语音特征参数,这些特征参数的时间序列便构成了待识别语音的模式,将其与模板库中的模板语音逐一进行特征匹配,获得最佳匹配结果的模板语音便是识别结果,最后将识别结果输出。模板语音是在系统使用前获得并存储起来的。因此,要输入一系列已知语音信号,提取它们的特征作为模板语音,这一过程称为训练过程。

图 3-3　语音识别系统框图

语音识别的研究领域比较广泛,归纳起来讲,主要有以下 4 个方面。

(1) 按照可识别的词汇量多少划分

- 小词表语音识别:能识别的词汇量小于 100;
- 中词表语音识别:能识别的词汇量大于 100;
- 大词表语音识别:能识别的词汇量大于 1000。

(2) 按照语音的输入方式划分

- 孤立词语音识别;
- 连接词语音识别;
- 连续语音识别。

(3) 按照发音人划分

- 特定人语音识别;
- 限定人语音识别;
- 非特定人语音识别。

(4) 说话人识别

对说话人的声纹进行识别。这是研究如何根据语音来辨认说话者并确认说话者。

3.4.1　语音识别的关键技术

语音识别系统是建立在一定硬件平台上的语音识别应用软件,由硬件和软件两部分组成。软件包括语音识别的核心程序以及相关的声学模型、词典、文法和语法模型等;硬件可以是计算机或者语音识别专用芯片,此外还包括语音录入设备、识别结果输出设备等。语音识别系统一般都要求对语音识别的结果做进一步处理,综合考虑环境适应、软硬件接口等因素,在实际环境下实现具体的应用,如汽车的语音控制系统、家电声控系统和智能玩具等。因此,实际应用中的语音识别系统是由语音识别软件和相关的外围设备组合而成的。从系统的功能角度出发,可以将语音识别系统分为语音信号预处理、语音识别核心算法、应用动作处理以及相关数据库等。一般语音识别系统框图如图 3-4 所示。

1. 语音识别的预处理

语音识别的预处理部分的主要工作是对输入语音进行数字化采样、滤波和预加重等,在端点检测阶段检测出各种语音段落。语音识别核心算法主要包括参数分析和语音识别,参数分析部分负责提取待识别语音的特征参数,将输入的语音信号序列转化为特定的语音特征参数序列。语音识别部分进行输入语音特征矢量和系统模板的匹配识别,并根据字典、语法约束等生成识别结果。应用动作处理部分主要负责对识别结果进行实用化转换,把识别结果转化为具体的输出格式或动作,从而实现具体应用。

语音识别的预处理主要包括语音信号的数字化、预加重、加窗和分帧、端点检测等。在

图 3-4　一般语音识别系统框图

预处理之前必须先进行语音识别基元的选取。

（1）语音识别基元的选取

在语音识别中,语音识别基元的选取是非常重要的环节,对系统的整体性能影响很大。对于不同的语言,其语言结构不尽相同,基元选取的考虑也不同:对于英语这种多音节语言,可以选取音素或者词作为识别基元;对于汉语这种单音节语言来说,则可以用音节字作为识别基元,也可以用词或者声韵母等作为识别基元。语音识别基元选取的基本原则有以下两点:第一,识别基元要具有灵活的可组性,即基元能够代表语言中独立的基本个体,由这些基本个体可以灵活地组成其他语言单位;第二,识别基元要具有稳定性,在不同的发音环境下也能体现语音的共性,从而保证对不同环境具有良好的适应能力。识别基元的选择还应综合考虑系统的词汇量、计算复杂度、存储量、训练所需的数据量以及基元在连续语音中的稳定性等因素。一般来说,小词汇量系统的识别基元可以选得大一些,如词或短语等;大词汇量系统的识别基元则应该选得小一些,如音素或者声韵母等。对于汉语连续语音识别,可以选择的基元包括句子、词、音节(字)、声韵母和音素等。

汉语是单音节结构的语言,有 412 个无调音节和 1282 个有调音节,数量相对较少,由音节(字)组成词语和句子非常灵活。选择音节(字)作为识别基元符合人们的思维习惯,同时还有很多相关的语言学知识可以利用,因此目前的中、大词汇量汉语语音识别系统很多都以音节作为识别基元。

声韵母结构是汉语所特有的结构,所有的汉语音节都是由声母加韵母构成或仅有韵母构成的。汉语有 21 个声母和 38 个韵母,基元数目少,而且声韵母之间声学特性相差大,区分能力强。

音素基元在英语语音识别中得到了广泛应用,取得了很好的识别性能。但音素并没有反映出汉语语音的特点,而且,相对于声韵母,音素更不稳定,给标注与训练带来了困难,进而影响声学建模。

（2）语音信号的预滤波和数字化

语音信号的数字化一般包括放大以及增益控制、反混叠滤波、采样、A/D 变换及编码等。预滤波的作用主要有两点:第一,预滤波可以抑制频域分量中频率超出 $f_s/2$ 的分量,防止混叠干扰,其中 f_s 为采样频率;第二,预滤波可以消除 50Hz 的电源工频干扰。语音信号所占据的频率范围可高达 10kHz 以上,但语音信号本身有很多的冗余信息,对语音清晰度和可懂度有明显影响的最高频率约为 5.7kHz。在实际应用中,语音信号常用的采样率为 8kHz、10kHz 或 16kHz,这样并不会影响对语音信号的理解。

（3）语音信号的预加重

语音信号的产生过程中,声门激励和口鼻辐射会影响语音信号的平均功率谱,使其高频端(800Hz 以上)按 6dB/倍频程跌落。如果直接求语音信号的频谱,则其频率越高相应的成分就越小,高频部分的频谱求取十分困难,因此要进行预加重(Pre-emphasis)处理以提升语音信号的高频部分。

（4）短时加窗处理

语音信号是非平稳信号,会随着时间的变化而不断变化,因此不能直接用平稳信号的处理技术对语音信号进行处理。语音是由人的发声器官的振动而产生的,而发声器官的物理振动比语音信号的变化平缓得多,因此语音信号在短时间内(10～30ms)可以认为是平稳的,即语音信号的短时特性是不变的。在这一前提下,就可以利用平稳信号的分析处理方法来对语音信号进行短时分析和处理,因此需要首先对语音信号进行分帧处理。

分帧可以采用连续分段的方法,但连续分段后,帧与帧之间不能平滑过渡。为了保证帧与帧之间的连续性,一般采用交叠分帧法,即前一帧与后一帧之间有重叠。帧与帧的交叠部分称为帧移,帧移的长度一般不超过帧长的一半。

（5）端点检测

端点检测的目的是从输入的语音信号中检测出各种段落(如词、音节、声韵母等)的起点和终点。准确的端点检测不仅可以减少系统的计算量,还可以排除噪声的干扰,提高系统的识别性能。

传统的能量-过零率双门限法是一种典型的端点检测方法,它是将语音信号的短时能量和短时过零率两个特征参数结合起来进行端点检测的。在实际应用中,通常用能量来检测浊音,用过零率检测清音,两者相互配合就可以实现可靠的端点检测。

2. 语音信号特征参数提取

语音信号的冗余信息很多,不便于存储和处理,因此必须首先对语音信号进行降维处理。特征提取就是通过对语音信号的分析与处理,提取出具有代表性的特征参数来表征语音,以便于存储和处理。

（1）线性预测系数

线性预测分析是语音信号分析中最有效的方法之一,被广泛应用于语音信号处理的各个方面。线性预测的主要思想是:根据语音信号采样点之间的相关性,用过去的样点值来预测当前或者以后的样点值。

线性预测系数（Linear Prediction Coefficient，LPC）是一种模拟人的发声器官的、基于语音合成的特征参数。人类语音的产生过程可以用声管模型来模拟，全极点线性预测模型则可以对声管模型进行很好的描述。

（2）线性预测倒谱系数

在语音识别系统中，很少直接使用 LPC 系数，而是使用由 LPC 系数推导出的另一种系数：线性预测倒谱系数（LPCC），LPCC 系数是一种非常重要的特征参数。

倒谱系数实际上是一种同态信号处理方法，标准的倒谱系数计算流程需要进行 FFT 变换、对数操作和相位校正等，运算比较复杂。在实际计算中，可以利用序列 $x(n)$ 及其复倒谱系数 $c(n)$ 的递推关系来简化计算。

（3）Mel 频标倒谱系数

Mel 频标倒谱系数是将人耳听觉感知特性与语音的产生相结合的一种特征参数，对噪声的鲁棒性优于 LPCC，更适合语音识别，是目前应用较为广泛的语音特征参数之一，具有计算简单、区分能力好等特点。

3. 语音识别模型

语音识别从本质上来说是模式识别，语音识别过程就是根据模式匹配原则，按照一定的相似性度量法则，使待测语音的特征矢量与语音模式库中的某一个模板获得最佳匹配的过程。目前，比较常用的语音识别模型主要有概率统计法（Ps）、动态时间规整法（DTW）、矢量量化法（vQ）、隐马尔可夫模型法（HMM）和人工神经网络法（ANN）等。

4. 语音识别的后处理

语音识别的最后还有一个后处理过程，从语言学角度对识别结果做进一步的识别和纠正。汉语连续语音识别的后处理通常是一个音字转换过程，包括更高级别的词法、语法和文法处理等。汉语的同音字、词很多，必须通过上下文内容以及相关语言学知识才能确定最终的识别结果，在中、大词汇量的汉语连续语音识别系统中，音字转换尤为重要。现有的音字转换方法很多，有基于混合字词网格的音字转换方法，基于支持矢量机的音字转换方法，基于稀疏编码的音字转换方法等。

3.4.2　语音识别的应用

1997 年 IBM 推出了 ViaVoice 中文连续语音识别系统，成功解决了汉语同音字多、有声调和有口音复杂等难题，为汉字快速方便的输入提供了有效的方法，因此被广泛认为是汉字输入的重要里程碑。

语音识别技术应用于需要以语音作为人机交互手段的场合，主要实现听写和命令控制功能。例如在办公自动化领域，以及对于不能做输入动作的残疾人以及医学、法律和其他领域的工作人员，他们不能或不便于用手将信息输入到计算机，在这些场合，使用语音操作计算机就越发显得重要了。

电话商业服务是语音识别技术应用的一个主要领域。基于电话线输入的语音信号识别系统将得到广泛的应用，例如语音拨号电话，具有语音识别能力的电话订票服务和自动话务转换系统等。

练习

一、选择题

1. 数字音频采样和量化过程所采用的主要硬件是( )。

　A. 数字编码器　　　　　　　　　B. 数字解码器

　C. 模拟到数字的转换器　　　　　D. 数字到模拟的转换器

2. MIDI 的音乐合成器有( )

　(1) FM　(2) 波表　(3) 复音　(4) 音轨

　A. (1)　　　　　B. (1)(2)　　　　C. (1)(2)(3)　　　　D. 全部

二、思考题

1. 两分钟双声道,16 位采样位数,22.05kHz 采样频率声音的不压缩的数据量是多少?

2. 简述音频编码的分类和常用的编码算法和标准。

第 4 章　　人体音频信号及处理

声音无处不在,春风拂耳、夏雨淅沥、秋蝉鸣叫、冬雪簌簌、恋人低喁和亲人叮咛。声音由振动产生,物体的振动引起空气的相应振动并向四周传播,当传到人耳时又引起耳膜的振动,再通过听觉传到大脑,形成人能听到的声音。这种声音的振动经过话筒的转换,可以形成声音波形的电信号,这就是模拟音频信号。声音的三要素是音调、音色和音强。音调是人耳对声音高低的感觉,音色是由发声体的材料、结构等决定的,通常来讲,泛音越多音色越好,当发声体由于振动而发出声音时,声音一般可以分解为许多单纯的正弦波,发音体做整体振动时所产生的声音叫基音。发音体在做局部振动时(分振)所产生的声音称为泛音,泛音的频率是基音的整数倍。音强是人体对声音强弱的主观感觉,通常情况下声音频率的幅度越大,声音强度越强。通过声音的以上特征,可以通过声音编辑器来改变声音最终的表现形式。通过采样和量化,模拟声音转换成数字信号,可以以声音文件形式存储在磁盘、光盘和闪存等存储媒体中。常用于人体疾病诊断的音频信号主要有心音听诊、肺音听诊和话音听诊。

生物体也是一个发音系统,如呼吸运动发出的呼吸音、心脏运动发出的心音等。这些声音都是肌体相应的运动部分的状态反映,携带了生源肌体的生理和病理特征。生物体音频信号处理的目的就是提取肌体的生理、病理特征的信息。

4.1　心音信号

心音是在心动周期中,由于心肌收缩和舒张,瓣膜启闭,血流冲击心室壁和大动脉等因素引起的机械振动,通过周围组织传到胸壁,将耳朵紧贴胸壁或将听诊器放在胸壁的一定部位,听到的声音,我们称为心音。通过对心音的分析测量,可获得许多有用的病理信息,如果与心电图(ECG)同步记录,可以对第一、二、三、四心音的定位更准确。心音是能反映心脏正常或者病理的音频,心脏杂音发生的时期对临床诊断具有重要价值,例如心脏收缩期中较轻的杂音一般是生理性的,而舒张期的杂音多为病理性的。传统的方法是采用心音听诊器听诊心音,诊断依据主要是医师的经验。在心脏听诊时必须能够准确地区分第一、第二心音并辨认出杂音发生在哪个时相,这一直是医科听诊的难点,并且心音信号难以保存,不利于形成心音病例。心脏杂音是一组历时较长、频率不同、振幅不同的混合振动。不论在生理或病理情况下,心血管系统均可产生杂音,有些杂音并无重要性,而有些杂音则是心血感疾病的唯一指征。因此,准确判断心音及心脏杂音的生理或病理特征,在心血管系统疾病的临床初诊中具有重要的意义。从健康人的心脏中可以听到两个性质不同的声音交替出现,称为第一心音和第二心音。某些健康儿童和青少年在第二心音后有时可听到一个较弱的第三心音。第四心音一般听不到,如能听到则多为病理性。心音属低频音,正常心音及心杂音常在20~660Hz 之间,只有极其个别高频心杂音达到了 1500Hz,呼吸音也常在 100~1000Hz 之间,人的听觉系统仅对频率为 1000～5000Hz 的振动最敏感。利用电子信息技术可以对心音信号进行有效处理,滤去不相干的杂音及环境噪声,并放大有用的声音,为医生临床诊断提供稳定、清晰的心率数字显示及良好的心音音质。心音的听音范围是 5～600Hz,在提取微弱的心音信号的同时要求尽量不接收外来的杂波信号,因此在心音传感器的选择上,需要灵敏度比较高、抗干扰能力比较强的传感器。目前常用的心音信号听诊器有驻极体式、动圈式和电容式等几种传感器。好的心音听诊器应该具备高频、中频、低频和全频滤波效果,突显心音听诊的特征,并且音量与频率连续可调。

通常人体很容易被听到第一和第二心音,有时某些情况下能听到第三和第四心音。第一心音发生在心脏收缩期开始,音调低沉,持续时间较长(约 0.15s)。产生的原因包括心室肌的收缩,房室壁突然关闭以及随后射血入主动脉等引起的振动。第一心音的最佳听诊部位在锁骨中线第五肋骨间隙或在胸骨右缘。第二心音发生在心脏舒张期的开始,频率较高,持续时间较短(约 0.08s),产生的原因是半月瓣关闭,瓣膜互相撞击以及大动脉中血液减速和室内压迅速下降引起的振动。第二心音的最佳听诊部位在第二肋骨间隙右侧的主动脉区和左侧的肺动脉瓣区。第三心音发生在第二心音后 0.1～0.2s,频率低,它的产生与血液快速流入心室和瓣膜发生振动有关,通常仅在儿童时期才能被听到。第四心音由心房收缩引起,也称心房音。

4.1.1　心音信号的采集

早期心音信号的采集装置采用分离元件和普通模拟电路实现电路设计,现在多用专用 IC 和单片机,计算机化心音信号采集系统,主要包括换能器、信号放大器、模数转换器和计算机软硬件等。图 4-1 为心音信号采集装置。心音传感器的信号经放大、滤波后,一路经功率放大进行监听,另一路经脉冲整形送入单片机进行处理,经单片机定时、计数和数据处理后进行心率数字显示。

图 4-1　心音信号采集装置示意图

心音分析仪一般由心音传感器、心音信号预处理盒、放大器、计算机、打印机、音箱和心音信号处理软件组成。基于多媒体技术的心音听诊第一步是对心音信号进行采集、放大和数字化,这一步需要通过数据采集卡来实现。图 4-2 为较常用的采集卡 PCI-6023E,可与 Lab VIEW 兼容,具有 70 多个信号调理选项。PCI-6023E 信号采集卡是美国国家仪器公司开发的一种计算机专用的数据采集卡,16 路模拟信号输入,采样频率可达 200KBps,具有

12bit 的分辨率。根据心音的特点其主要成分的频率在 500Hz 以下,心脏杂音也在 1500Hz 以下。而心电信号的最高频率在 100Hz 以下。根据奈奎斯特采样定理,采样频率不得低于测量信号所包含的最高频率的两倍,因此根据实际要求,每个通道的采样频率可以设为 5000Hz,总采样率设定为 $5000 \times 5 = 25000Bps$。通常与心电信号同时采集时,需要设定三路采集信号,要严格按照参考的单端输入的接法与心音信号放大器的输出连接,尽可能减少通道的信号之间的相互影响。

图 4-2　PCI-6023E 信号采集卡和 DAQCard-6024E 采集卡

4.1.2　心音信号的处理

信号接收以后需要进行频率滤波,由于普遍存在随机信号或随机过程(Rand Process)。一方面,任何确定信号经过测量后往往会引入随机误差而使该信号随机化;另一方面,任何信号本身都存在随机干扰,通常把对信号或系统功能起干扰作用的随机信号称为噪声。通常有 L(低频 20~60Hz)、M(中频 60~120Hz)和 H(高频 120Hz 以上)三种滤波器以达到降噪的目的,滤波方法通常采用时域法、频域法和自适应滤波三种。

时域方法——平均诱发反应 AER 方法,AER 方法原是通信研究中用于提高信噪比的一种叠加平均法,在医学研究中也叫平均诱发反应法,简称 AER(Averaged Evoked Response)方法。所谓诱发反应就是肌体对某个外加刺激所产生的反应,AER 方法常用来检测那些微弱的生物医学信号,如希氏束电图、脑电图和耳蜗电图等。希氏束电图的信号幅度仅 $1 \sim 10 \mu V$,它们在用 AER 方法检测之前,几乎或完全淹没在很强的噪声中,这些噪声包括自发反应、外界干扰和仪器噪声。AER 方法要求噪声是随机的,并且其协方差为零,信号是周期或重复产生的,这样经过 N^2 次叠加,信噪比可提高 N 倍,使用 AER 方法的关键是寻找叠加的时间基准点。

频域方法——频域滤波是数字滤波中常用的一种方法,是消除生物医学信号中噪声的另一种有效方法。当信号频谱与噪声频谱很小时,可用频域滤波的方法来消除干扰,频域滤波器可分为两类:FIR(Finite Impulse Response)滤波器,FIR 滤波器的设计方法主要有窗函数法、频率采样法;IIR(Infinite Impulse Response)滤波器,IIR 滤波器的主要设计方法有冲激响应不变法、双线性变换法。

自适应滤波器能够跟踪和适应系统或环境的动态变化,它不需要事先知道信号或噪声的特性,通过采用期望值和负反馈值进行综合判断的方法来改变滤波器的参数。自适应滤波器的设计有两种最优准则，一种准则是使滤波器的输出达到最大的信噪比，称为匹配滤波器；另一种准则是使滤波器的输出均方估计误差为最小，维纳（Wiener）滤波器和卡尔曼滤波器都是解决线性滤波和预测问题的方法，并且都是以均方误差最小为准则的。维纳滤波器是从噪声中提取信号的一种有效的方法，它是根据全部过去和当前的观测数据来估计信号的当前值，设计维纳滤波器的过程就是寻求在最小均方误差下滤波器的单位脉冲响应或传递函数的表达式，其实质就是解维纳-霍夫（Wiener-Hopf）方程，它是期望存在情况下的线性最优滤波器。要设计维纳滤波器必须知道观测信号和估计信号之间的相关函数，即先验知识。如果我们不知道它们之间的相关函数，就必须先对它们的统计特性做估计，然后才能设计出维纳滤波器，这样设计出的滤波器称为"后验维纳滤波器"。卡尔曼（Kalman）从状态空间模型出发，提出了基于状态空间模型的线性最优滤波器即卡尔曼滤波器。它是用状态方程和递推方法进行估计的，因而卡尔曼滤波对信号的平稳性和时不变性不做要求。卡尔曼滤波理论是维纳滤波理论的发展，它最早用于随机过程的参数估计，后来很快在各最优滤波和最优控制问题中得到广泛的应用。值得提出的是卡尔曼滤波器提供了推导称为递推最小二乘滤波器的一大类自适应滤波器的统一框架，实际上广泛使用的最小二乘算法即是卡尔曼算法的一个特例。卡尔曼滤波不需要过去全部的观测值，它只根据前一个估计值和最近一个观测值来估计信号的当前值。

通过以上步骤获得有效心音信号以后的步骤是将心音信号记录下来，过去因为直接用模拟信号记录，通常采用描笔记录信号，远非现在的激光打印、喷墨打印等数字化计算机打印设备所能比。它没有摩擦阻力，不影响频响，不影响图形失真，与计算机结合使用可以得到更为精确的图形，为心音图的诊断提供了较准确而清晰的图像。最后是信号显示，通过计算机可以显示、回放和存储波形图。对模拟心音采集系统来说，心音记录器的作用是把心音信号转换成机械运动。记录器由记录器表头、描笔等组成。放大后的心音信号，加到心音记录器的线圈上，随驱动记录器的转轴转动。转轴的转角随心音信号的大小而变化，在转轴上固定着记录笔，笔也随之偏转，从而在记录纸上描出随时间变化的心音图曲线。热笔是记录器的一个重要部件，其形状、长度、重量与结构等参数必须完全符合所规定的要求，否则，将影响记录器的固有频响和灵敏度。热笔的笔杆和笔尖大都由金属制成。笔杆通常是一个细不锈钢管，在其内部的前端装有加热电阻丝。电阻丝通常由两条引线引出来。当电流通过加热电阻丝时，电阻丝发热使笔尖升温，从而在热敏纸上描记心音波形。有的热笔采用"点状"半导体发热元件，优点是耗电少。热笔按其结构分"偏丝"式（即"直热"式）热笔、管状热笔和"点状"接触热笔三种。

心音信号采集时，一般受检者取仰卧位，解开胸部衣服。检查者结合听诊及临床需要，将心音换能器放置胸部适当部位，记录速度一般用 50MM/S 或 100MM/S。记录时受检者一般宜暂停呼吸，以减少呼吸对心音的影响（如需要研究呼吸与心音关系者可使用带有同步呼吸曲线的记录设备，可明确吸气、呼气、呼吸暂停心音与呼吸的关系）。心音图的振幅应该可调，以图像清晰为准（心音图图像振幅的高低尚不能纳入心音图诊断的范围，但对同一患者在相同条件下进行动态观察，有着非常重要的临床价值）。检查室内要温暖、安静（最好有隔音设施），记录时不要说话以免出现噪声，引起各种差错。表 4-1 列举了心音图中的常用符号。

表 4-1　心音图中的常用符号

LF/L	低频滤波	MF/M	中频滤波	HF/H	高频滤波
SM	收缩期杂音	DM	舒张期杂音	S1	第一心音
S2	第二心音	S3	第三心音	S4	第四心音
A	主动脉瓣听诊区	E	主动脉听诊第二区	P	肺动脉瓣听诊区
M	二尖瓣听诊区	T	三尖瓣听诊区	X	任意选定区
ECG	心电图	K	心包叩击音	C	喀喇音
OS	开瓣音	PS	起搏音	PCG	心音图
LV	左心室	LA	左心房	RA	右心房
RV	右心室				

　　在远程诊断研究中,心音信号可以用蓝牙等设备通过无线将数字化心音传送到医师的计算机中,并将心脏声音采用波形图接近实时地显示在屏幕上。通过软件分析把这些声波提示异常情况的杂音准确地提取出来。

　　由于人体自身信号弱,加之人体又是一个复杂的整体,因此信号易受噪声的干扰。心音信号消噪是实现心血管疾病无创诊断的前提,下面对 FIR 和 IIR 做简单介绍。

　　有限脉冲响应(FIR)是数字滤波器的一种,这类滤波器对于脉冲输入信号的响应最终趋向于 0,$h(n)$ 是 FIR 滤波器的单位脉冲响应,长度为 N,则其系统函数为:

$$H(z) = \sum_{n=0}^{N=1} h(n) z^{-n}$$

- 收敛域包括单位圆;
- z 平面上有 $N-1$ 个零点;
- $z=0$ 是 $N-1$ 阶极点。

　　长度为 N 的 $h(n)$,FIR 数字滤波器的传输函数为:

$$H(\mathrm{e}^{\mathrm{j}\omega}) = \sum_{n=0}^{N-1} h(n) \mathrm{e}^{-\mathrm{j}\omega n} = H(\omega)\mathrm{e}^{\mathrm{j}\theta(\omega)}$$

$H(\omega)$ 称为幅度函数,$\theta(\omega)$ 称为相位函数。

　　其单位脉冲响应就是系统传输函数的各项系数。设计 FIR 数字滤波器就是要根据给定的技术指标,确定系统单位脉冲响应 $h(n)$,使系统的相位特性线性、幅度特性逼近给定的技术指标。如果 $h(n)$ 是实数序列,且满足偶对称或奇对称条件,则滤波器就具有严格的线性相位特性。对幅度特性逼近,常用最小平方逼近、插值逼近和最佳一致逼近等方法。根据这些理论,设计 FIR 滤波器的常用方法有:窗口设计方法、频率采样法和最优设计法等基本方法。MATLAB 的信号处理工具箱为这些方法提供了一些专用函数,还专门提供了一个滤波器设计与分析工具(FDATool)供滤波器的设计与分析使用。

4.2　肺音和呼吸音

　　最早时候的肺音听诊是人们离开一段距离来听取的,当时通过这种方式,能听到某些患者的肺部发出像哨笛一样的声音。后来人们直接利用耳朵贴近胸壁倾听,这是听诊的一大进步,通过这种听诊方式,增加了人们了解多种与疾病有关的肺音类型。然而真正的听诊科学则开始于 1816 年——年轻的法国医生 Laënnec 发明听诊器的时代。Laënnec 借助听诊器描述了肺音的主要类型,从而形成了现代肺音分类的基础。肺胸系统由肺、气管、支气管和胸廓等器官构成,正常肺音分为气管音、肺泡音和支气管肺泡音,异常肺音主要有哮鸣音、喘鸣音和啰音等。肺音信号含有极为丰富的生理和病理学信息,很早以来肺音听诊就是胸部检查的关键步骤之一,肺音听诊也一直是呼吸系统疾病诊断和疗效观察的基本方法。肺音的鉴别一般采用人工听诊的方法,但人工听诊易受检查者听觉、分辨力和临床经验的限制,且无法记录、无法保存,难以供他人参考。近年来,随着肺音图仪的问世,使得人们能够对肺音的频率、振幅、强度和呼吸时限等进行客观的定量分析,1977 年,在美国成立了国际肺音学会,推动了肺音研究的进一步发展。数字化肺音听诊系统可以解决传统听诊中存在的问题。

4.2.1　肺音信号的形成

呼吸系统起始于鼻腔和口腔,经气道延伸至肺,完成组织与大气之间的氧和二氧化碳的交换。肺音是由肺内器官产生的振动传导到胸壁产生的声音信号,肺音源由三种噪声序列组成,正常呼吸音声源是肺内气流与肺组织之间相互作用产生的非高斯白噪声。间歇性随机脉冲是产生啰音的肺音源,表现形式是一系列爆裂音。周期性脉冲被认为是由气流和气管壁的周期性振动产生的,是产生哮鸣音的肺音源,表现形式是哮鸣音。三种音源中的一种或两种、三种的组合,并在不同环节叠加心音、肌肉与皮肤噪声等信号,通过肺胸系统形成肺音。用信号处理分析肺音信号具有重要价值。针对肺音信号的处理主要有振幅分析法、时域分析法、频域分析法和数字滤波等。

4.2.2　肺音信号的采集

在安静的环境中使用接触式加速度传感器,从胸壁表面测得肺音信号,用 16 位 A/D 采集板采集数据,采样频率为 10kHz。采集的肺音信号包括支气管音、肺泡音、支气管肺泡音、喘鸣音、哮鸣音和啰音。

肺音采集系统一般由接触式加速传感器(EMT25C)或探头(TA-501TA)型、传声器和滤波放大处理器 AS-60IH/AS-650H 型(日本 NIHON KOHDEN 公司)、高速模数转换器、晶体管直流稳压电源、XD2A 信号发生器、示波器、打印机和信号采集软件等组成。连接各仪器设备,肺音信号由传声器转换成电信号,放大并滤除 100Hz 以内心音等的干扰,经分辨率为 12 位,具有 16 通道的高速模数转换器数字化,以 510Hz 的采样频率进行采样,由示波器显示肺音波形,对肺音波形信号进行傅里叶频域转换,分析肺音的频率特征。

4.2.3　肺音信号的采集装置

呼吸音信号采集系统分硬件和软件两个部分,硬件部分主要由探头或接触式加速传感器、放大器、直流电源以及通用信号接口和微机组成。软件部分主要包含呼吸音数据采集、存储、波形显示和频谱分析等模块。

VRIxp 肺部呼吸成像诊断系统是一种利用振动反应成像(Vibration Response

Imaging，VRI)技术显示肺部信息的设备，如图 4-3 所示，是由 21 世纪初以色列科学家 Igal Kushnir 发明的，振动反应成像是通过收集由人体内部自身振动产生的能量信号进行成像的技术，可以提供肺部气流运动功能动态图像、肺部呼吸曲线、最大振动能量图、双肺振动能量分布曲线、肺部区域振动定量数值和肺部异常呼吸音显示等信号。通过 2～3min 的检测，可以用图像的形式为医生显示出患者肺部炎症、狭窄、阻塞和气流分布不均的疾病状况，临床主要应用于肺部疾病的筛查。

图 4-3　VRIxp 肺部呼吸成像诊断系统

4.2.4　肺音信号的时域分析

肺音的时域图如图 4-4 所示。时域分析一般计算各特征波形的峰值、波形的持续时间等。时变谱分析与其他呼吸医学参数(如气流参数、气道压力等)相结合将更加有助于揭示出肺音中的大量有用信息，有助于肺音发生与传播机理的进一步研究，这是一种十分有效的研究方法，有利于研究肺音特征与呼吸疾病之间的相关性，为肺音临床广泛应用提供可靠的生理学、病理学依据。

图 4-4　哮喘肺音图

通过 GoldWave 软件把带有心音的正常呼吸音 MP3 格式转化为 WAV 格式后通过 MATLAB 小程序：

```
clc;clear;close all;
y = wavread('c:\fb.wav'); % 把存放在 C 盘的正常肺心音 fb.wav 文件加载到 MATLAB 仿真软件平台中
sound(y);                  % 对加载的语音信号进行回放
figure(1);
subplot(1,1,1),plot(y);title('原始信号波形');
```

获得的时域波形图如图 4-5 所示。

图 4-5　正常肺泡呼吸音时域波形图

4.3　音频处理软件介绍

目前被应用于疾病诊断的人体音频除了心音和肺音之外还有关节音、话音等。关节音携带有关节的生理、病理信息。临床上研究最多的就是颌关节音,TMJ 音图的物理特性显示出了在颞下颌关节损伤及病变诊断和治疗中的意义。关节音信号由声-电换能器拾取,通过模拟信号放大器,再经 A/D 转换输入通用计算机处理。为避免干扰,检测可在金属屏蔽室内进行。一般包含几种常用的处理方法、时域分析、信号频域分析以及关节音信号分形分析。颞下颌关节音图的生理意义表现在不同类型的病变,病变的不同程度在下颌运动中产生不同的振动,表现为不同的音响。颞下颌关节音图谱分析的结果,提供了更多客观反映关节内部变化的种种信息,可提高关节音的临床应用价值。话音信号同样包含有发音部位的生理与病理信息,每个人还自带有独一无二的话音特征信号。通过对话音信息的分析与研究,人类不仅可以提前获得一些疾病的信号,同时可以通过话音特征波进行加密,让芝麻开门的神话成为可能。

4.3.1　音频处理软件

音频家族按照声道的多少可以分为单声道音频、双声道音频和多声道音频。单声道音频是指只有一个声道的音频。这种音频无论是通过单扬声器还是多声道音箱播放,所能听到的声音都是一样的,只有一个声道发音。

双声道音频是指一个音频源包含有两个声道,即左声道和右声道。双声道音频一般通过两个扬声器来播放。但如果两个声道的音频波形完全相同,所听到的则仍然是单声道效果。所以,双声道音频并不一定就是立体声。那么双声道立体声的效果又是如何产生的呢?立体声效果产生的原理在于一个点音源到达人的左耳和右耳的时间差和空间差。

如果我们在录音时采用的是两个麦克风进行声音的采集,这时我们得到的音频就是双声道音频,再引申一下,如果我们使用多个麦克风进行采集工作或者有多个音源就会得到环绕声的效果,这种音频包含有两个以上的声道,采用多个扬声器进行回放。声道数多少是在录音时决定的。

常用的音频分析工具有 MATLAB 及各种音频处理软件,声音信号数字化以后,可以通过 MATLAB 函数获得声音的频率、声音间隔周期等参数的信息。MATLAB 的名称源自

Matrix Laboratory,它是一种科学计算软件,专门以矩阵的形式处理数据。MATLAB 将高性能的数值计算和数据可视化集成在一起,并提供了大量的内置函数,从而被广泛地应用于科学计算、信息处理等领域的分析、仿真和设计工作当中,使用 MATLAB 比使用传统的编程语言(如 C、C++ 和 Fortran)能更快地解决技术计算问题。常用的专业音频处理软件有 Cool Edit Pro 被 Adobe 公司收购后,改名为 Adobe Audition。其他还有 GoldWave、NGWave Audio Editor、All Editor、Total Recorder Editor、AD Stream Recorder、Audio Recorder Pro,录音软件有 WaveCN、Audacity、Wavosaur 以及 Windows 自带的录音机。下面是对软件的简单介绍。

1. Adobe Audition

Adobe Audition 的前身为 Cool Edit。2003 年 Adobe 公司收购了 Syntrillium 公司的全部产品用于充实其阵容强大的视频处理软件系列。Adobe Audition 功能强大、控制灵活,使用它可以录制、混合、编辑和控制数字音频文件。也可轻松创建音乐、制作广播短片和修复录制缺陷。通过与 Adobe 视频应用程序的智能集成,还可将音频和视频内容结合在一起。

Adobe Audition 除了数字音乐编辑器外,还是 MP3 制作软件。不少人把它形容为音频"绘画"程序。可以用声音来"绘"制:音调、歌曲的一部分、弦乐、颤音、噪声或是调整静音。它还提供多种特效:放大、降低噪声、压缩、扩展、回声、失真和延迟等。使用者可以同时处理多个文件,轻松地在几个文件中进行剪切、粘贴、合并和重叠声音操作。使用它可以生成的声音有噪声、低音、静音和电话信号等。该软件还包含有 CD 播放器。其他功能包括支持可选的插件、崩溃恢复、支持多文件、自动静音检测和删除、自动节拍查找以及录制等。另外,它还可以在 AIF、AU、MP3、Raw PCM、SAM、VOC、VOX 和 WAV 等文件格式之间进行转换,并且能够保存为 RealAudio 格式。

2. GoldWave

GoldWave 是一个集声音编辑、播放、录制和转换的音频工具。可打开的音频文件包括 WAV、OGG、VOC、IFF、AIF、AFC、AU、SND、MP3、MAT、DWD、SMP、VOX、SDS、AVI 和 MOV 等音频文件格式,使用者也可以通过它从 CD 或 VCD 或 DVD 或其他视频文件中提取声音。GoldWave 具有内含丰富的音频处理特效,从一般特效如多普勒、回声、混响、降噪到高级的公式计算(利用公式在理论上可以产生任何想要的声音)。

GoldWave 同时是一个相当棒的数码录音及编辑软件,除了附有许多的效果处理功能外,它还能将编辑好的文件存成 WAV、AU、SND、RAW 和 AFC 等格式,而且若你的 CD-ROM 是 SCSI 形式的,它可以不经由声卡直接抽取 CD-ROM 中的音乐来录制编辑。

GoldWave 常用工具栏按钮 Reduce Vocals(消除人声)这一功能的作用是移去音乐中的人声(或者是主旋律)的部分,通常用在制作卡拉 OK 的伴奏音乐中。这一应用通过自动整合并分析立体声音频文件中左声道与反相的右声道的内容,根据一定的算法将智能处理结果替换到原声道中达到消除人声的目的。其原理在于,现在一般的录音产品,通常都是将人声部分定位于立体声相位的中间部分,这样事实上人声部分在立体声的左右声道中的内容分配基本一致,软件事实上通过消除两个声道中交错部分中相似的内容,就可能使其得到一定的衰减。因此,这种处理对非立体声的音频文件无法进行,而对于虽然是立体声,但人声部分的相位不在中间的音频文件,虽然能够处理,但最终效果很难保证。这种效果处理对于结构比较单纯的对原始声音高保真的音乐能达到比较好的处理效果,但如在成品音乐的前期制作过程中对人声声部加入了比较繁复的效果器的处理的话,那么采用这种方法消除人声效果会比较差。虽然基频的人声仍然能够得到比较好的清除,但在原始音频中通过效果器添加的人声效果音却往往很难清除得让人满意,有时候甚至会飘在那里与同时被弱化了的伴奏声部争夺听觉空间。应该尽量保证原始音频在高保真的情况下才更适合进行这一操作,而如果原始音频本身在制成成品时(或者是在进行去人声的操作前)已经被效果器处理过了,那么效果器的操作可能会将人声的相位变形或者在和声结构上使人声的音域改变,这样上述的两种原理性的操作能起到的作用会大打折扣,而生成最终产品的质量会因此大受影响。同理,这一功能也不适用于经过 MP3 编码后的音频文件。图 4-6 和图 4-7 分别为打开音频文件的 GoldWave 操作界面和控制面板。

图 4-6　GoldWave 操作界面

图 4-7　GoldWave 属性面板

3. NGWave Audio Editor

NGWave Audio Editor 是一个功能强大的音频编辑工具,采用下一代的音频处理技术,可以在一个可视化的真实环境中精确快速进行声音的录制、编辑、处理和保存等操作,并可

以在所有的操作结束后采用自带的音频数据保存格式,将其完整高品质地保存下来。通过
NGWave Audio Editor 编辑菜单中的转换命令,可以设置产生立体效果的声音录制。

双声道一般是在声音采样过程中决定的,多媒体技术的魅力同样体现在声音信号处理
上。NGWave Audio Editor 具有双声道立体声制作功能,可以对音频的波形文件进行裁减、
混音、淡入淡出、正确 DC 补偿和倒相等常规操作,同时也能滤波降噪、限幅和调节失真度、
改变节拍和音调曲线等高级处理。这里我们使用 NGWave 自带的一个音频文件 NGWave.
mp3 来进行处理,这是一个单声道的音频文件,是由一只麦克风所采集的人声信号。我们
在 NGWave 中调入这段音频。图 4-8 表示由 NGWave 通过文件菜单读入声音文件的界面。

图 4-8　声音文件的导入

在软件的左下角有 NGWave.mp3 较为详细的信息:128Kbps 的比特率、1 个音轨、
44.1kHz 的采样频率。从编辑窗口中的波形我们也不难发现这的确是一个单声道音频文
件。选中编辑窗口中 NGWave.mp3 的音轨,使它成为当前操作音轨。按方向左键,直到使
播放指针处于波形开始的位置。选择编辑菜单中的【转换】→【转换为双声道(复制音轨)】命
令进行音轨的复制。操作完成后,编辑窗口中就会有 L、R 两个声道的 NGWave.mp3,频谱
显示窗上半部分代表 NGWave.mp3 L 声道的波形,下半部分则代表 NGWave.mp3 R 声道
的波形。但两者的波形图像是相同的,即左右两个声道的声音是相同的,所以仍然是单声道
效果。

立体声效果来源于一个点,音源到达人的左耳和右耳有时间差和空间差,根据这个原理,
我们就需要手工为左右两个声道制造时间和空间上的差异。要模拟这种时间差,只要对右声
道的音轨进行微小的时间位移即可,使之相对左声道有延迟,这样它们到达人的左耳和右耳就

会有先后,不过这种差别非常短暂。用右击任意声道的波形,在弹出的菜单中选择【选择声道】→【R声道】命令,这时R声道波形处于选中状态,呈高亮显示。选择【编辑】→【插入静音】命令,图4-9设置插入静音时间为5ms(默认值)。

图4-9　声道间时间差的设置

这样在右声道波形的开始位置就会多出5ms的静音时间(在频谱显示窗口中波形会向右发生微小的时间位移),从而达到播放时产生延迟的目的。大家可以自行调节插入的静音时间以取得最好的效果。

制造空间差:空间感的差异我们可以通过使左右两个声道的音量大小不同来得到。方法非常简单:按照上面的方法选中右声道音轨,选择【音轨操作】→【改变音量】,将【改变音量】滑杆拉至2.5dB(133.5%)即可。这时你会发现右声道的波形有轻微的拉伸,即幅值有所增大如图4-10所示。

图4-10　制造声音的空间效果

最终双声道音轨效果如图4-11所示。

图4-11　最终双声道模拟效果

到此为止,单声道和双声道转换操作已经基本结束。按 F7 播放键可以试听一下声音播放效果。另外 NGWave 还有很多功能教材中没有提到,大家可以尝试去挖掘出最理想的音色。

4. All Editor

All Editor 是一款超强的录音工具,也是一个专业的音频编辑软件,它提供了多达 20 余种音频效果,比如淡入淡出、静音的插入与消除、哇音、混响、高低通滤波、颤音、震音、回声、倒转、反向、失真、合唱、延迟和音量标准化处理等。软件还自带了一个多重剪贴板,可用来进行更复杂的复制、粘贴、修剪和混合操作。在 All Editor 中可以使用两种方式进行录音,边录边存或者是录音完成后再行保存,无论是已录制的内容还是导入的音频文件都可以全部或选择性地导出为 WAV、MP3、WMA、OGG、VPF 文件格式(如果是保存为 MP3 格式,还可以设置其 ID3 标签)。

5. Total Recorder Editor

是 High Criteria 公司出品的一款优秀的录音软件,支持的音源极为丰富。不仅支持硬件音源,如麦克风、电话、CD-ROM 和 Walkman 等,还支持软件音源,比如 Winamp、RealPlayer 和 Media Player 等,它还支持网络音源,如在线音乐、网络电台和 Flash 等。除此之外还可以巧妙地利用 Total Recorder 完成一些不可能完成的任务。被称为"全能录音员",Total Recorder 的工作原理是利用一个虚拟的声卡去截取其他程序输出的声音,然后再传输到物理声卡上,整个过程完全是数码录音,因此从理论上来说不会出现任何的失真。

6. AD Stream Recorder

AD Stream Recorder 是一款流媒体录音工具,它可以对实况流媒体进行录音或者可视化分析。与同系列产品 AD Sound Recorder 相辅相成。MP3 编码时使用的是 LAME 3.93 的 DLL 版本。它能录制 Internet 主流媒体、Windows 媒体播放器播放的电影和音乐。录音和监视过程中可实时显示信号,帮你录制高质量的音频。用此软件进行录音,发现其资源占用极小,界面简洁友善。

7. Audio Recorder Pro

Audio Recorder Pro 是一款实用、快速和容易使用的录音工具。它可录制音乐、语音和任何其他声音并保存成 MP3 或 WAV 格式,支持从麦克风、Internet、外部输入设备(如 CD、LP、音乐磁带和电话等)或者声卡进行录制。允许预设置录音质量以帮助快速设定和管理录音参数;允许定时录制,内置增强的录音引擎;允许在录音前预设定录音设备。

下面是几款免费的录音软件。

8. WaveCN

WaveCN 是操作方便功能强大的中文免费录音软件,相对于其他录音软件,它有方便易用的中文操作界面,能无限次免费使用,软件还提供了包括录制音频,支持多种音频文件格式的打开和保存,同样具备丰富的音效等功能,能充分让使用者领略到录制音乐的简单与轻松。

9. Audacity

辑录音器(Audacity)是一个免费的跨平台(包括 Linux、Windows、Mac OS X)音频编辑器。可以使用它来录音、播放、输入输出 WAB、AIFF、Ogg Vorbis 和 MP3 文件,并支持大部分常用的工具,如剪裁、粘贴、混音、升/降音以及变音特效等功能。剪切、复制和粘贴(带有无约束的取消),混合音轨和给录音添加效果。它还有一个内置的封装编辑器,一个用户可自定义的声谱模板和实现音频分析功能的频率分析窗口。

Audacity 提供了理想的音乐文件功能,自带的声音效果,包括回声、更改节拍和减少噪声,而内建的剪辑、复制、混音与特效功能,更可满足一般的编辑需求。它还支持 VST 和 LADSPA 插件效果。

10. Wavosaur

Wavosaur 是一个免费的音频编辑工具,可以编辑音频剪辑,声音设计、控制和记录等。解压后文件不到 500KB;有的功能极其专业,一般免费软件很少能做到这样;能良好支持 VST 插件以及可以更换软件背景。

总的来说,以上 10 款音频处理软件,虽然其中的很多软件可能是用户不太熟知的。但其操作都非常简单,录制出的音乐同样具备专业的效果。

4.3.2　Adobe Audition 在话音处理中的应用

人的听力是指通过自身的听觉器官,接收语音信息的一种能力。听力减退、耳背一般被认为是神经衰弱、年纪大、耳朵不好使的原因,其实听力减退还可能与心血管疾病有关。耳与心血管系统之间存在着密切的生理联系,耳与心血管系统的神经分布部位在大脑和脊髓等处相同或相近。人体在心血管致病因素的影响下,往往使耳蜗早于心肌出现病理改变,并损害耳蜗的功能,引起耳鸣、听力下降。另外,神经细胞对缺氧的耐受力极差,如听神经完全缺氧超过一分钟,就会出现不可逆转的病理损害。而营养听神经的血管极小,当出现动脉血管硬化或血液黏度增高等病变时,很容易造成血管腔狭窄或血流减慢,甚至造成血管闭塞,从而导致听神经的损害,使其功能下降或丧失,这样就可能出现非耳源性耳鸣症状,甚至出现耳聋,因此在猝死预防中对听觉的问诊也是一个重要的考量指标。中年以后,若出现听力衰减等症状,应同时考虑心脑血管方面的问题。所以听力检测对于人体疾病的预测和防治具有重要意义。

临床听力学检查方法众多,大致可分为行为测听、言语测听和电生理测听(包括声导抗、耳声发射和听觉诱发电位测试)三类,每种方法都各有其优缺点。人类的语音是日常生活中接触最多的声音,频谱广、瞬变快、声强参差不齐且听阈无法直接测定。目前在听力学检查中,可以用语言清晰度测验来测定,也就是通常说的言语测听。

由各种声源或直接口声的发音,通过语言听力计输送给受检耳各种语言信息,用 4～5 种不同的响度分别测定其听清测词的内容,并在以声强为横坐标和清晰度百分率为纵坐标的语言清晰度区域图上把测出的各点连成语言清晰度曲线。这个曲线可代表人耳在各种声强度所听到和听清语言的情况。所以,言语测听是符合听觉实际情况的阈上测听法。言语测听的仪器设备并不复杂,以纯音听力计附有通话设备就能开展测听,用磁带录音较方便准确,也可用口声播讲。

言语测听在临床上常用于:

- 了解可懂度阈与纯音实用听阈的匹配情况。
- 以语言识别率判别有无感音神经性病变。
- 鉴别重振现象。
- 选配助听器。
- 比较和观察治疗或训练前后的听力进展情况等。

音叉试验是在耳科中应用广泛而简便的听力检查方法。它对耳聋性质的诊断比较方便、快速,是目前在听力检查方法中最古老的一种。音叉是呈"丫"形的钢质或铝合金发声器,因其质量和叉臂的长短、精细不同而在振动时发出不同频率的纯音。将音叉敲响后放在被检耳旁、乳突部或前额部,分别测定气传导和骨传导听力,比较两耳间、气导和骨导间正常耳和病耳间能听清音叉声音的时间,从而估计病耳听力损失的程度,并可初步鉴别耳聋的性质。

临床多用 C 调倍频程的 5 支一组音叉(即 C128 赫,C256 赫,C512 赫,C1024 赫,C2048 赫)。振动音叉后,将音叉两臂均放在外耳道延长线上,其中一臂的近末端处放在距外耳道口 1cm 处做气导检查。做骨导检查时,振动后以其柄端紧抵于乳突鼓窦处。常用的试验是气导和骨导比较试验、骨导偏向试验和骨导比较试验(正常耳与非正常耳比较)。还有一种盖莱试验对耳硬化症、听骨链先天性畸形及鼓室硬化等的诊断有一定帮助。

纯音听力检查是临床最常用的听力检查方法之一。纯音听力计由应用电声学原理设计而成,能产生不同频率、不同强度的纯音,频率范围在 125 ～ 16000Hz,声级范围在 0 ～ 120dB,基本包括了人耳听区的主要听觉范围。纯音听阈测试就是用纯音听力计发出不同频率及强度的纯音来测试受检耳的听阈值。其单位用听力级(HL)分贝表示。它通过气导耳机和骨导耳机分别测试人耳的气导听力和骨导听力,了解受检耳对不同纯音的听敏度。纯音听力检查方法不仅操作简单。还能比较全面地反映受试者的听力状况。借助纯音听力检查,我们可以准确地了解受试者听力损失程度、比较准确地分析出病变部位、有时候甚至能分析出导致耳聋的原因。此外,纯音听力检查不会给受试者造成创伤而且成本低廉。这些优势解释了纯音听力检查为什么能够在临床上得到广泛应用的原因。

纯音听力检查方法的不足在于:第一,需要受试者密切配合。对于那些无法配合(比如聋幼儿)或配合困难(如伴有精神疾病)的患者,纯音听力检查几乎无能为力;第二,纯音听力检查使用的刺激信号为纯音,这是我们平时听不到、自然界中也根本不存在的声音,正因为如此,其结果往往不能反映受试者在日常生活中真实的言语听觉状况;第三,纯音听力检查方法要求受试者判断声音的有无和大小,而无需区别声音的不同,因此对于受试者听觉分辨能力的了解意义不大。

纯音听阈测试通常称为电测听,是通过纯音听力计发出不同频率不同强度的纯音,由被测试者做出听到与否的主观判断来了解其双耳的纯音听阈的一种主观检查方法。

以上各种听力检测方式中,通过口声发音的频率检测可以通过 Adobe Audition 软件获得。图 4-12 是单轨模式的界面,可以通过 Audition 获得固有频率的文字发音。

图 4-12　Adobe Audition 单轨模式界面

　　通过选择【文件】→【打开】命令，打开事先录制的单音字，图 4-12 为波形显示视图方式，右边纵向坐标可缩放，显示为分贝，如图 4-13 所示，通过【视图】菜单分别可以选择采样值、标准化值、百分比和分贝，若选择采样值，即可显示声音样本的频率。鹿字发音的默认方式下声音频率显示如图 4-14 所示，由于频率幅度极小，在原始状态下我们无法获悉确切的频率值。通过缩放选项卡我们可以放大频率的显示，以便筛选不同频率的文字发音。放大后的显示效果如图 4-15 所示。通过图 4-15，我们可以比较直观地获得鹿字音频的声音频率大小。

图 4-13　垂直缩放格式的选择

图 4-14　垂直缩放格式选择为采样值

图 4-15　"鹿"字发音放大频率后的效果

Adobe Audition 音频处理工具已被很多医学院校的听力专业在教学中选用为专业的声音频率处理和分析的软件。

4.4　MATLAB 在语音信号处理中的应用

前面提到的音频处理软件功能虽然强大并且各有特色,但对于研究人员所需要的音频信号的特征分析、参数提取还是有很大的局限性。在传统的信号处理中,人们分析和处理信号的最常用也是最直接的方法是傅里叶变换。傅里叶变换及其逆变换建立了信号时域与频域之间变换的桥梁。时域和频域构成了观察信号的两种方式,基于傅里叶变换的信号频域表示及其能量的频域分布揭示了信号的频域特征。但是,傅里叶变换是一个整体变换,在整体上将信号分解为不同频率分量,对信号的表征要么完全在时域,要么完全在频域,作为频域表征的功率谱不能告诉我们某种频率分量出现在什么时间及其变化情况。

语音信号是非平稳过程和时变的,但是由于人的发声器官及听觉器官要求语音信号在短时间内是稳定的,因此在语音信号分析时通常可以根据语音的短时稳定性模拟动画帧的处理方式,对语音信号分段或分帧进行处理。在 5～50ms 的范围内,语音频谱特性和一些物理特性参数基本保持不变。我们将每个短时的语音称为一个分析帧。一般语音信号每帧的时长约为 10～30ms,称为短时平稳,但也需要根据实际情况而定,分帧既可用连续的,也可用交叠分段的方法,在语音信号分析中常用"短时分析"表述。短时分析实质上是把语音信号截成一段段的,在处理中用矩形窗(Rectangular Window)或和汉明窗截取信号。根据处理的要求,以不影响或少影响处理需要的语音特性为标准来选窗较为适宜。

语音的短时分析方法有短时能量、短时平均幅度、短时平均过零率、短时自相关函数和短时傅里叶变换等。

4.4.1　短时能量分析

由于语音信号的能量随时间变化,清音和浊音之间的能量差别相当显著。因此,对语音的短时能量进行分析可以描述语音的这种特征变化情况。语音信号能量分析是基于语音信号能量随时间有相当大的变化,特别是清音段的能量一般比浊音段小很多的特征的。能量分析包括能量和幅度两个方面。下面定义短时平均能量 E_n,如式(4-1)所示:

$$E_n = \sum_{m=-\infty}^{\infty} [x(m)w(n-m)]^2 = \sum_{m=n-N+1}^{n} [x(m)w(n-m)]^2 \tag{4-1}$$

其中 N 为窗长,用矩形窗时,E_n 可以简化为:

$$E_n = \sum_{m=n-N+1}^{n} x(m)^2 \tag{4-2}$$

若令

$$h(n) = w^2(n) \tag{4-3}$$

则式(4-2)可写成:

$$E_n = \sum_{m=-\infty}^{\infty} x^2(m)h(n-m) = x^2(n) \times h(n) \tag{4-4}$$

式(4-4)表示窗函数加权的短时能量相当于语音信号的二次方通过一个线性滤波器的输出,该滤波器的单位取样相应为 $h(n)$。

由此可见,不同窗函数的选择(形状和长度)将决定短时平均能量的性质。一般窗函数是中心对称的,用得较多的是矩形窗和汉明窗。窗口的长度 N 对于能否反映语音信号的幅度变化将起决定作用。

矩形窗(Rectangular Window)的时域表达式为:

$$w(n) = R_N(n) = \begin{cases} 1 & 0 \leqslant n \leqslant N-1 \\ 0 & \text{其他} \end{cases} \tag{4-5}$$

它的频域表达式为:

$$W(e^{jw}) = \frac{\sin\left(\dfrac{wN}{2}\right)}{\sin\left(\dfrac{w}{2}\right)} e^{-jw(\frac{N-1}{2})} \tag{4-6}$$

理想低通滤波器的幅度在截止频率处突然衰减到零,即没有过渡带;而截短后的幅度特性以 $\bar{\omega} = \bar{\omega}_n$ 为中心形成过渡带,过渡带宽等于窗函数的主瓣宽度,矩形窗的主瓣宽度为 $4\pi/N$,与 N 成反比。第一旁瓣比主瓣低 13dB,阻带最小衰减为 21dB。在 MATLAB 中矩形窗函数为 boxcar,调用格式为:

$$W = \text{boxcar}(N)$$

其中,N 是窗函数的长度;返回值 W 是一个长度为 N 的矩形窗序列。

汉明(Hamming)窗的定义:一个 N 点的 Hamming 窗函数定义为如下。

$$w(n) = \begin{cases} 0.54 - 0.46\cos\left(2\pi \dfrac{n}{N-1}\right), & 0 \leqslant n < N \\ 0, & \text{其他} \end{cases} \tag{4-7}$$

这两种窗函数都有低通特性,通过分析这两种窗的频率响应幅度特性可以发现(图 4-16):矩形窗的主瓣宽度小($4 \times \pi/N$),具有较高的频率分辨率,旁瓣峰值大(-13.3dB),会导致泄漏现象;汉明窗的主瓣宽 $8 \times \pi/N$,旁瓣峰值低(-42.7dB),可以有效地克服泄漏现象,具有更平滑的低通特性。因此,在语音频谱分析时常使用汉明窗,在计算短时能量和平均幅度时通常用矩形窗。表 4-2 对比了这两种窗函数的主瓣宽度和旁瓣峰值。

图 4-16 矩形窗和 Hamming 窗的频率响应

表 4-2 矩形窗和 Hamming 窗的主瓣宽度和旁瓣峰值

窗函数	主瓣宽度	旁瓣峰值
矩形窗	$4 \times \pi / N$	13.3dB
Hamming	$8 \times \pi / N$	42.7dB

【例 4-1】 通过 MATLAB 程序绘出长度为 512 的矩形窗函数的时域和频域幅度特性曲线,如图 4-17 所示。

```
%%%%%%%%%%%%%%%%%%%%%%%%%%%%%%%%%%%%%%%%
% 例 4-1 矩形窗函数时域和频域幅度特性
%%%%%%%%%%%%%%%%%%%%%%%%%%%%%%%%%%%%%%%%
clear all;close all;clc;
N = 512;
w = boxcar(N);
wvtool(w);
```

图 4-17 矩形窗函数的时域和频域幅度特性曲线

　　有限长序列作为离散信号的一种,在数字信号处理中占有极其重要的位置。对于有限长序列,离散傅里叶变换不仅在理论上有着重要的意义,而且有快速计算的方法——快速傅里叶变换。而 MATLAB 无疑是可以提供用简单函数实现傅里叶变换、拉普拉斯变换等复杂算法的现成工具。

　　【例 4-2】　利用 Adobe Audition 软件录制一段声音,要求立体声,采样频率为 44100Hz,16 位量化,录音时长为 3s,内容为"多媒体技术与应用",并用 MATLAB 画出波形图,如图 4-18 所示。把波形与 Adobe Audition 显示的波形进行比较如图 4-19 所示。

```
%%%%%%%%%%%%%%%%%%%%%%%%%%%%%%%%%%%%%%%%%%
% 例 4-2 利用声卡采集语音并显示
%%%%%%%%%%%%%%%%%%%%%%%%%%%%%%%%%%%%%%%%%%
clear all;close all;clc;
[y,Fs,bits] = wavread('c:\dmtjs.wav');
sound(y,Fs);
plot(y);
title('语音波形');
```

图 4-18　MATLAB 显示的波形图

图 4-19　Audition 显示的声音波形图

图 4-20 和图 4-21 给出了不同矩形窗和 Hamming 窗长的短时能量函数,我们发现:在用短时能量反映语音信号的幅度变化时,不同的窗函数以及相应窗的长短均有影响。Hamming 窗的效果比矩形窗略好。但是,窗的长短影响起决定性作用。窗过大(N 很大),等效于很窄的低通滤波器,不能反映幅度 E_n 的变化;窗过小(N 很小),短时能量随时间急剧变化,不能得到平滑的能量函数。在 11.025kHz 左右的采样频率下,N 选为 100~200 比较合适。

图 4-20　不同矩形窗长的短时能量函数

短时能量函数的应用:①可用于区分清音段与浊音段。E_n 值大对应于浊音段,E_n 值小对应于清音段。②可用于区分浊音变为清音或清音变为浊音的时间(根据 E_n 值的变化趋势)。③对高信噪比的语音信号,也可以用来区分有无语音(语音信号的开始点或终止点)。无信号(或仅有噪声能量)时,E_n 值很小,有语音信号时,能量显著增大。

4.4.2　短时平均过零率

当离散时间信号相邻两个样点的正负号相异时,信号的幅度值从正值到负值要经过零值,从负值到正值也要经过零值,称其为过零,如果统计信号 1s 内有几次过零,就称为过零

图 4-21　不同 Hamming 窗长的短时能量函数

率，或单位时间过零的次数，这 1s 就是一个单位时间。如果信号按段分割，就称为短时，统计单位时间内样点值改变符号的次数即可以得到平均过零率，就是短时平均过零率。过零率可以反映信号的频谱特性。定义短时平均过零率为：

$$Z_n = \sum_{m=-\infty}^{\infty} |\operatorname{sgn}[x[m] - \operatorname{sgn}[x(m-1)]| w(n-m)$$

其中 $\operatorname{sgn}[\,]$ 为符号函数，$\operatorname{sgn}|x(n)| = \begin{cases} 1, x(n) \geqslant 0 \\ -1, x(x) < 0 \end{cases}$，在矩形窗条件下，可以简化为：

$$Z_n = \frac{1}{2N} \sum_{m=n-N+1}^{n} |\operatorname{sgn}[x(m) - \operatorname{sgn}[x(m-1)]|$$

短时过零率可以粗略估计语音的频谱特性。由语音的产生模型可知，发浊音时，声带振动，尽管声道有多个共振峰，但由于声门波引起了频谱的高频衰落，因此浊音能量集中于 3kHz 以下。而清音由于声带不振动，声道的某些部位阻塞气流产生类白噪声，多数能量集中在较高频率上。高频率对应着高过零率，低频率对应着低过零率，那么过零率与语音的清浊音就存在着对应关系。

图 4-22 为某一语音在矩形窗条件下求得的短时能量和短时平均过零率。分析可知：清音的短时能量较低，过零率高，浊音的短时能量较高，过零率低。清音的过零率为 0.5 左右，浊音的过零率为 0.1 左右，但两者分布之间有相互交叠的区域，所以单纯依赖于平均过零率来准确判断清浊音是不可能的，在实际应用中往往是采用语音的多个特征参数进行综合判决的。

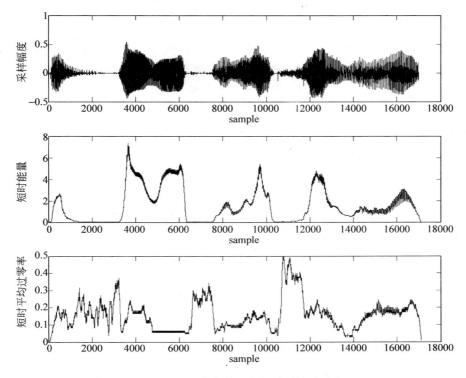

图 4-22　矩形窗条件下的短时平均过零率

短时平均过零率的应用：①区别清音和浊音。例如，清音的过零率高，浊音的过零率低。此外，清音和浊音的两种过零分布都与高斯分布曲线比较吻合。②从背景噪声中找出语音信号。语音处理领域中的一个基本问题是，如何将一串连续的语音信号进行适当的分割，以确定每个单词语音的信号，即找出每个单词的开始和终止位置。③在孤立词的语音识别中，可利用能量和过零作为有话无话的鉴别。

4.4.3　短时自相关函数

自相关函数用于衡量信号自身时间波形的相似性。清音和浊音的发声机理不同，因而在波形上也存在着较大的差异。浊音的时间波形呈现出一定的周期性，波形之间相似性较好；清音的时间波形呈现出随机噪声的特性，样点间的相似性较差。因此，我们用短时自相关函数来测定语音的相似特性。短时自相关函数定义为：

$$R_n(k) = \sum_{m=-\infty}^{\infty} x(m)w(n-m)x(m+k)w(n-m-k)$$

令 $m = n + m'$，并且 $w(-m) = w'(m)$，可以得到：

$$R_n(k) = \sum_{m=-\infty}^{\infty} [x(n+m)w'(m)][x(n+m+k)w'(m+k)]$$

$$= \sum_{m=0}^{N-1-k} [x(n+m)w'(m)][x(n+m+k)w'(m+k)]$$

图 4-23 给出了清音的短时自相关函数波形。图 4-24 给出了不同矩形窗长条件下(窗长分别为 $N=70, N=140, N=210, N=280$)浊音的短时自相关函数波形。由图 4-23、图 4-24 的短时自相关函数波形分析可知:清音接近于随机噪声,清音的短时自相关函数不具有周期性,也没有明显突起的峰值,且随着延时 k 的增大迅速减小;浊音是周期信号,浊音的短时自相关函数呈现出明显的周期性,自相关函数的周期就是浊音信号的周期,根据这个性质可以判断一个语音信号是清音还是浊音,还可以判断浊音的基音周期。浊音语音的周期可用自相关函数中第一个峰值的位置来估算。所以,在语音信号处理中,自相关函数常用来做以下两种语音信号特征的估计:

(1) 区分语音是清音还是浊音;

(2) 估计浊音语音信号的基音周期。

图 4-23　清音的短时自相关函数

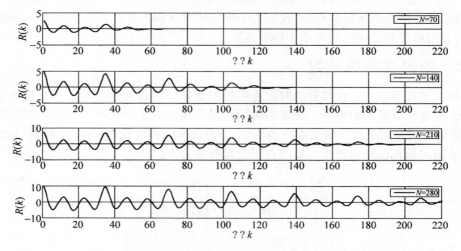

图 4-24　不同矩形窗长条件下的浊音的短时自相关函数

4.4.4   时域分析方法的应用

1. 基音频率的估计

首先,可以利用时域分析(短时能量、短时过零率和短时自相关)方法的某一个特征或某几个特征的结合,判定某一语音有效的清音和浊音段;其次,针对浊音段,可直接利用短时自相关函数估计基音频率,其方法是:估算浊音段第一最大峰值的位置,再利用抽样率计算基音频率,举例来说,若某一语音浊音段的第一最大峰值约为 35 个抽样点,设抽样频率为 11.025kHz,则基音频率为 11025/35=315Hz。

但是,实际上第一最大峰值位置有时并不一定与基音周期吻合。一方面与窗长有关;另一方面还与声道特性有关。鉴于此,可采用三电平削波法先进行预处理。

2. 语音端点的检测与估计

可利用时域分析(短时能量、短时过零率和短时自相关)方法的某一个特征或某几个特征的结合,判定某一语音信号的端点,尤其在有噪声干扰时,如何准确检测语音信号的端点,这在语音处理中是富有挑战性的一个课题。

4.4.5   MATLAB 参考程序

短时能量的分析如下。

以保存在 MATLAB 默认路径下的 dmtjs.wav 声音文件为例:

（1）加矩形窗

```
a = wavread('dmtjs.wav');
subplot(6,1,1),plot(a);
N = 32;
for i = 2:6
h = linspace(1,1,2.^(i-2)*N);      %形成一个矩形窗,长度为 2^(i-2)*N
En = conv(h,a.*a);                 %求短时能量函数 En
subplot(6,1,i),plot(En);
if(i == 2) legend('N = 32');
elseif(i == 3) legend('N = 64');
elseif(i == 4) legend('N = 128');
elseif(i == 5) legend('N = 256');
elseif(i == 6) legend('N = 512');
end
end
```

（2）加汉明窗

```
a = wavread('dmtjs.wav');
subplot(6,1,1),plot(a);
N = 32;
for i = 2:6
h = hanning(2.^(i-2)*N);           %形成一个汉明窗,长度为 2^(i-2)*N
En = conv(h,a.*a);                 %求短时能量函数 En
subplot(6,1,i),plot(En);
```

```
if(i == 2) legend('N = 32');
elseif(i == 3) legend('N = 64');
elseif(i == 4) legend('N = 128');
elseif(i == 5) legend('N = 256');
elseif(i == 6) legend('N = 512');
end
end
```

(3) 短时平均过零率

```
a = wavread('beifeng.wav');
n = length(a);
N = 320;
subplot(3,1,1),plot(a);
h = linspace(1,1,N);
En = conv(h,a. * a);                    % 求卷积得其短时能量函数 En
subplot(3,1,2),plot(En);
    for i = 1:n - 1
        if   a(i)> = 0
          b(i) = 1;
          else
        b(i)  = - 1;
          end
        if a(i + 1)> = 0
        b(i + 1) = 1;
        else
          b(i + 1) = - 1;
          end
        w(i) = abs(b(i + 1) - b(i));    % 求出每相邻两点符号的差值的绝对值
    end
k = 1;
j = 0;
while (k + N - 1)< n
  Zm(k) = 0;
    for i = 0:N - 1;
    Zm(k) = Zm(k) + w(k + i);
    end
  j = j + 1;
  k = k + N/2;                          % 每次移动半个窗
  end
  for w = 1:j
      Q(w) = Zm(160 * (w - 1) + 1)/(2 * N);  % 短时平均过零率
  end
subplot(3,1,3),plot(Q),grid;
```

(4) 自相关函数

```
N = 240
Y = WAVREAD('beifeng.wav');
x = Y(13271:13510);
x = x. * rectwin(240);
R = zeros(1,240);
```

```
for k = 1:240
    for n = 1:240 - k
        R(k) = R(k) + x(n) * x(n + k);
        end
    end
    j = 1:240;
      plot(j,R);
      grid;
```

4.4.6　用 MATLAB 实现声音信号的傅里叶变换和滤波

1. 滤波器功能及分类

滤波器的主要功能是对信号进行处理,保留信号中的有用成分,去除信号中的无用成分。其按处理的信号可分为数字滤波器(Digital Filter,DF)和模拟滤波器(Analog Filter,AF),按频域特性分为低通、高通、带通和带阻滤波器,按时域特性可分为有限长冲激响应(FIR)滤波器和无限长冲激响应(IIR)滤波器。

2. 模拟滤波器设计理论

模拟滤波器的理论和设计方法已发展得相当成熟,且有若干典型的模拟低通滤波器的设计原型可供选择,如巴特沃斯(Butterworth)滤波器、切比雪夫(Chebyshev)滤波器、椭圆(Ellips)滤波器和贝塞尔(Bessel)滤波器等。这些滤波器各有特点,巴特沃斯滤波器具有通带内最平坦且单调下降的幅频特性;切比雪夫滤波器的幅频特性在通带或阻带内有波动,可以提高选择性;贝塞尔滤波器在通带内有较好的线性相位特性;而椭圆滤波器的选择性相对前三种是最好的。

下面的程序用 MATLAB 实现傅里叶变换和滤波以及程序,运行后得到的各种波形如图 4-25～图 4-30 所示。原始声音文件是用 44.1kHz 采样频率采集的保存在 C 盘的 dmtjs. wav文件。

```
clc;clear;close all;
[y, fs, nbits] = wavread('c:\dmtjs.wav');
N = length(y);
y = wavread('c:\dmtjs.wav');             % 把语音信号加载入 MATLAB 仿真软件平台中
sound(y, fs, nbits);                      % 对加载的语音信号进行回放
Y = fft(y);                               % 快速傅里叶变换
figure(1);
subplot(2 ,1 ,1),plot(y);title('原始信号波形');
subplot(2 ,1 ,2),plot(abs(Y));title('原始信号频谱');
noise = rand(N,2)/20;                     % 噪声信号的函数
z = fft(noise);                           % 快速傅里叶变换
figure(2);
subplot(2 ,1 ,1),plot(noise);title('噪声信号波形');
subplot(2 ,1 ,2),plot(abs(z));title('噪声信号频谱');
axis([0,1000,0,10]);
s = y + noise;                            % 噪声信号的叠加
figure(3)
subplot(2,2,1);plot(s);title ('滤波前的时域波形');
```

```
S = fft(s);
subplot(2,2,2);plot(abs(S));title ('滤波前的频域波形');
% 设计低通椭圆滤波器
Ft = 8000;
Fp1 = 1000;
Fs1 = 1200;
wp1 = 2 * Fp1/Ft;
ws1 = 2 * Fs1/Ft;
[N,wc] = ellipord(wp1,ws1,1,100,'s');        % 最小阶数和截止频率,根据转换后的技术指标使用滤
波器阶数函数,确定滤波器的最小阶数 N 和截止频率 Wc;巴特沃斯模拟滤波器的阶数 N 及频率参数 Wc
[b,a] = ellip(N,1,100,wc);
[h,w] = freqz(b,a);                          % 绘出频率响应曲线
figure(4);
subplot(3,1,1);
plot(w * Ft * 0.5/pi,abs(h));
legend('用 ellip 设计');
title('IIR 低通滤波器');
axis([0,2000,0,1]);
z11 = filter(b,a,s);
m11 = fft(z11);
figure(3)
subplot(2,2,3);plot(z11,'g');title ('滤波后的时域波形');
subplot(2,2,4);plot(abs(m11),'r');title ('滤波后的频域波形');
sound(z11);
% 设计高通滤波器
% Ft = 8000;
Fp2 = 5000;
Fs2 = 4800;
wp2 = Fp2/Ft;
ws2 = Fs2/Ft;
[N,wc] = ellipord(wp2,ws2,1,100,'s');        % 最小阶数和截止频率
[b,a] = ellip(N,1,100,wc,'high');
[h,w] = freqz(b,a);                          % 绘出频率响应曲线
figure(4);
subplot(3,1,2)
plot(w * Ft * 0.5/pi,abs(h));
legend('用 ellip 设计');
title('IIR 高通滤波器');
axis([0,5000,0,1]);
z12 = filter(b,a,s);
m12 = fft(z12);
figure(5)
subplot(2,1,1);plot(z12,'g');title ('高通滤波后的时域波形');
subplot(2,1,2);plot(abs(m12),'r');title ('高通滤波后的频域波形');
sound(z12);
% 设计带通滤波器
wp3 = [1200,3000]/(Ft/2);
ws3 = [1000,3200]/(Ft/2);
[N,wc] = ellipord(wp3,ws3,1,100,'s');        % 最小阶数和截止频率
[b,a] = ellip(N,1,100,wc);
[h,w] = freqz(b,a);                          % 绘出频率响应曲线
figure(4);
subplot(3,1,3);
plot(w * Ft * 0.5/pi,abs(h));
```

```
legend('用 ellip 设计');
title('IIR 带通滤波器');
axis([0,5000,0,1]);
z13 = filter(b,a,s);
m13 = fft(z13);
figure(6);
subplot(2,1,1);plot(z13,'g');title ('带通滤波后的时域波形');
subplot(2,1,2);plot(abs(m13),'r');title ('带通滤波后的频域波形');
sound(z13);
```

图 4-25　话音"多媒体技术"原始波形图

图 4-26　话音"多媒体技术"用 MATLAB 叠加噪声后的波形图

图 4-27　原始声音文件滤波前后对比

图 4-28　低通、高通、带通滤波器

图 4-29　带噪声的话音高通滤波效果

图 4-30　带噪声的话音带通滤波效果

练习

实训题

1. 用 Windows 自带的录音机录制一段自己说的话,即 Wave 语言信号,并画出语音信号的时域波形和频谱图;用 MATLAB 软件给语音加上噪声,绘出加噪声后的语言信号时域波形和频谱图;设计低通椭圆滤波器,并画出滤波器的频率响应;用自己设计的滤波器对语音信号进行滤波,画出滤波后信号的时域波形和频谱图,并对滤波前后的信号进行对比，分析滤波前后的变化，撰写实验报告(计算机专业学生选做)。

2. 自制简易心音信号采集系统，采集一段人体心音信号，采用 Adobe Audition 或 Gold Wave 软件对心音信号进行滤波降噪处理，并去除呼吸音，观察不同人体的心音信号波形并撰写实验报告。

3. 用麦克风录制一段单声道声音，用 NGWave Audio Editor 声音编辑器转换为双声道音频信号；录制一段清音乐，用 GoldWave 软件叠加背景音乐；采集一段声音文件，把人的声音与背景乐分离。

第 5 章　视觉和图像处理工具

人类通过视觉感知外界物体的形状、明暗、颜色和动静,进入视线的物体,人们首先注意到的是它的色彩,然后才是形状、材质和其他细节。物体的形状和动静可以通过触觉或本位感知器来获得。而颜色是不同波长可见光辐射作用于人的视觉器官后所产生的心理感受,所以颜色和明暗信息很难由除视觉之外的其他感知器官来获得。从物理学的角度来说,光是一种电磁波。这些波相连的波谷与波谷之间或波峰与波峰之间的距离被称为波长。不同的光对应不同的波长,混合光源照射在不发光的物体上,不管是有机物还是无机物其原子、电子都有一定的能量,当某一波长的光照射在这些物体表面而引起物体表面原子、电子发生共振时,光就被吸收了,原子、电子就得到了光的能量,当一个连续波长的光,比如太阳光照射到物体表面时,能发生共振的波长的光被物体吸收了,其他的光则被原子挡在外面,并反射出去,这些光经过组合通过人的视网膜上有色细胞的感知,就形成了人们所看到的物体的颜色,如果物体不吸收光也不反射光,而是让光直接透过物体,这就是透明物体。

人类为了能使各种设备模拟和复制大自然的色彩,设计出了各种各样的颜色空间。颜色空间也称彩色模型、彩色空间或彩色系统,目的是为了模拟不同波长的电磁波谱与不同物质相互作用所构成的色谱空间。颜色空间是由数学方式表达的能使颜色形象化。颜色空间中的颜色通常使用代表三个参数的三维坐标来指定,这些参数描述的是颜色在颜色空间中的位置,但并没有告诉我们是什么颜色,其颜色要取决于我们使用的坐标。本质上,彩色模型是坐标系统和子空间的阐述。位于系统的每种颜色都由单个点表示。现在采用的大多数颜色模型都是面向某些硬件或面向某种应用的。颜色空间从提出到现在已经有上百种,大部分是在三刺激值基础上做了局部的改变而专用于某一领域的。常用的颜色空间有 RGB、CMY、HSV 和 HSI 等。本章将对图像感知、常用颜色空间和图像处理工具 Photoshop CS4 进行详细讲解。

5.1　图像感知基础

人类对图像的感知是通过视觉系统对可见光的响应来实现的,可见光是波长在 380～780nm 之间的电磁波,正常视力的人眼对波长约为 555nm 的电磁波最为敏感,这种电磁波处于光学频谱的绿光区域。可见光与电磁波之间的相关性如图 5-1 所示。图中两端部封闭,表示宇宙射线与广播的波长没有被完全标注。

我们看到的大多数光不是一种波长的光,而是由许多不同波长的光组合成的。如果光源由单波长组成,就称为单色光源。该光源所具备的能量称为光强。颜色是视觉系统对可见光的感知结果。颜色和波长的关系并不是完全固定的,光谱上除了 572nm 黄、503nm 绿

图 5-1 可见光与波长的关系

和 478nm 蓝是不变的颜色外,其他颜色在光强增加时都略向红色或蓝色变化,这种现象被称为"贝楚德-朴尔克效应"。颜色涉及物理学、生物学、心理学和材料学等多个领域,颜色是人的大脑对不同光波产生的一种主观感觉,因此颜色很难以数学方式表达出来。现在已经有很多有关颜色的理论、测量技术和颜色标准,但是到目前为止,似乎还没有一种人类感知颜色的理论被普遍接受。国际照明委员会(Commission International de L'Eclairage,CIE)创建的目的是要建立一套界定和测量色彩的技术标准。国际照明委员会 CIE 规定的颜色测量原理、基本数据和计算方法,称为 CIE 标准色度学系统。CIE 标准色度学的核心内容是用三刺激值及其派生参数来表示颜色。

任何一种颜色都可以用三原色的量,即三刺激值来表示。选用不同的三原色,对同一颜色将有不同的三刺激值。为了统一颜色表示方法,CIE 对三原色做了规定。

光谱三刺激值或颜色匹配函数是用三刺激值表示颜色的极为重要的数据。对于同一组三原色,正常颜色视觉不同人测得的光谱三刺激值数据很接近,但不完全相同。为了统一颜色表示方法,CIE 取多人测得的光谱三刺激值的平均数据作为标准数据,并称为标准色度观察者。

由于光源、照明和观察条件对颜色有一定影响。为了统一测量条件,CIE 对三刺激值和色品坐标的计算方法、光源、照明条件和观察条件也做了相应的规定。

5.1.1 视觉的形成

从生理学上来讲,光线依次经过角膜、瞳孔、晶状体和玻璃体(固定眼球),并经过晶状体等的折射,最终落在视网膜上形成一个物像。视网膜上有对光线敏感的细胞,这些敏感的细胞将图像信息通过视觉神经传给大脑视觉中枢形成视觉,视网膜是一层包含上亿个神经细胞的神经组织,按这些细胞的形态、位置的特征可分成 6 类,即光感受器、水平细胞、双极细胞、无长突细胞、神经节细胞,以及近年发现的网间细胞。其中只有光感受器才是对光敏感的,光所触发的初始生物物理化学过程即发生在光感受器中。脊椎动物视网膜由于胚胎发育上的原因是倒转的,光进入眼球后,先通过神经细胞再到达光感受器。视觉生理可分为物体在视网膜上成像的过程,及视网膜感光细胞如何将物像转变为神经冲动的过程。图 5-2为与图像感知有关的眼球结构。

图 5-2　与图像感知有关的眼球生理结构

5.1.2　光感受器及其色觉的产生

　　光感受器按其形状可分为两大类,即视杆细胞和视锥细胞。夜间活动的动物,视网膜的光感受器以视杆细胞为主,而昼间活动的动物以视锥细胞为主。但大多数脊椎动物(包括人)则两者兼而有之。视杆细胞在光线较暗时活动,有较高的光敏度,但无法做精细的空间分辨,也不参与色觉。在较明亮的环境中以视锥细胞为主,它能提供色觉以及精细视觉。这是视觉二元理论的核心。在人的视网膜中,视锥细胞约有 600～800 万个,视杆细胞总数达1 亿以上。它们不均匀地散布在视网膜中。在视网膜黄斑部位的中央凹区,几乎只有视锥细胞,这一区域有很高的空间分辨能力即视锐度,也叫视力。黄斑部位有良好的色觉。中央凹区以外区域,两种细胞兼有,离中央凹区越远视杆细胞越多,视锥细胞则越少。在视神经离开视网膜的部位,由于没有任何光感受器,便形成盲点。由光感受器的视觉生理特性及分布特点可知,观察颜色主要利用眼球视网膜的中央区,也就是视场要小一些。因为当视场过大眼球侧视时,先是红、绿感觉消失,只能看到黄蓝色;再往外侧,黄蓝色感觉也会消失成为全色盲区,视觉范围过大时,人类对颜色的判断会发生错误。

　　光感受器对物理强度相同但波长不同的光,其电反应的幅度也各不相同,这种特点通常用光谱敏感性来描述。在具有色觉的动物(包括人),根据视锥细胞对红光、绿光和蓝光有最佳光谱敏感性,视锥细胞被分成 3 类。与视锥细胞对这三种颜色的敏感性对应,色觉同样具有三变量性,任一颜色都可通过红、绿、蓝的混合得以近似匹配。根据这种方式推断,在视网膜中可能存在着 3 种分别对红、绿、蓝光敏感的光感受器,它们的兴奋信号独立传递至大脑,然后综合产生各种色觉。色盲的一个重要原因是因为在视网膜中缺少一种或两种视锥细胞色素。

5.1.3　视觉中图像的形成及其信息处理

　　图像辨别是视觉最重要的功能,任何图像归根结底是由形状、明暗和颜色组合而成的。当光感受器检测到光的存在后,需要神经机制把明暗对比的信息加以处理,色觉是视觉的另一个重要方面。虽然颜色信息在光感受器这一水平上是以红、绿、蓝3种不同的信号编码的，但这三种信号却并非像三色理论所假设的那样，各自独立地由专线传向大脑。而是不同颜色的信号以一种特异的方式汇合起来。有的细胞在用红光照射时呈去极化，用绿光照射时反应极性改变为超极化。另一些细胞的反应形式正好相反。同样，也有对绿蓝颜色呈颉颃反应的细胞。视网膜的其他神经细胞虽反应类型不同，有表现为分级型电位的，也有表现为神经脉冲的，但对颜色信号都是以颉颃方式做出反应的。在神经节细胞中，这种颉颃式反应的形式更加明显，其中有的细胞在空间反应上也呈颉颃反应。例如，有一种所谓双颉颃型细胞，当红光照射其感受野中心区时呈给光反应，照射其感受野周围区时呈撤光反应；而对绿光的反应型式正好相反。这种颉颃型的形式，保证了不同光感受器信号在传递的过程中不会混淆起来。这种方式正是色觉的另一种理论——颉颃色理论（opponent-color theory）由赫林（K. E. K. Hering，1878）所假设的。三色理论和颉颃色理论随着对客观规律认识的深化，已经在新的水平上辩证地统一起来了。（注解：生理学中的颉颃是指各个组织对不同刺激对某一生理效应发挥相反的作用彼此抗衡，从而稳定所处的内在环境）。

人眼是一个复杂的视觉感受器，感受来自于光线携带的视觉模拟信号，到目前为止，任何具备高清分辨率的数字信号图像感知系统都无法替代人眼感知外界的信息，但人眼同样具备数字图像设备类似的分辨率。光线通过眼球折射的成像原理基本上与凸透镜成像原理相似。按光学成像原理，离开眼睛 6m 至无限远的物体所发出的光线或反射的光线是接近于平行的光线，理论上经过眼球折射系统都可在视网膜上形成清晰的物像。但由于过远的物体光线过弱，或在视网膜上成像太小，因而不能被视觉所感知。当空间平面上两个黑点相互靠拢到一定程度时，离开黑点一定距离的观察者就无法区分它们，这意味着人眼分辨景物细节的能力是有限的，这个极限值就是分辨率，该分辨率用参数最小角分辨率来表征。研究表明人眼的分辨率有如下一些特点：

- 当光照强度太大或者太弱时，当背景亮度太强时，人眼分辨率降低。
- 当目标物体运动速度过快时，人眼分辨率降低。
- 人眼对彩色细节的分辨率比对亮度细节的分辨率要差，假设黑白分辨率为 $1'$，则黑红为 $0.4'$，绿蓝为 $0.19'$。

目前科学界公认的数据表明，观看物体时，人能清晰看清视场区域对应的分辨率大致为 2169×1213。如果考虑上下左右比较模糊的区域，人眼分辨率大致是 6000×4000。人观看物体时，能清晰看清视场区域对应的双眼视角大约是 $35°$（横向）$\times 20°$（纵向）。同时人眼在中等亮度，中等对比度的分辨力（d）为 0.2mm，对应的最佳距离（L）为 0.688m。其中 d 与 L 满足 $\mathrm{tg}(\theta/2) = d/2L$，$\theta$ 为分辨角，一般取值为 $1.5'$，是一个很小的角。把视场近似地模拟为放置在长方形地面的正锥体，其中锥体的高为 $h = L = 0.688$m，$\theta_1 = 35°$（水平视角），$\theta_2 = 20°$（垂直视角）。以 0.0002m 为一个点，可以得知底面长方形为 2169×1213 的分辨率。离眼较近的物体发出的光线将不是平行光线而是程度不同的辐散光线，它们通过折光系统成像于视网膜之后，只能引起一个模糊的物像。

5.1.4　与视觉有关的几个概念

（1）视力

视力指视觉器官对物体形态的精细辨别能力。

（2）视野

视野是指单眼注视前方一点不动时，该眼能看到的范围。临床检查视野对诊断某些视网膜、视神经方面的病变有一定意义。

（3）暗适应和明适应

当人从强光下转入暗处时，最初是看不清楚物像的，停顿一段时间以后，可以逐步还原对暗处的视力，称为暗适应。暗适应的产生与视网膜中感光色素再合成增强、绝对量增多有关。反之，从暗处到强光下时，最初是耀眼的感觉，看不清物体，过一会儿后，视觉才恢复正常，这称为明适应。从暗处到强光下，所引起的耀眼光感是由于在暗处所蓄积的视紫红质在亮光下迅速分解所致的，以后视觉的恢复说明视锥细胞恢复了感光功能。

（4）VISION（视觉）技术

计算机 VISION 技术更加强调用户的视觉体验，为用户提供带蓝光高清视频、更加逼真的 3D 游戏、色彩鲜明、逼真的照片和更加快速的视频处理性能。具备 VISION（视觉）技术的计算机可以拥有高达 10 亿种颜色，远多于真彩色所要求的颜色数，支持蓝光播放。

（5）互补色

两种颜色按一定的比例混合可以得到白光。如蓝光和黄光混合得到的是白光。同理，青光和橙光混合得到的也是白光。蓝光和黄光、青光和橙光为两对互补色。

5.2　颜色空间

色彩三要素是指色彩的色相（Hue）、明度（Brightness）和饱和度（Saturation）。三者之间既相互独立，又相互关联，相互制约。

色彩的色相：即色彩种类，每种色彩都被冠以一个名称，以便对色彩的记忆和使用，现在专业领域经常使用的色相名，是日本色相研究所的 PCCS 配色体系中的色相名称，共 24 个色相，每个色相因含其紫红、黄、蓝绿的比例成分不同而呈现不同的相貌。指物体传导或反射的可见波长，在 HIS 中取 0 度到 360 度的数值来衡量。

色彩的明度：是指颜色的相对明暗度，通常以 0%（黑色）到 100%（白色）的百分比来衡量。因为物体对光的反射率不同，在非色彩中，亮度最高的色为白色，亮度最低的色为黑色，中间存在一个从亮到暗的灰色系列。在彩色中，任何一种饱和度色都有着自己的亮度特征。黄色为亮度最高的颜色，处于光谱的中心位置，紫色是亮度最低的颜色，处于光谱的边缘，一个彩色物体表面的光反射率越大，对视觉刺激的程度越大，看上去就越亮，这一颜色的亮度就越高。色彩之间具体的明度差包括两个方面：一是指色相的深浅变化，如粉红、深红、大红；二是指色相的明度差别，6 种标准色中黄色最浅、紫色最深，其余处于中间色，色彩中最明亮的用"高明度"称呼，比较暗的用"低明度"称呼，介于中间明度者用"中明度"称呼，以高、中、低三种明度概括。

色彩的饱和度：是指色彩的强度或纯度。饱和度代表灰色与色调的比例，并以 0%（灰色）到 100%（完全饱和）来衡量。如果一种色彩加以黑、白、灰来调和，它的饱和度就会下降，完全不加黑、白、灰的色彩，称为纯色，饱和度也就最高。饱和度和明度一样，在程度上也分"高、中、低"三个感觉阶段，无色彩的黑、白、灰三色，没有色彩色度的概念，而只有明度的概念。

RGB 三基色模型是一种与设备相关的颜色模型。具体表现为为了获得同样的颜色效果，扫描仪、显示器、打印机和人眼等系统采用的三基色模型定义不同，并且彼此无法通用。

为了定义一种与设备无关的颜色模型，1931 年 9 月国际照明委员会在英国剑桥市召开了会议。科学家们试图在 RGB 模型的基础上，从真实的基色推导出可以用数学方式表达的理论的三基色，创建一种新的颜色系统，使颜料、染料和印刷等工业能够明确指定产品的颜色。

到目前为止，最常用的颜色模型是 RGB 颜色空间，被普遍应用于显示系统，然而，RGB 空间结构并不符合人们对颜色相似性的主观判断。因此，有人提出了基于 HSV 颜色模型、CMYK 颜色模型、HSL 颜色模型、Lab 颜色模型、HSB 颜色模型、Ycc 颜色模型、XYZ 颜色空间和 YUV 颜色空间，因为它们更接近于人们对颜色的主观认识。颜色直方图是目前基于图像检索的常用手段。

5.2.1 RGB 颜色模型

彩色阴极射线管、彩色光栅图形的显示器都使用 RGB 数值来驱动 RGB 电子枪发射电子，并分别激发荧光屏上的 RGB 三种颜色的荧光粉，发出不同亮度的光线，并通过相加混合产生各种颜色，扫描仪也是通过吸收原件的反射或透射的光线中的 RGB 成分，并用它来表示原件的颜色的。RGB 色彩空间是与设备相关的色彩空间，因为不同的扫描仪扫描同一幅图像，会得到不同色彩的图像数据；不同型号的显示器显示同一幅图像，也会有不同的色彩显示结果。显示器和扫描仪使用的 RGB 空间与 CIE 1931 RGB 真实三原色表色系统空间是不同的，后者是与设备无关的颜色空间。Photoshop 的色彩选取器（Color Picker）可以显示 HSB、RGB、LAB 和 CMYK 色彩空间的每一种颜色的色彩值。Photoshop 中颜色的显示分别由红、绿、蓝三个通道中的像素灰阶值控制。颜色通道中的灰阶值与色彩有着严格的一一对应关系。每个通道灰阶具有 0～255 个级别，三个通道一共可以合成 256 的 3 次方种颜色。由于红、绿、蓝三个通道里的灰阶各自独立控制红、绿、蓝三种颜色的亮度，就形成了数学上的一个三维空间，也就是我们通常所说的彩色空间。RGB 色彩空间可以由如图 5-3 所示的立方体表示。

图 5-3　RGB 颜色模型

RGB 虽然表示直接,但是 R、G、B 数值和色彩的三属性没有直接的联系,不能揭示色彩之间的关系。在进行配色设计时,一般不用 RGB 模型来实现,HSV 颜色模型能较好地对应于画家的配色方法,画家用改变色泽和色深的方法来从某种纯色获得不同色调的颜色。

5.2.2　HSV 颜色模型

HSV 空间是颜色直方图最常用的颜色空间。它的三个分量分别代表色度(Hue)、饱和度又称纯度(Saturation)和值(Value)。

HSV(Hue Saturation Value)颜色空间的模型对应于圆柱坐标系中的一个圆锥形子集,圆锥的顶面对应于 $V=1$。它包含 RGB 模型中的 $R=1,G=1,B=1$ 三个面,所代表的颜色较亮。色彩 H 由绕 V 轴的旋转角给定。红色对应于角度 0°,绿色对应于角度 120°,蓝色对应于角度 240°。在 HSV 颜色模型中,每一种颜色和它的补色相差 180°。饱和度 S 取值从 0～1,所以圆锥顶面的半径为 1。HSV 颜色模型所代表的颜色域是 CIE 色度图的一个子集,这个模型中饱和度为 100% 的颜色,其纯度一般小于 100%。在圆锥的顶点(即原点)处,$V=0$,H 和 S 无定义,代表黑色。圆锥的顶面中心处 $S=0,V=1$,H 无定义,代表白色。从该点到原点代表亮度逐渐变暗的灰色,也就是不同灰度级的灰色。对于这些点,$S=0$,H 的值无定义。可以说,HSV 模型中的 V 轴对应于 RGB 颜色空间中的主对角线。在圆锥顶面的圆周上的颜色,$V=1,S=1$,这种颜色是纯色。HSV 模型对应于画家配色的方法,画家用改变色浓和色深的方法从某种纯色获得不同色调的颜色,在一种纯色中加入白色以改变色浓,加入黑色以改变色深,同时加入不同比例的白色和黑色即可获得各种不同的色调。图 5-4 为 HSV 颜色模型示意图,在图中可以找到与 RGB 颜色模型角度的对应关系。

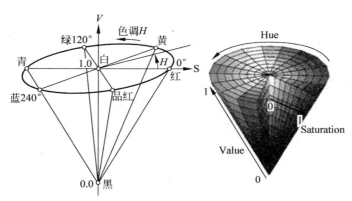

图 5-4　HSV 颜色模型

与 HSV 模型表达比较接近的是 HSL 颜色模型与 HSI 颜色模型,HSV 颜色模型在黑白的判断上会出现失误,与 HSV 颜色模型不同,HSL 颜色模型主要应用于台式机图形的颜色表示,并用六角形锥体表示自己的颜色模型,着重描述光线强弱关系。HSL 模型中,L(Lightness)是完全控制亮度的。而在 RGB 模型中,亮度和 R、G、B 的最大值有关。比如真彩色 24bit 表示法中 FF0000、00FF00、0000FF 和 FFFFFF 四种颜色都是一样亮的。

5.2.3　HSL 颜色模型

HSL(Hue Saturation Lightness)模型 Hue 表示色度,Saturation 表示饱和度,Lightness 表示亮度,所以 HSL 模型强调光线的强弱,HSL 颜色模型用六角形锥体表示,当饱和度为零时颜色表现为黑色和白色,锥体的中间轴为亮度,当亮度和纯度都为零时颜色表现为黑色,当亮度最大而纯度为零时表现为白色,纯度为 100% 时表现为各种单色光。H 的计算和前面的 HSV 颜色模型类似,只是变化范围从原来的 360° 变为 240°,但是 S、L 和一般 HSV 模型的计算不同,它们是相互关联的。分别记 R,G,B 三个分量中最大值和最小值为 max 和 min,L 的计算为:$L = (\max + \min) \times 240 / 2 \times 255$;$S$ 的计算为:当 $(\max + \min) > 255$ 时,$S = (\max - \min) \times 240 / (255 - (\max + \min - 255))$;当 $(\max + \min) < 255$ 时,$S = (\max - \min) \times 240 / (\max + \min)$。这里 S 的计算体现了和亮度的密切相关性,不会出现物体较暗时饱和度 S 偏高,物体较亮时饱和度 S 偏低的情况。HSL 色彩体系使用得非常广泛,Windows 颜色编辑对话框采用了 RGB 和 HSL 色彩体系,如图 5-5 所示。

图 5-5　画图编辑颜色对话框

从 RGB 到 HSL 的转换,设 (R,G,B) 分别是一个颜色的红、绿和蓝坐标,它们的值是 $0 \sim 1$ 之间的实数。设 max 等价于 R,G 和 B 中的最大者。min 等于这些值中的最小者。要找到在 HSL 空间中的 (H,S,L) 值,这里的 $H \in [0°, 360°)$ 是角度的色相角,而 $S,L \in [0,1]$ 是饱和度和亮度,计算为:

$$H = \begin{cases} 0° & \text{if} \quad \max = \min \\ 60° \times \dfrac{G-B}{\max - \min} + 0° & \text{if} \quad \max = R \text{ and } G \geqslant B \\ 60° \times \dfrac{G-B}{\max - \min} + 360° & \text{if} \quad \max = R \text{ and } G < B \\ 60° \times \dfrac{B-R}{\max - \min} + 120° & \text{if} \quad \max = G \\ 60° \times \dfrac{R-G}{\max - \min} + 240° & \text{if} \quad \max = B \end{cases}$$

$$L = \frac{1}{2}(\max + \min)$$

$$
S = \begin{cases}
0 \cdots\cdots\cdots\cdots\cdots\cdots\cdots\cdots\cdots\cdots\cdots\cdots\cdots\cdots\cdots\cdots & \text{if } L = 0 \text{ or } \max = \min \\[2mm]
\dfrac{\max - \min}{\max + \min} = \dfrac{\max - \min}{2L} \cdots\cdots\cdots\cdots\cdots\cdots & \text{if } 0 < L \leqslant \dfrac{1}{2} \\[2mm]
\dfrac{\max - \min}{2 - (\max + \min)} = \dfrac{\max - \min}{2 - 2L} \cdots\cdots & \text{if } L > \dfrac{1}{2}
\end{cases}
$$

H 的值通常规范化到位于 $0°\sim360°$ 之间。而 $H=0$ 用于 $\max=\min$ 的(就是灰色)时候而不是留下 H 未定义。

从 HSL 到 RGB 的转换,给定 HSL 空间中的 (H,S,L) 值定义的一个颜色,带有 H 在指示色相角度的值域 $[0°,360°)$ 中,分别表示饱和度和亮度的 S 和 L 在值域 $[0,1]$ 中,相应在 RGB 空间中的 (R,G,B) 三原色,带有分别对应于红色、绿色和蓝色的 R,G 和 B 也在值域 $[0,1]$ 中,它们可计算为:

首先,如果 $S=0$,则结果的颜色是非彩色的或灰色的。在这个特殊情况,R、G 和 B 都等于 1。H 的值在这种情况下是无定义的。

当 $S\neq0$ 的时候,可以使用以下代码实现转换,首先借组于中间变量 P 和 q 的公式:

$$
q = \begin{cases}
L \times (1 + S) \cdots\cdots\cdots\cdots\cdots & \text{if } L < \dfrac{1}{2} \\[2mm]
L + S - (L \times S) \cdots\cdots\cdots\cdots & \text{if } L \geqslant \dfrac{1}{2}
\end{cases}
$$

$$p = 2 \times L - q$$

$$H_k = \frac{H}{360}$$

$$t_R = H_k + \frac{1}{3}$$

$$t_G = H_k$$

$$t_B = H_k - \frac{1}{3}$$

if $t_c < 0$ 那么 $t_c = t_c + 1.0$ for each $c \in \{R,G,B\}$

if $t_c > 1$ 那么 $t_c = t_c - 1.0$ for each $c \in \{R,G,B\}$

对于每个颜色向量 $\text{Color} = (\text{ColorR}, \text{ColorG}, \text{ColorB}) = (R,G,B)$,

$$
\text{Color}_c = \begin{cases}
p + ((q - p) \times 6 \times t_c), & \text{if } t_c < \dfrac{1}{6} \\[2mm]
q, & \text{if } \dfrac{1}{6} \leqslant t_c < \dfrac{1}{2} \\[2mm]
p + \left((q - p) \times 6 \times \left(\dfrac{2}{3} - t_c\right)\right), & \text{if } \dfrac{1}{2} \leqslant t_c < \dfrac{2}{3} \\[2mm]
p, & \text{otherwise}
\end{cases}
$$

for each $C \in \{R,G,B\}$

5.2.4　HSI 颜色模型

HSI 色彩模型是从人的视觉系统出发,用 H 代表色相(Hue)、S 代表饱和度(Saturation)和 I 代表亮度(Intensity)来描述色彩的。饱和度与颜色的白光光量刚好成反比,它可以说是一个判断颜色鲜明与否的指标。在显示器上使用 HIS 模型来处理图像,能得到较为逼真的效果。

HSI 色彩空间可以用一个圆锥空间模型来描述。通常把色调和饱和度统称为色度,用来表示颜色的类别与深浅程度。由于人的视觉对亮度的敏感程度远强于对颜色浓淡的敏感程度,为了便于色彩处理和识别,人的视觉系统经常采用 HSI 色彩空间,它比 RGB 色彩空间更符合人的视觉特性。在 HSI 色彩空间中可以大大简化图像分析和处理的工作量。HSI 色彩空间和 RGB 色彩空间是同一物理量的不同表示法,因而它们之间存在着转换关系。

RGB 与 HIS 模型定义的区别。

(1) RGB 模型也称为加色法混色模型。它是以 RGB 三色光互相叠加来实现混色的方法,因而适合于显示器等发光体的显示。

(2) HSI[Hue-Saturation-Intensity(Lightness),HSI 或 HSL]颜色模型用 H、S、I 三参数描述颜色特性,其中 H 定义颜色的波长,称为色调;S 表示颜色的深浅程度,称为饱和度;I 表示强度或亮度。

转换原理:采用圆锥模型公式。

$$I = (R + G + B) / \sqrt{3}$$
$$S = \left[(R-G)^2 + (G-B)^2 + (B-R)^2 \right]^{\frac{1}{2}}$$
$$H = \begin{cases} \varphi & G \geqslant B \\ 2\pi - \varphi & G < B \end{cases}$$

式中 $\varphi = \dfrac{2R - (G+B)}{\sqrt{2} \left[(R-G)^2 + (G-B)^2 + (B-R)^2 \right]^{\frac{1}{2}}}$

图 5-6 为 HSI 颜色模型示意图。

(a) 圆锥型空间模型　　　　　(b) 色调角度坐标

图 5-6　HSI 颜色模型

5.2.5　HSB 颜色模型

HSB 基于人的眼睛对色彩的识别,是一种从视觉的角度定义的颜色模式。HSB 颜色模型在某种程度上与 Munsell(蒙赛尔)的色相、值和色度系统类似,它也使用类似的三个轴来定义颜色。HSB 源自 RGB 色彩空间,并且是设备相关的色彩空间。HSB 中三个基本的颜色特征如下。

色相是从物体反射或透过物体传播的颜色。在 0°～360°的标准色轮上，按位置度量色相。在通常的使用中，色相由颜色名称标识，如红色、橙色或绿色。

饱和度（有时称为色度）是指颜色的强度或纯度。饱和度表示色相中灰色分量所占的比例，它使用从 0（灰色）～100％（完全饱和）的百分比来度量。在标准色轮上，饱和度从中心到边缘递增。

亮度是颜色的相对明暗程度，通常使用从 0（黑色）～100％（白色）的百分比来度量。

HSB 颜色模型通常用圆柱体来表示，将 RGB 转化成 HSB 的公式如下。

$$H = \arccos\left\{\frac{\frac{1}{2}\left[(R-G)+(R-B)\right]}{\sqrt{(R-G)^2+(R-B)(G-B)}}\right\}$$

$$S = \frac{\max(R,G,B)-\min(R,G,B)}{\max(R,G,B)}$$

$$B = \frac{\max(R,G,B)}{255}$$

Adobe Photoshop 图像处理软件业包含了 HSB 颜色模型，Photoshop 颜色模式的选择步骤：第一步通过菜单【窗口】→【颜色】命令，打开颜色窗口；第二步，在【颜色】面板的右上角有一个带三角形和三根横线的快捷小菜单按钮，单击以后，出现如图 5-7 所示的颜色模型菜单。

HSB 的颜色滑块如图 5-8 所示。

图 5-7　颜色模型的选择　　　　图 5-8　Photoshop 中 HSB 的颜色滑块

5.2.6　Lab 颜色模型

Lab 颜色空间是由 CIE 制定的一种色彩模式。自然界中任何一种颜色都可以在 Lab 空间中表达出来，它的色彩空间比 RGB 空间还要大。另外，这种模式以数字化方式来描述人的视觉感应，与设备无关，所以它弥补了 RGB 和 CMYK 模式必须依赖于设备色彩特性的不足。由于 Lab 的色彩空间要比 RGB 模式和 CMYK 模式的色彩空间大。这就意味着 RGB 以及 CMYK 所能描述的色彩信息在 Lab 空间中都能得以影射。Lab 颜色空间取坐标 Lab，其中 L 为亮度；a 的正数代表红色，负端代表绿色；b 的正数代表黄色，负端代表蓝色，(a,b) 有 $L=116f(y)-16$，$a=500[f(x/0.982)-f(y)]$，$b=200[f(y)-f(z/1.183)]$；

其中 $f(x)=7.787x+0.138,x<0.008856,f(x)=(x)1/3,x>0.008856$。

在 Photoshop 中由图 5-8 直接转换的 Lab 调色板如图 5-9 所示。

图 5-9　Lab 颜色滑块

5.2.7　CMYK 颜色模型

CMYK(Cyan,Magenta,Yellow)颜色空间应用于印刷工业，印刷业通过青(C)、品(M)、黄(Y)三原色油墨的不同网点面积率的叠印来表现丰富多彩的颜色和阶调，这便是三原色的 CMY 颜色空间。实际印刷中，一般采用青（C）、品（M）、黄（Y）、黑（BK）四色印刷，在印刷的中间调至暗调增加黑版。当红、绿、蓝三原色被混合时，会产生白色，但是当混合蓝绿色、紫红色和黄色三原色时会产生黑色。既然实际用的墨水并不会产生纯正的颜色，黑色是包括在分开的颜色中的，而这模型称为 CMYK。CMYK 颜色空间是和设备或者是和印刷过程相关的，如工艺方法、油墨的特性和纸张的特性等，不同的条件有不同的印刷结果。所以 CMYK 颜色空间是与设备有关的表色空间。而且，CMYK 具有多值性，也就是说对同一种具有相同绝对色度的颜色，在相同的印刷过程前提下，可以用多种 CMYK 数字组合来表示和印刷出来。这种特性给颜色管理带来了很多麻烦，同样也给控制带来了很多的灵活性。在印刷过程中，必然要经过一个分色的过程，所谓分色就是将计算机中使用的 RGB 颜色转换成印刷使用的 CMYK 颜色。在转换过程中存在着两个复杂的问题，其一是这两个颜色空间在表现颜色的范围上不完全一样，RGB 的色域较大而 CMYK 则较小，因此就要进行色域压缩；其二是这两个颜色都是和具体的设备相关的，颜色本身没有绝对性。因此，就需要通过一个与设备无关的颜色空间来进行转换，即可以通过以上介绍的 XYZ 或 Lab 颜色空间来进行转换。

图 5-10　CMYK 颜色滑块

RGB 与 CMY 在归一化坐标下的转换公式为：

$$\begin{cases} C=1-R \\ M=1-G \\ Y=1-B \end{cases}$$

在 Photoshop 中由图 5-9 直接转换的 CMYK 调色板如图 5-10 所示。

5.2.8　YUV 颜色空间

YUV 是为解决电视系统色彩的表示而开发的。YUV 适用于 PAL 电视制式，其中 Y 是亮度信号，U 和 V 是两个色差信号，分别表示红色差 R-Y 和蓝色差 B-Y。Y 分量的取值范围是 0~1(或者数字值 0~255)，U 分量和 V 分量的取值范围是 -0.5~0.5(或者有符号数字值 -128~127，无符号数字值 0~255)。有些标准进一步限制了这个取值范围，以便可以利用超出范围之外的值作为特殊信息，比如同步信息。当丢弃 YUV 颜色空间的 U 分量和 V 分量的数据后可以得到一幅灰度级别的图像。考虑到人眼对明亮度的敏感程度大大高于对颜色的感知程度这一生理特点，许多有损图像压缩格式都丢弃了半数甚至更多采样像素点的色度频道数据来达到减少需要处理的数据量的目的，而又不至于严重地破坏或者降低图像的质量。亮度信号 Y 解决了黑白电视与彩色电视的兼容问题。

在现代彩色电视系统中,通常采用三管彩色摄像机或彩色 CCD(点耦合器件)摄像机,它把摄得的彩色图像信号,经分色后分别放大校正得到 RGB,再经过矩阵变换电路得到亮度信号 Y 和两个色差信号 $R-Y$、$B-Y$,最后发送端将亮度和色差三个信号分别进行编码,用同一信道发送出去。这就是我们常用的 YUV 色彩空间。采用 YUV 色彩空间的重要性是它的亮度信号 Y 和色度信号 U、V 是分离的。如果只有 Y 信号分量而没有 U、V 分量,那么这样表示的图就是黑白灰度图。彩色电视采用 YUV 空间正是为了用亮度信号 Y 解决彩色电视机与黑白电视机的兼容问题,使黑白电视机也能接收彩色信号。根据美国国家电视制式委员会,NTSC 制式的标准,当白光的亮度用 Y 来表示时,它和红、绿、蓝三色光的关系可用如下式的方程描述:$Y=0.3R+0.59G+0.11B$ 这就是常用的亮度公式。色差 U、V 是由 $B-Y$、$R-Y$ 按不同比例压缩而成的。如果要由 YUV 空间转化成 RGB 空间,只要进行相反的逆运算即可。

RGB 变换为 YUV 坐标转换公式如下。

$$\begin{bmatrix} Y \\ U \\ V \end{bmatrix} = \begin{bmatrix} 0.299 & 0.587 & 0.114 \\ -0.1678 & -0.3313 & 0.5 \\ 0.5 & -0.4178 & -0.0813 \end{bmatrix} \begin{bmatrix} R \\ G \\ B \end{bmatrix}$$

YUV 变换为 RGB 坐标转换公式如下。

$$\begin{bmatrix} R \\ G \\ B \end{bmatrix} = \begin{bmatrix} 1 & 0 & 1.402 \\ 1 & -0.344\,14 & -0.714\,14 \\ 1 & 1.1772 & 0 \end{bmatrix} \begin{bmatrix} Y \\ U \\ V \end{bmatrix}$$

5.2.9　不同颜色空间的使用

颜色是图像中最本质的信息,不同的颜色给人的感觉是不一样的。如 RGB(红、绿、蓝三原色)颜色空间适用于彩色监视器和彩色摄像机,HSI(色调、饱和度、亮度)更符合人描述和解释颜色的方式(或称为 HSV,色调、饱和度、亮度),CMY(青、深红、黄)、CMYK(青、深红、黄、黑)主要针对彩色打印机、复印机等,YIQ(亮度、色差、色差)是用于 NTSC 制式的电视系统格式,YUV(亮度、色差、色差)是用于 PAL 制式的电视系统格式,YCbCr(亮度单一要素、蓝色与参考值的差值、红色与参考值的差值)在数字影像中广泛应用。Lab 色彩空间是由国际照明委员会(CIE)于 1976 年制定的,它是用 L^*、a^*、b^* 三个互相垂直的坐标轴来表示一个色彩空间,L^* 轴表示明度,黑在底端,白在顶端。$+a^*$ 表示品红色,$-a^*$ 表示绿色,$+b^*$ 表示黄色,$-b^*$ 表示蓝色,a^* 轴是红——绿色轴,b^* 轴是黄——蓝色轴,Lab 与 LCH 对颜色的描述在数值上的对应关系将在第三部分详细介绍。任何颜色的色相和特征都可以用 L^*、a^*、b^* 数值来表示,用 L^*、a^*、b^* 三个数值可以描述自然界中的任何色彩。Lab 有三个通道,制作一个 Lab 模式的图像,从中可以发现,a 和 b 通道几乎不能辨别出来,它们仅仅定义了图像的色彩部分,而没有定义图像的形态细节,因此在 Lab 模式的图像中颜色和层次是分离的,这一点与 RGB 和 CMYK 是不一样的,这使得灰色曲线和彩色曲线可以分开调整,当使用者调整灰色曲线时,彩色的部分不受影响,因此可以只用没有颜色信息的 L^* 通道确定图像的最亮和最暗值。这样既可以避免在色彩校正过程中产生一些跳跃性的、阶调不连续的颜色,也可以只在 L 通道上锐化图像来强调图像的整体细微层次。L^* 值的范围为 100(白)至 0(黑),这样的最大范围在印刷品上并不能体现出来,对于优质铜版纸，L^* 值的范围不超过 95（白）和 5（黑）。a^* 和 b^* 的变化范围从 $-100\sim100$。任一颜色可以用空间中对应点的 L^*、a^*、b^* 确定。

5.3   图像的基础知识

从图像的颜色种类出发，图像可分成 5 类：二值图像、16 色图像、256 色图像、灰阶图像和 24 位真彩色图像。二值图像就是通常所说的黑白图像，16 色图像每个像素需要用 4 位来表示其颜色深度。256 色图像每个像素由 1 个字节 8 位来表示其颜色深度。灰度图像反应的是由亮到暗不同等级的亮度表示，灰度图像通常是在单个电磁波频谱如可见光内测量每个像素的亮度得到的。如果用一个字节来表示灰度图像则称为 256 级灰度图像。灰阶图像一般在遥感探测和 CT 扫描、超声成像中获得。24 位图像每个像素由三个字节来表示颜色深度，表示的颜色种类可达 16M，能较逼真地模拟现实中的色彩。

按照图像颜色的表示方法分类，图像可以分为三类：伪彩色、直接色和真彩色。伪彩色图像的含义是，每个像素的颜色不是由每个基色分量的数值直接决定的，而是把像素值当做彩色查找表（Color Look-Up Table，CLUT）的表项入口地址，去查找一个显示图像时使用的 R,G,B 强度值，查找出的 R,G,B 强度值产生的彩色称为伪彩色。彩色查找表（CLUT）是一个事先做好的表，表项入口地址也称为索引号。例如 16 种颜色的查找表，0 号索引对应黑色，15 号索引对应白色。彩色图像本身的像素数值和彩色查找表的索引号有一个变换关系，这个关系可以使用 Windows 95/98 定义的变换关系，也可以使用自己定义的变换关系。使用查找得到的数值显示的彩色是真的，但不是图像本身真正的颜色，它没有完全反映原图的彩色。

直接色的每个像素值分成 R,G,B 分量，每个分量作为单独的索引值对它做变换。也就是通过相应的彩色变换表找出基色强度，变换后得到的 R,G,B 强度值产生的彩色称为直接色。它的特点是对每个基色进行变换。用这种系统产生颜色与真彩色系统相比，相同之处是都采用 R,G,B 分量决定基色强度，不同之处是后者的基色强度直接用 R,G,B 决定，而前者的基色强度由 R,G,B 经变换后决定。因而这两种系统产生的颜色就有差别。试验结果表明，使用直接色在显示器上显示的彩色图像看起来真实、很自然。这种系统与伪彩色系统相比，相同之处是都采用查找表，不同之处是前者对 R,G,B 分量分别进行变换，后者是把整个像素当做查找表的索引值进行彩色变换。

真彩色是指在组成一幅彩色图像的每个像素值中，有 R,G,B 三个基色分量，每个基色分量直接决定显示设备的基色强度，这样产生的彩色称为真彩色。

数字图像处理是指用计算机及其他有关的数字图像采集设备和数字技术对图像进行运算和处理，从而达到某种预期的目标。具体来说，数字图像的处理是指以电子计算机为信息处理的核心，借助于各种输入输出和存储设备，以各种图形图像处理软件为操作工具，完成对图形图像的采集、绘制、建模、变换、存储、加工、传输和输出等工作。数字图像按照表达的方式不同可以分为位图和矢量图。

5.3.1   位图和矢量图

位图是以黑白或彩色的像素来表达图像的，每一个像素都有特定的位置和颜色值。位图善于表达图像的细节,适用于表达具有复杂色彩、明暗多变和虚实丰富的图像。使用位图格式的绘画程序叫作位图绘画程序,如 Windows 操作系统自带的画图程序、Adobe Photoshop 图像处理软件,位图的特点是能表现逼真的图像效果,但是通常情况下像素越多文件越大,并且缩放时清晰度会降低并出现锯齿。位图有多种文件格式,常见的有 JPEG、PCX、BMP、PSD、PIC、GIF 和 TIF 等。位图特点如下。

- 可以表现出色彩丰富的图像效果。
- 可以逼真地表现自然界各类景物。
- 不能任意放大缩小,通常情况下图像数据量较大。
- 位图是像素组成的,清晰度随放大和缩小而改变。

矢量图像使用直线和曲线来描述图形,这些图形的元素是一些点、线、矩形、多边形、圆和弧线等,它们都是通过数学公式计算获得的,所以矢量图形文件一般较小。矢量图形的优点是无论放大、缩小或旋转等都不会失真;缺点是难以表现色彩层次丰富的逼真图像效果,而且显示矢量图也需要花费一些时间。矢量图形主要用于插图、文字和可以自由缩放的徽标等图形。Illustrator 是美国 Adobe 公司推出的专业矢量绘图工具。Adobe Illustrator 是出版、多媒体和在线图像的工业标准矢量插画软件。其他绘图工具还有 CorelDRAW 和 Freehand 等,CorelDRAW 虽然是基于矢量的程序,但它不仅可以导入(或导出)矢量图形,甚至还可以利用 CorelTrace 将位图转换为矢量图,也可以将 CorelDRAW 中创建的图形转换为位图导出。常见的矢量图文件格式有 AI、CDR、EPS 和 WMF 等。

矢量图也称为面向对象的图像或绘图图像,矢量文件中的图形元素称为对象。每个对象都是一个自成一体的实体,它具有颜色、形状、轮廓、大小和屏幕位置等属性。可以在维持它原有清晰度和弯曲度的同时,多次移动和改变它的属性,而不会影响图例中的其他对象。这些特征使基于矢量的程序特别适用于图例和三维建模,因为它们通常要求能创建和操作单个对象。基于矢量的绘图同分辨率无关。这意味着它们可以按最高分辨率显示到输出设备上。矢量图特点如下。

- 矢量图是由点构成的,图形大小改变,清晰度不变。
- 可任意放大缩小而不会出现马赛克现象,且图像数据量小。
- 色彩不丰富,无法表现逼真的景物。

5.3.2　像素和分辨率

像素的英文名称是 Pixel,它是一个复合词,由 Picture 和 Element 复合而成。像素是组成数字化图像的基本单位,位图是由像素的单个点组成的,许多个大小相同的像素沿水平方向和垂直方向按统一的矩阵排列组成图像,这些点可以进行渲染形成不同的颜色。像素本身是没有实际尺寸的,它依赖于输出(呈现)它的硬件设备。只有当像素向指定的设备(如显示器、打印机)输出时,才具有物理量的长宽、面积等。

位图的大小与精致,取决于组成这幅图的像素数目的多少。鉴识一个点阵图的精致与否,应该看它有多少像素,而不是看它的长宽尺寸,只有像素才是决定一个点阵图精致与粗糙的因素。由于像素的分布是沿水平和垂直两个方向排列的,任何一个点阵图总是有一定数目的水平像素和垂直像素。我们通常用"水平像素数×垂直像素数"表示一幅点阵图的大小。在相同的图形文件格式和相同的位深度的情况下,一个点阵图包含的像素越多,它的图形文件就越大,所要占据的存储器空间也越大。电脑显示屏的分辨率(Resolution)就是屏幕图像的精密度,是指显示器所能显示的点数的多少。由于屏幕上的点、线和面都是由点组成的,显示器可显示的点数越多,画面就越精细,同样的屏幕区域内能显示的信息也越多,而同一幅图像在分辨率高的的显示器中显示要小,分辨率低的显示器中显示要大。这一点在网页设计中尤其要注意,谁都不希望看见自己辛辛苦苦完成的网页在不同屏幕分辨率下面目全非,所以测试网页在不同分辨率下的浏览效果是网页制作中很重要的一步。有时甚至有必要制作常用分辨率下的多个备份网页,以便让网页显示的页面不随显示屏的大小和屏幕分辨率的变化而变化。

分辨率在文字描述中,是一个极易被混用的概念。这是因为分辨率能使用于各种不同的场合,而每个场合都有各自特定的含义。不同场合的分辨率主要有:图像分辨率(PPI)、扫描分辨率(DPI)、网屏分辨率(LPI)和设备分辨率(DPI),像素单位 PPI 和 DPI(每英寸点数)经常会出现混用现象。从技术角度说,"像素"(P)只存在于计算机显示领域,而"点"(D)只出现在打印或印刷领域。

屏幕分辨率以分辨率为 1024×768 的屏幕来说,指每一条水平线上包含有 1024 个像素点,每一屏上共有 768 条线,即扫描列数为 1024 列,行数为 768 行。分辨率不仅与显示尺寸有关,还受显像管点距、视频带宽等因素的影响。其中,它和刷新频率的关系比较密切,严格地说,只有当刷新频率为"无闪烁刷新频率"时,显示器能达到最高多少分辨率,才能称这个显示器的最高分辨率为多少。

点阵图的分辨率,是指每个英寸长度单位内的像素数值。用通俗的语言表达,就是指每英寸长度单位内能够容纳多少个像素。它用"像素/英寸"(Pixels Inch)即 PPI 表示。如果一个 72×72 Pixel 的点阵图,图的尺寸是 $2.54×2.54cm^2$(1 英寸×1 英寸),分辨率就是 72PPI,这个点阵图刚好是 1 平方英寸大小。我们在不改变点阵图像素的情况下,把分辨率变为 36PPI,图的尺寸就会变为 $5.08×5.08cm^2$(2 英寸×2 英寸),这个点阵图的尺寸就放大了 4 倍,变成 4 平方英寸。由此,我们得出如下结论。

- 点阵图的像素随着图像分辨率的增加而增加,图像的面积与分辨率成平方比;图像文件的大小与分辨率成正比。
- 点阵图的尺寸随着图形分辨率的增大而缩小,尺寸与分辨率成反比。

根据上述结论,我们用同一个固定像素的点阵图,分别在不同分辨率的视窗中打开,或在不同分辨率的打印机上打印,会得到尺寸大小不一样的结果。假如,在 Photoshop 中打开一幅位图,系统缺省(也叫默认)情况下它的分辨率为 72PPI,它的相关数据如下:像素,宽 144、高 144 像素,把图像的像素改为分辨率是 36PPI 时,则可得到以下的变化:像素,宽 72、高 72 像素。

DPI(Dot Per Inch)最早的时候是印刷上的计量单位,意思是每英寸上所能印刷的网点数(Dot Per Inch)。但随着数字输入输出设备快速发展,大多数人也将数字影像的解析度用 DPI 表示,但是印刷时计算的网点(Dot)和电脑显示器的显示像素(Pixel)并非相同,所以通常用 PPI(Pixel Per Inch)表示数字影像的解析度,以区分二者。

现在我们通常讲的打印机分辨率是多少 DPI,指的是在该打印机最高分辨率模式下,每英寸所能打印的最多理论"墨点数"。这是衡量打印机打印精度的主要参数之一,该值越大,表明打印机的打印精度越高。

如果一台打印机的分辨率是 4800×1200DPI,那么意味着在 X 方向(横向)上,两个墨点最近的距离可以达到 1/4800 英寸;在 Y 方向(纵向)上,两个墨点的距离可以达到 1/1200 英寸。

另外,受普通打印纸质量的影响,打印分辨率越高有时反而会起到适得其反的作用,比如 600×600DPI 以上的图像,在普通纸上按照更高打印精度(如 4800×1200DPI)的打印是没有意义的。例如现在的 HP 喷墨打印机最高分辨率是 4800×1200DPI,这意味着在纸张的 X 方向(横向)上,每一英寸长度上理论上可以放置 4800 个墨点。但是如果真的在普通介质的一英寸上放置全部的 4800 个墨点,会发生什么情况呢? 普通纸张对墨水的吸收过于饱和,墨水连成一片,反而使图像印刷质量下降。所以打印分辨率用“理论”点数来描述,是指打印机能够达到的能力极限,但是实现起来需要依靠纸张的配合,如果采用专用纸张,便可达到更好的效果,在每个英寸上放置更多的独立墨点,如果使用纸张不能支持选定的最高分辨率,就会出现相邻的墨点交融连成一片的情况,从而影响打印效果。

现在我们来明确一下图像的两种尺寸和换算关系。

一种是像素尺寸,也称显示大小或显示尺寸。等同于图像的像素值。

一种是打印尺寸,也称打印大小。需要同时参考像素尺寸和打印分辨率才能确定。

在分辨率和打印尺寸的长度单位一致的前提下(如像素/英寸和英寸),像素尺寸/分辨率=打印尺寸。

DPI 还可以表示扫描精度,DPI 越小,扫描的清晰度越低,由于受网络传输速度的影响,Web 上使用的图片都是 72DPI,但是冲洗照片不能使用这个参数,必须是 300DPI 或者更高 350DPI。

网屏分辨率(LPI),印刷图像加网线数是指印刷品在水平或垂直方向上每英寸的网线数,即挂网网线数。称为网线数是因为最早的印刷品网点是线状的。挂网线数的单位是 Line/Inch(线/英寸),简称 LPI。图像分辨率 PPI 与印刷分辨率 LPI(加网线数)既有联系又有区别:图像分辨率要高于印刷分辨率,一般是 2×2 个以上的像素生成 1 个网点,即 LPI 是 DPI 的 1/2 左右。设备分辨率 DPI 与印刷分辨率 LPI(加网线数)的关系是:对于图像输出设备来说,一般是由 10×10 个以上的激光点构成 1 个网点,即 DPI 必须大于 LPI 的 10～20 倍以上。

矢量图是用数学方式的描述建立的图形,计算机对于一个图形,不是按照长宽矩阵对像素进行点阵排列,而是按特定的数学模式进行矢量的描述。例如用 VC++实现画圆,简单的矢量描述是:

```
MOVE TO 100,100
CIRCLE 20
```

因此,矢量图的物件中,没有组成图形的像素,矢量图本身不存在分辨率的问题。应该注意的是,我们使用的计算机显示器,绝大多数都是 CRT 技术的光栅扫描形式的彩色显示器,无论是点阵图或是矢量图,显示的方式都一样,就像拼图。矢量图虽然本身是一幅没有像素(最小单位)光滑的图案,但它必须借助计算机的显示器呈现给用户,因此自然带有显示器的性质,把它光滑的图案拆分成 1024×768 或者 640×480 个小点,均匀地投射到整个荧光屏上。我们在显示器上看到的矢量图,已经是经过显示器映射后的图像。好在人的视觉能力在 15～20 英寸的显示器上,分辨不清被拆分后形成的 0.3～0.25mm 的小色点与未拆分前光滑的图案有多大差别。由此可见,显示器是以一种虚拟的点来显示矢量图的。但我们必须明白,这种虚拟的点不是由图形本身的"像素"组成的,而是显示器所为,与点阵图的"点"存在本质上的区别。点阵图中的"点"是"像素",是图形本身结构的一部分,它随着图形分辨率的变化而被放大或缩小;矢量图本身没有"点",显示器强加给它的虚拟的"点",只与显示器的物理分辨率有关,不能被放大或缩小。所以,矢量图无论放大多少万倍,其边缘看上去都不会出现锯齿状。

5.4　图像的获取与处理

随着图像采集设备与计算机技术的发展,能够把图像数字化并且使用计算机对图像进行处理,在日常生活中,通过 Photoshop 处理照片已经非常普遍。在医学领域,胃窥镜视图、CT 螺旋扫描图片、MRI 核磁共振图片、B 超图片、X 线机图片和显微图片等的处理已经被广泛地应用于临床诊断。

5.4.1　图像生成的软件和图像采集的设备

我们把计算机能够处理的数字图像分为由计算机产生的图像和由各种图像采集设备"采集"的图像两种类型。计算机产生的图像是用计算机相关语言和输入设备(如键盘、鼠标和扫描仪等)写入的数字图形文件。早期的计算机系统描绘图形并不是"所见即所得"的。当一个数字图形文件被编写好之后,要借助具有显示功能的命令才能把这个图形呈现出来,看到所设计的图的相貌。今天用于机械设计的 Auto CAD 低版本,就残留有早期生成图形的痕迹。在图像"产生"阶段,数字图形的像素和色彩是不可见的,它只是一串记录图形、色彩性质的数字信号,没有视觉上的长、宽和颜色等量度的大小。只有当它进入"显示"阶段时,这一串数字信号才以特定的长宽比和分辨率展示在计算机的显示器上,图形文件才有了可视的形象、色彩及长宽量度等。比较常用的生成和显示图形图像的语言工具有 C、C++、MATLAB 和 OpenGL,其中 MATLAB、Mathematica、MapLe、MathCAD、Lingo、Scilab、SPSS 和 SAS 等是比较专业的数学语言工具。Linux 上用来实现数据的图形可视化应用程序同样很多,从简单的 2D 绘图到 3D 制图,再到科学图形编程和图形模拟。开放源码绘图工具包括 GNU Octave(GPL)、Scilab(Scilab)、MayaVi(BSD)、Maxima(GPL)和 Gnuplot。

现阶段可视化绘图工具有 Auto CAD、SolidWorks、ACD See Canvas 11 with GIS＋、ACD Systems Canvas X 898 以及工程科学绘图软件 Tecplot Focus 2008 v11.2。其中 AutoCAD(Auto Computer Aided Design)是美国 Autodesk 公司首次于 1982 年生产的自动计算机辅助设计软件,用于二维绘图、详细绘制、设计文档和基本三维设计。现已经成为国际上广为流行的绘图工具。DWG 文件格式成为了二维绘图的事实标准格式。SolidWorks 是工程绘图的又一功能强大的绘图软件,SolidWorks 2008 配合 3DLib 插件,可以直接调用几十万个模型库,改进了三维显示效果。SolidWorks 2010 增加了笔势功能,以及方便的有限元分析,使用起来就如玩游戏一样生动有趣。

由前面提到的各种工具生成图像之后就是显现阶段,一个数字图形文件被写好完成时,就具备了该图形的全部性质,包括像素和色彩。另一种图像就是由图像采集系统获得的现成的图像。图像采集系统包括图像采集设备、图像采集卡和信号放大器。图像采集设备有数码照相机、显微成像目镜、摄像机、扫描仪和 CMOS 摄像头等。图像采集卡根据图像采集系统中摄像机的不同,也相应地分为彩色图像采集卡和黑白图像采集卡,彩色图像采集卡也可以采集同灰度级别的黑白图像。根据模拟摄像机和数字摄像机的不同,图像采集卡分为模拟图像采集卡和数字图像采集卡,模拟图像采集卡上设有 A/D 转换芯片,对输入信号以 4∶2∶2 格式进行采样,然后进行量化,一般对 YUV(也即对 RGB)进行 8 位量化,则传入的视频信号转换为数字图像信号。与数字摄像机配套使用的图像采集卡,可称为数字图像采集卡。根据照相机扫描方式不同,与面扫描相机配套的采集卡是面扫描图像采集卡,其一般不支持线扫描相机。配合线扫描相机使用的是线扫描图像采集卡。支持线扫描相机的图像采集卡往往也支持面扫描相机。根据其他分类方式有 PCI-E 图像采集卡、USB 外置图像采集盒和 VGA 采集卡。图像采集系统的配套设备有机器视觉光源、机器视觉图像处理软件。

5.4.2　图像采集设备的主要参数指标

1. 数码相机的性能指标

（1）光圈

光圈是一个用来控制光线透过镜头,进入机身内感光面的光量的装置,它通常是在镜头内。表达光圈大小,用 f 值来表示,与实际大小成反比,f 值越小,光圈口径越大。光圈越大表示进光量就越大,这样的好处是在弱光环境中可以在不需要别的辅助方式的情况下保持相对高的快门速度。大光圈的另一个好处是可以取得更浅的景色,就是可以使主体以后某段距离之外的东西虚化得更好,一般光圈大的数码相机对拍特写时比较有好处。

完整的光圈值系列如下：f1,f1.4,f2,f2.8,f4,f5.6,f8,f11,f16,f22,f32,f44,f64。这里值得一提的是光圈 f 值越小,在同一单位时间内的进光量便越多,而且上一级的进光量刚是下一级的一倍,例如光圈从 f8 调整到 f5.6,进光量便多一倍,我们也说光圈开大了一级。对于消费型数码相机而言,光圈 f 值常常介于 f2.8~f16。光圈口径大小对所需要的透镜直径影响很大,长焦距时光线路径长、损失大,要让同样的光线达到感光层,光孔的直径就必须相应增大。基本公式是：在焦强（光圈）不变的情况下,焦距增加一倍其透镜直径也必须增加一倍。假如 50mm 焦距镜头 f2.8 镜片直径是 40mm 如果 100mm 焦距要达到 f2.8 则需要镜片直径达到 80mm,如果是 200mm 则需要镜片直径达到 160mm。定焦镜头就是这么制造的。由于其体积太大、成本太高且工艺太复杂,不利于推广。因此,科学家在牺牲进光量的前提下制造了"浮动光圈镜头",就是光圈随着焦距的加大而自动缩小。

（2）快门

光圈是通过控制光的入口大小来控制光亮的,快门是用进光时间的长短来控制光亮的,两者需要结合着用,想将运动的物体拍得很清晰需要用尽可能小的快门。目前超过 1/2000s 一般要高端机才具备,所以选择时要注意的是最慢速度,最好是有 B 门,这样可以自己决定曝光时间,不少数码相机具备 B 门。

（3）CCD 尺寸

CCD 尺寸就是感光芯片的大小,CCD/CMOS 面积越大,捕获的光子越多,感光性能越好,信噪比越低。反映在选购相机时就是,比如都是 500 万像素的相机,一个用的是 2/3 的

CCD,一个用的是 1/1.8 的相机,我们优先考虑的是 2/3 的那款。CCD/CMOS 功能相当于光学传统相机中的胶卷。

（4）光学变焦

光学变焦比数码变焦优秀很多。光学变焦就是通过改变镜头中焦点的位置,来改变进入镜头光线的角度,从而使同一距离的被摄物体在感光元件上变得更大,或者让更远的物体能够更清晰地聚焦在感光元件上。光学变焦镜头的结构通常很复杂,镜片数量很多,光线进入相机时镜头片数越多产生的折射次数就越多,成像质量就会受到影响,所以一般情况下,同级的变焦镜头是比不上定焦镜头的。

（5）像素

像素对于最后的冲印大小起到了决定性的作用,一般冲印分辨率的要求大概在 240DPI 就可以了,比如 500 万像素的照相机最大分辨率一般是 2560×1920,2560/240 约等于 10.6,也就是说 500 万像素的相机在保证图像质量的前提下最大可以冲长边为 10 寸的照片。所以,在选购相机之前按自己的需要先用这个公式算一下,在价格和需求之间找一个平衡点。

（6）ISO 值

ISO 值是感光度的意思,感光度越高感受光线的速度就越快,所以在胶片里高 ISO 的胶片也叫高速胶片,高 ISO 胶片适合在弱光环境下使用,像拍家庭室内照、夜景等。但是感光度越高带来的问题是颗粒感加重,ISO 值越低画面就越细腻。低 ISO 值相对比较实用一些,而高 ISO 值在现阶段的实用价值是比较差的,因为在数码相机中高 ISO 表现出来的画面并不像传统胶片那样只是颗粒感加重,而是出现大量色彩斑斓的杂点,严重影响输出的画面,基本上可以说,在普通数码相机里（为了区别于数码单反）,高于 200 的 ISO 值是没有必要使用的（富士通的机器除外）,少数高端机的画面表现要好一些,但一般的情况下还是尽量不用。所以,在数码相机的选择上,ISO 值关键的选择点在最低 ISO 值上,像佳能的数码相机一般都做到了 50,所以一般感觉佳能的家用数码相机照出来的画面感觉要细腻一点。不过,这不是说一定要选佳能的,很多机器在 ISO 为 100 的时候画面就很不错了,像尼康的 5700。

（7）手动功能

手动功能以前是半专业以上级别机器里的专利,但现在很多廉价的数码相机也具有半手动或全手动功能,在初学阶段,可能会觉得手动功能过于麻烦,但是,随着学习的深入,手动功能会越来越有用。所以选购机器时手动功能越多越好。

2. 常见摄像机的主要性能指标

（1）CCD 有效像素

有效像素指 CCD 感光元件可受光信号并转换成电信号的最大区域。PAL 制下的 CCD 一般有效像素为:752(H)×585(V)。与数码相机一样,CCD 的像素数也是 DV 的一个重要指标,CCD 像素数有 CCD 总像素、动态有效像素和静态有效像素三个指标。CCD 总像素是指 DV 采用的感光元件 CCD 所具备的像素值,这一数值的大小基本就决定了 DV 的档次,如 80 万像素级的 DV 便是指这类产品采用了总像素为 80 万的 CCD 成像;动态有效像素是指 DV 在拍摄动态影像时可以达到的像素值,对于 DV 来说这是最重要的指标之一;

而静态有效像素则表示用 DV 进行静态照片拍摄时可以达到的像素值,有些产品会在拍摄静态影像时通过插值方式来提高这一数值,这不是真正意义上的静态有效像素。

（2）CCD 尺寸

比起 CCD 像素,CCD 尺寸对画面质量的影响更加直接,信噪比、镜头焦距与 CCD 尺寸息息相关。CCD 尺寸的大小,直接决定了 MOS 的体积。按照一些专业人士的解释,当 MOS 的体积增大的时候,其容纳电荷的能力就相应增强,可以使 CCD 的动态范围加大,从而能够把细微的光线变化表现得更加细腻,丰富了画面的自然层次。而如果减小了 MOS 的体积,那么存储电荷的能力将会明显下降,就很容易出现电荷溢出等现象,导致画面出现噪点。作为影像核心的 CCD 生产工艺制作技术的快速发展,才使得 DV 走入了寻常百姓家。

（3）水平扫描线

由于 CCD 元件的电信号采样是采用垂直和水平两方向交叉定位的方式来提取单点元素的 RGB 数值,所以水平和垂直扫描的精度直接影响着图像的精度。人们常以水平扫描的线数来衡量镜头的精度等级,作为通信用的专业摄像机,该数值一般要求在 450 以上,目前以 480 线为主流。

（4）光学变焦倍数

数码摄像机依靠光学镜头结构来实现变焦,目标物体反射的光信号,需要经过光学镜头组,才能聚焦在 CCD 上,形成清晰的图像,光学变焦是通过镜头、物体和焦点三方的位置发生变化而产生的。当成像面在水平方向运动的时候,视觉和焦距就会发生变化,更远的景物变得更清晰,让人感觉像物体递进的感觉。光学镜头组所采用的玻璃透光性、滤光性是各厂家需要保证的根本要素,常见的倍数有 8×、10× 和 12×,也有达到 22× 的。

（5）数字变焦倍数

要改变视角主要有两种办法,一种是改变镜头的焦距,即光学变焦。通过改变变焦镜头中的各镜片的相对位置来改变镜头的焦距。另一种就是改变成像面的大小,即成像面的对角线长短,在目前的数码摄影中,这就叫做数码变焦。实际上数码变焦并没有改变镜头的焦距,只是通过改变成像面对角线的角度来改变视角,从而产生了相当于镜头焦距变化的效果。一些镜头越长的数码摄像机,内部的镜片和感光器移动空间更大,所以变焦倍数也更大。数字变焦是采用软件差值计算的方式,将 CCD 形成的当前的图像进行局部取样,形成指定像素的信号。数字变焦倍数的数值依赖于 CCD 的有效像素和内置 DSP 芯片的处理能力,各厂家一般都提供 10× 和 12× 两档常规指标。

（6）信号制式

信号制式一般有 NTSC 和 PAL 两种。根据中国的电视广播及通信的规范,中国地区适用 PAL 制。

（7）信号输出格式

大家常见的视频信号都是采用 AV-Video 复合信号,以及 S-Video 分离信号两种,后者相对来说信号质量较前者稳定。

（8）信噪比

衡量视频信号的指标是信号的信噪比,信噪比越高,干扰噪点对画面的影响就越小。信噪比是信号电压对于噪声电压的比值,通常用符号 S/N 来表示。由于在一般情况下,信号电压远高于噪声电压,比值非常大,信噪比的单位用 dB 来表示。一般摄像机给出的信噪比值均是在 AGC(自动增益控制)关闭时的值,因为当 AGC 接通时,会对小信号进行提升,使得噪声电平也相应提高。信噪比的典型值为 45～55dB,若为 50dB,则图像有少量噪声,但图像质量良好;若为 60dB,则图像质量优良,不出现噪声。市面销售的摄像机的 SNR 都大于 45dB。

3. 图像采集卡的技术参数

图像采集卡(Image Capture Card),又称图像捕捉卡,是一种可以获取数字化视频图像信息,并将其存储和播放出来的硬件设备。很多图像采集卡能在捕捉视频信息的同时获得伴音,使音频部分和视频部分在数字化时同步保存、同步播放。

(1) 图像传输格式

图像采集卡需要支持系统中摄像机所采用的输出信号格式。大多数摄像机采用 RS422 或 EIA644(LVDS)作为输出信号格式。在数字相机中,IEEE 1394、USB 2.0 和 Camera Link 几种图像传输形式则得到了广泛应用。格式是视频编辑最重要的一种参数。

(2) 支持的图像格式

通常情况下,灰度图像等级可分为 256 级,即以 8 位表示。在对图像灰度有更精确要求时,可用 10 位、12 位等来表示。彩色图像可由 RGB(YUV)3 种色彩组合而成,根据其亮度级别的不同有 8-8-8、10-10-10 等格式。图像采集卡支持的格式越多越好,通常采集设备彩色图像格式有:NTSC-M、NTSC-Japan、PCL-B、PALD、PAL-G、PAL-H、PAL-I、PAM-M、PAL-N 和 SECAM。黑白图像格式有:CCIR 和 EIA(RS-170)等。

(3) 传输通道数

当摄像机以较高速率拍摄高分辨率的图像时,会产生很高的输出速率,这一般需要多路信号同时输出,因此好的图像采集卡要能支持多路输入。一般情况下,图像采集卡有 1 路、2 路、4 路和 8 路输入等之分。

(4) 分辨率

采集卡能支持的最大点阵反映了其分辨率的性能。一般采集卡可支持 768×576 点阵,而性能优异的采集卡如某些高清黑白图像采集卡,其支持的最大点阵可达 2048×1536,很大程度上提高了成像质量。除此之外,单行最大点数和单帧最大行数也可反映采集卡的分辨率性能。

(5) 采样频率

采样频率反映了采集卡处理图像的速度和能力。在进行高度图像采集时,需要注意采集卡的采样频率是否满足要求。目前高档采集卡的采样频率可达 65MHz。

(6) 传输速率

主流图像采集卡与主板间都采用 PCI 接口,其理论传输速度为 132MBps。

5.4.3 图像处理软件

图像处理是指运用光学、电子光学和数字处理方法,对图像进行复原、校正、增强、统计分析、分类、识别压缩和解压缩等以便达到所需结果的加工过程。运用计算机对图像数据进行的各种运算,一般包括采样、量化、预处理、图像恢复、图像校正、图像增强、图像配准、图像分割、图像分类和图像压缩等。图像处理软件常用的有：Photoshop，CorelDRAW，3D MAX，AutoCAD。

5.4.4　Photoshop CS 图像处理软件

Photoshop 是 Adobe 公司旗下最为出名的图像处理软件之一，是集图像扫描、编辑修改、图像制作、广告创意、图像输入与输出于一体的图形图像处理软件，深受广大平面设计人员和电脑美术爱好者的喜爱。Photoshop 8.0 的官方版本号是 CS，9.0 的版本号则变成了 CS2，10.0 的版本号则变成 CS3，以此类推。CS 是 Adobe Creative Suite 一套软件中后面两个单词的缩写，表示"创作集合"的意思，是一个统一的设计环境，将 Adobe Photoshop CS2、Illustrator CS2、InDesign CS2、GoLive CS2 和 Acrobat 7.0 Professional 软件与 Version Cue CS2、Adobe Bridge 和 Adobe Stock Photos 结合起来了。目前最新版本是 Adobe Photoshop CS5。Photoshop 的应用非常广泛，在图像、图形、文字、动画和出版各方面都有涉及。具体应用在平面设计、修复照片、广告摄影、影像创意、艺术文字、网页制作、建筑效果图后期修饰、绘画、绘制或处理三维贴图、婚纱照片设计、视觉创意、图标制作和界面设计等多个领域。当然 Photoshop 的长处不在于绘图上，主要在于图像处理和修复上。

5.4.5　熟悉 Photoshop CS 及主要菜单

图 5-11 是 Photoshop 主菜单条下当前工具按钮的属性栏，工具按钮如图 5-12 所示。

图 5-11　主菜单条和渐变工具按钮属性面板

图 5-12　常用工具按钮

如图 5-12 所示当前工具按钮是渐变填充色，其属性面板在图 5-11 窗口菜单栏的下方。

通过【文件】菜单中的新建命令可以新建一个空白图像，图像新建对话框如图 5-13 所示，新建图像的名称为"未标题-1"，图像默认分辨率为 72，由于颜色模型为灰度图，通过这种默认方式新建的图像，在编辑过程中将无法进行色彩的配置。

图 5-13　新建图像对话框

文件菜单中另一个比较重要的下拉菜单是【存储】，与【存储】相关的菜单如图 5-13 所示。

【存储】和【存储为】菜单只对已经保存过的图像文件有区别，【存储】是在原来位置上以原来文件名根据需要进行保存，而【存储为…】则会弹出如图 5-14 所示的对话框，可以更改存储位置、文件名和文件类型等。Photoshop CS2 中最易混淆的选项之一是在保存编辑过

图 5-14　文件菜单中与存储有关的
下拉子菜单

的图片时，【存储为…】和【存储为 Web 所有格式】这两个菜单，【存储为 Web 所有格式】对话框如图 5-15 所示。

在图 5-15 中可以获知 Photoshop 能够保存的图像类型达 18 种之多，很多格式类型在当今网络中很流行。值得一提的是保存成 PNG 格式可以保留图像透明背景的特点。

在图 5-15 的存储类型和图 5-16 的存储类型中我们可以发现两种保存方式都可以输出 JPEG 格式图片，但两种方式在 JPEG 压缩质量的选项、灵活度和表现上有所区别。那么在存储选择中如何很好地使用这两种方式呢？具体表现在：创建网页使用的图像，或者想尽可能地优化图像文件的体积；和他人分享图片，但你不希望别人知道你拍摄照片的时间日期等，比如用于图片库，或是需要保护隐私；把图像文件压缩到指定的大小，或者想要在设定图像质量时能有交互的反馈；则可以采用存储为 Web 所有格式，它虽然没有像另存为那样提供很多种保存图像文件的格式选择，但是它为每种支持的格式提供了更灵活的设置。支持的格式包括：

- JPEG——可以设置图像保存质量（1%～100%）。无透明度类型。
- GIF——通过设置调色盘大小 8 位颜色和颜色抖动来确定保存图片的质量。支持单色透明度，GIF 是用于压缩具有单调颜色和清晰细节的图像。
- PNG-8——通过设置调色盘大小 8 位颜色和颜色抖动来确定保存图片的质量。支

图 5-15　存储对话框

图 5-16　存储为 Web 所有格式

持单色透明度。PNG-8 格式可有效地压缩纯色区域，同时保留清晰的细节。

- PNG-24——无损 24 位质量。支持透明度。
- WBMP——黑白抖动输出。

存储为 Web 所有格式的目的是输出展示在网页上的图片,保存的主要目的之一是在维持图片质量的同时尽可能地缩小文件体积。保存为网页格式使用了两种方法达到此目的:在拖动滑动条更改 JPEG 质量设置时提供即时预览;移除输出文件中所有不必要的信息(JPEG 标记)。

存储为 Web 所有格式的主要特色如下。

优化文件大小:可以自动选择文件格式(JPEG 或 GIF)和选择 JPEG 的压缩率,以实现选定的文件大小。

移除 Exif 信息。很多时候这是一个有用的功能,而另一些人则会因为此功能而不使用存储为 Web 所有格式。对于简单的网页图片来说,或者出于保护隐私,你也许希望隐藏照片拍摄的时间日期以及其他参数。但是,如果你想要在网络相册中分享你的照片,并且希望观看者看到拍摄的焦距、光圈和其他参数,那么就不适合使用存储为 Web 所有格式。

在大多数 JPEG 文件中,有一些记录附加信息或是在出错/崩溃时用以恢复的特殊标记。存储为 Web 所有格式会在 JPEG 文件依然能被解码的前提下移除这些标记。

根据存储为 Web 所有格式的特点,当想和他人分享图片,而且你希望别人知道你拍摄照片的时间日期等以及其他一些状况时,需要用存储为对话框。

5.4.6　选区工具及其使用

除了众所周知的各种选框工具、魔术棒和套索工具能够直接获得选区外,另外的方法是通过路径转化为选区。与选择相匹配的是选择菜单,选区的属性面板随着选取工具的不同而有所不同,其中羽化功能在各种选择工具中都存在,选择适当的羽化功能能使选择的边缘获得较好的朦胧效果。图 5-17 是蒲公英照片在选择羽化像素设置为 30 后获得的裁剪效果。

图 5-17　通过选择裁剪后的图片效果

选区对于抠图操作等采集图像素材非常重要,很多动画作品的素材、网站的素材和产品 LOGO 等的创作都离不开选区的使用。

5.4.7 图像的校正

成像系统的像差、畸变和带宽有限,成像器件拍摄姿态和扫描非线性,运动模糊、辐射失真和引入噪声等原因都会引起图像的失真。图像校正是指对失真的图像进行的复原性处理。图像校正的基本思路是,根据图像失真的原因,建立相应的数学模型,从被污染或畸变的图像信号中提取所需要的信息,沿着使图像失真的逆过程恢复图像的本来面貌。实际的复原过程是设计一个滤波器,使其能从失真图像中计算得到真实图像的估值,使其根据预先规定的误差准则,最大程度地接近真实图像。

图像校正主要分为两类:几何校正和灰度校正。

图像几何校正的思路是通过一些已知的参考点,即无失真图像的某些像素点和畸变图像相应像素的坐标间对应关系,拟合出上述多项式中的系数,并作为恢复其他像素的基础。

几何校正的基本方法是:首先建立几何校正的数学模型;其次利用已知条件确定模型参数;最后根据模型对图像进行几何校正。具体操作通常分以下两步。

(1) 对图像进行空间坐标变换;首先建立图像像点坐标(行、列号)和物方(或参考图)对应点坐标间的映射关系,解求映射关系中的未知参数,然后根据映射关系对图像各个像素坐标进行校正。

(2) 确定各像素的灰度值(灰度内插)。

灰度校正方法的分类。

根据图像不同失真情况以及所需的不同图像特征可以采用不同的修正方法。通常使用的方法主要有三种:

(1) 灰度级校正。针对图像成像不均匀如曝光不均匀,使图像半边暗半边亮,对图像逐点进行不同程度的灰度级校正,目的是使整幅图像灰度均匀。

(2) 灰度变换。针对图像某一部分或整幅图像曝光不足使用灰度变换,其目的是增强图像灰度对比度。

(3) 直方图修正。能够使图像具有所需要的灰度分布,从而有选择地突出所需要的图像特征,来满足人们的需要。

Photoshop 软件有强大的色彩调节、图片分色以及系统校正等功能。图像的色彩是非常难以掌握的。有时屏幕上显示的色彩一经印刷、打印,得到的却是另一种样子,即所见非所得,这时就必须对屏幕、系统进行调校。Photoshop 提供了一系列调整图像的色调、品质和色彩平衡的命令和功能。对于简单的图像校正,可以使用快速调整命令。对于精确和灵活的调整,必须对 Photoshop 进行两种校正:设备校正(主要指屏幕)和系统校正。设备校正是指校准屏幕及照排机等输出设备(当需要分色打样时);而系统校正则是调节 Photoshop 的设置,这将影响从 RGB 到 CMYK 的变化。

在色调调整中,Photoshop 提供了以下几种方式:可以在"色阶"对话框中沿直方图拖移滑块调整,如图 5-18 所示是图 5-15 显示的图形的色阶。

如图 5-19 所示 Photoshop 可以在"曲线"对话框中调整图表的形状。此方法可以根据 0~255 色调范围调整任何点,并可以最大限度地控制图像的色调品质。

图 5-18　图形的色阶　　　　　　　　　　图 5-19　曲线色调调整

　　Photoshop 可以使用"色阶"或"曲线"对话框给高光和暗调像素指定目标值。此方法对于要印刷到出版物上的图像非常有用。

5.4.8　图像的修饰与修复

　　在图 5-12 中修复画笔工具（Brush Healing Tool）用于修复图像中的缺陷，并能使修复部分的色彩自然等信息融入周围的图像。和图章工具类似，【修复画笔工具】也是从图像中取样复制到其他部位，或直接用图案进行填充。但不同的是，【修复画笔工具】在复制或填充图案的时候，会将取样点的像素信息自然融入到复制的图像位置，并保持其纹理、亮度和层次，使被修复的像素和周围的图像完美结合。

5.5　Photoshop 在医学图像素材处理中的应用

　　随着多媒体技术的不断发展，医学图像在临床和教学等方面被广泛使用，图像增强和复原技术在提高疾病诊断的准确性和刑事侦查能力中显得尤为重要。5.4 节提到的 Photoshop 图像选区、图像校正和复原功能在医学图像素材处理中具有重要作用。现实中随着扫描仪、数码相机和 CT 扫描等图像采集设备的普及，通过图像编辑工具获得相应的素材显得越来越容易。但是，由于印刷质量、拍摄水平、制作工艺和扫描仪分辨率等多方面原因，使图像不能很好地满足要求，因此，对图片素材的处理和再加工是多媒体作品制作的一个重要环节，Photoshop 使非美术专业的人员也可以修改完成一幅幅完美的图片。

5.5.1　病理图片素材采集的基本技巧

　　任何需要手术的疾病，手术前需要明确其病因、病变部位、大小、深度、性质以及与周围正常组织的关系等，病理的重要性就在于能对疾病在发病机制和细胞水平上做出诊断，按照临床诊断和观察的要求采集病理图像，并将特征病理图像保存和收集起来，对医学示教、对照临床诊断和医生临床经验的获取具有重要的意义。而多媒体技术的不断进步让病理图像的采集变得越来越容易。下面介绍病理图像素材采集的基本技巧。

- 根据肉眼观察病理切片,再由显微镜按照逐步分层的方法,从大体到局部、从低倍到高倍、从组织结构到细胞形态,层层采集图像素材。

- 在采集病理切片素材的同时,要多采集或准备几张正常的对照切片,因为不同的人,或者用不同的设备进行脱水、制片都会有些差别。最好能多收集同种疾病模型中病理变化情况,便于阅片时参考。

- 由于病理诊断是一种形态学的诊断,常常一种疾病可以表现出很多个形态,而很多种疾病又可以有同一种形态,它的组合虽然有一定的规律,但也有其复杂性。免疫组化,是应用免疫学基本原理——抗原抗体反应,通过化学反应来确定组织细胞内抗原,对其进行定位、定性及定量的研究。随着免疫组织化学技术的发展和各种特异性抗体的出现,使许多疑难肿瘤得到了明确诊断。在做免疫组化时,同样需要做好阴性阳性对照片的素材采集。必要时,用苏木素/伊红复染试剂染色。

目前,手术台中视频采集设备并不完善,今后在手术刀或医生手术帽中加载或完善图像、视频采集设备,同步传输手术过程,以便获得病人病理第一手数字化影像资料,作为远程诊断、会诊和避免医患纠纷的证据,这是一个在手术中值得改良和探索的方向。

5.5.2　素材图片的调整与修复技巧

Photoshop 是一款经典的、功能强大的图形处理软件,利用它来对使用带有摄像头的显微镜、数码相机和扫描仪获得的图像、CT、MRI 及 X 线图片进行后处理,效果非常理想。当采集的图像不需要在线使用时,我们可以采用 Photoshop 软件来调整和修复采集的医学图像。在处理原始素材之前,首先要利用好图层,通过 Photoshop 打开采集的素材,在修改之前创建透明图层,并复制原始图像到新建的图层,单击掩藏图层把原始图像的图层掩藏起来,并在复制图像的图层中加以复原和修改,以防止无法恢复的误操作,在还原和修复图像时可以打开导航控制面板,及时精确地调整修改的区域及显示比例。

Photoshop 软件在编辑医学图像多媒体示教素材中使用非常普遍,通过选区、复制图章很容易将 CT、MRI 片子上显示有医院名称、患者姓名、性别和年龄等资料去除,避免病人隐私被泄露。通过 Photoshop 软件很容易为医学影像资料添加注解。

在对被污点和杂纹污染的图像进行修改时,如果只是一味在像素级别上以放大镜、橡皮擦或者图章工具进行修改,这不仅是一项非常繁重的工作,而且由于放大观看只是注重了局部效果而忽略了整体效果,会加重图片的修改痕迹,难以达到理想的效果。下面是污点和杂纹修改技巧。

先把图像放大,放大程度越大,越能发觉灰尘或者瑕疵存在。

方法一:在对图片分辨率要求不高的情况下,可选用 filter(滤镜)下的 blur(模糊)滤镜,以削弱相邻像素之间的对比度,达到淡化杂纹的效果,使用时应注意 blur(半径)值不可太大。失真与半径的大小有直接关系。

方法二:应用【滤镜】→【杂色】→【蒙尘/划痕】,可以在不影响原图整体轮廓的情况下,对整个图像或选取范围内细小轻微的杂点进行柔化,达到消除斑点或折痕的效果。图 5-20 为用 Photoshop 复制图章去掉隐私信息后的 64 排螺旋 CT 胸骨扫描重建图。

图 5-21 是螺旋 CT 图像通过应用【滤镜】→【杂色】→【蒙尘/划痕】的默认处理后获得的效果。从图 5-21 可以看出图片中文字部分已经很模糊,图像失真也比较严重。

图 5-20　64 排螺旋 CT 重建胸骨

　　应用 filter(滤镜)杂色蒙尘/划痕滤镜(图 5-22)可以搜索图片中的缺陷并将其融入周围像素中,该滤镜对去除大而明显的杂点及折痕效果十分显著。调整其控制面板中的 radius(半径)值大小(从 1 到 100 像素)可定义以半径的缺陷来融合图像,调整 threshold(阈值)值大小(0~255)可调整去杂点的效果强弱。设置半径时,数值越低越好;阈值设置越高,门坎越高,消除效果越不分明,设置阈值时,越高越好,阈值越高图像越不会失真,但去杂质效果越差。图 5-23 为阈值 99,半径为 1 的【滤镜】→【杂色】→【蒙尘/划痕】滤镜的最终效果。对照原始图像,可以看出文字信息基本上已经被模糊,而胸骨重建图像更清晰,特别是胸骨边缘中其他组织已被完全去除。骨组织边缘也更清晰。

图 5-21　滤镜处理后的重建 CT 图

图 5-22　蒙尘与滤镜划痕对话框

图 5-23　用 Photoshop 处理后的效果图

　　方法三：应用【滤镜】→【杂色】下的（median 中间值）滤镜，可将杂点和周围像素的中间值颜色作为该点的颜色来消除干扰。

　　小面积的图片经放大后，边缘锯齿现象较为突出，线条失去平滑和连续感，有的线条经放大后，边缘有羽化效果，影响了图片的清晰度。下面谈谈线条光滑度、清晰度的修改技巧。

　　对直线和折线较多的图形，可使用 line（直线）工具进行描边，注意划线的粗细要与原图相符，并使衔接部位自然流畅。对弧线较多的图形，可使用钢笔工具绘制路径，节点位置可灵活调整。双击节点，调整节点的方向线来改变曲线的形状和平滑程度。调整合适后，将路径转化为选取范围，在【编辑】菜单下选取【描边】进行描边，注意描边宽度的设定。

　　其次是色彩修正，长年使用的医学挂图，底色泛黄，显古旧；从某些印刷刊物上选取的图片色彩失真；因某些特殊需要而要求对原图的部分色彩进行修改等诸多原因。在 Adobe Photoshop 中有一个特殊的层 Adjustment Layer（调整图层），它将色调和色彩的设定制作成调整层单独存放到文件中，应用 Brightness/Contrast（亮度/对比度）命令、Hue/Saturation（色调/饱和度）命令、Color Balance（色彩平衡）命令等均可以非常方便快捷地调整图片的亮度、对比度、饱和度和色相等，这些命令各有所长。Hue/Saturation（亮度/对比度）命令不仅可调整色相和饱和度，它还可以通过给像素指定新的色相和饱和度，从而给灰度图像染上色彩。注意：Hue/Saturation 对话框右下角有一个 colorize 复选框，选中它可使黑白、灰度或彩色图像变成单一色彩的图像。Color Balance（色彩平衡）命令在调整整图的色彩平衡时非常方便快捷，其对话框底部有一个 pre-serve luminosity（保持亮度）复选框，选择它可使原图整体亮度不改变。

　　Curves（色调曲线）命令可对色彩实行较精确的控制，改变 Curves 曲线表格中的线条形状即可得到千变万化的色彩效果。

　　Levels（色阶）命令，可对整图或图像中的某一选取范围、某一层及某一个色彩通道进行明暗度的调整，拖动 levels 对话框中的三个小三角滑标，改变 input levels 及 output levels 值大小，直到获得满意的效果，也可使用其中的 auto 按钮自动调整，使亮度分布均匀。

Variations(变化)命令可以非常直观、精确而且方便地调整色彩平衡、对比度和饱和度，Variations 对话框中显示了各种情况下待处理图像的缩略图，我们可以边调节边对比效果。在某些时候，因教学的需要而要求将一幅彩色或灰度图像变成具有高度反差的黑白图像，我们可以使用 threshold(阈值)命令，它根据图像像素的亮度值把全图中的色彩一分为二，一部分用黑色表示，一部分用白色表示，调整 threshold levels 值的大小(0～255)，可获得不同效果的黑白图像。

Adobe Photoshop 是公认的具有最强大的图像处理功能的应用软件，灵活使用各种工具，可制作出任何你所能想象和所不能想象到的图像效果，但是，对医学教育来说，科学性是第一位的，我们应用 Adobe Photoshop 对一些图像进行修改的目的是为了更好地满足教学需要，更真实、形象地反映医学现象，切记不可随心所欲，过分追求艺术美感而失去科学性。

5.6 MATLAB 在图像处理中的应用

MATLAB(Matrix Laboratory)最初是一种纯粹的矩阵计算软件，现在发展成为一门高级科学计算语言，它在数值计算、数据处理、信号处理、神经网络、优化计算、小波分析、图像处理、统计分析和金融分析等众多的领域中有着广泛的用途，从图像数字化过程可以看出，数字图像实际上就是一组有序的离散数据，MATLAB 在对图像离散数据形成的矩阵进行处理时，同样具备多、快、好、省的几大优势。

在 MATLAB 中可用两种数据类型来存储图像：双精度型和 8 位无符号整数型，MATLAB 中图形命令对不同的数据类型做不同的处理。MATLAB 支持 TIFF、JPEG、BMP、PCX、XWD 和 HDF 的图形文件格式，支持索引、灰度、二进制和 RGB 类型的图像。MATLAB 中的图像处理工具箱几乎包括了经典图像处理的所有方面，从基本的图像增强到图像分割，MATLAB 都提供了简便的函数调用来实现许多经典的图像处理方法。数字图像处理工具箱函数包括 12 类：图像文件操作和显示函数，图像的矩阵表示及运算函数，图像增强函数，图像变换函数，图像的空间变换函数，二值形态学操作函数，图像分析和理解函数，其他的一些图像处理函数。另外，MATLAB 提供了对多种图像文件格式的读写和显示，这使得 MATLAB 在集成环境中进行图像处理的实验模拟非常方便。

5.6.1 MATLAB 常用的图像显示函数

在本节介绍的图像显示函数不只具备图像的显示功能，也包括与图像显示相关的读写函数、颜色空间变换函数以及图像类型转换函数等。其中 imread()为图像文件读入函数，可用来读入 BMP、HDF、JPG、PCX 和 TIFF 等格式的图像文件；imwrite()为图像写出函数，仅仅用这一个语句就可以实现将一个矩阵存储为 JPG、BMP、TIF 等格式的图像文件；imshow()、image()为图像显示函数。除此之外，还提供了 rgb2hsv 等颜色空间变换函数和rgb2gray()、rgb2ind()等图像类型转换函数。

1. 在 MATLAB 中实现图像的读写函数

(1) imread

imread 函数用于读入各种图像文件，如 a＝imread('c:\01.jpg')。

注：计算机 c 盘上要有相应的 01.jpg 文件。

（2）imwrite

imwrite 函数用于写入图像文件，如 imwrite(a,'c:\02.jpg','jpg')。

（3）imfinfo

imfinfo 函数用于读取图像文件的有关信息，如 imfinfo('c:\01.jpg')。

2. 在 MATLAB 中实现图像的显示

（1）image

image 函数是 MATLAB 提供的最原始的图像显示函数，如：

```
a = [1,1,1,1;2,2,2,2;3,3,3,3];
image(a);
```

（2）imshow

imshow 函数用于图像文件的显示，如：

```
i = imread('c:\01.jpg');
imshow(i);
```

（3）colorbar

colorbar 函数用显示图像的颜色条，如：

```
i = imread('c:\01.jpg');
imshow(i);
colorbar;
```

（4）figure

figure 函数用于设定图像显示窗口，如 figure(1)；/figure(2)。

5.6.2　MATLAB 常用的图像变换函数

MATLAB 在进行图像处理时，都是以向量、矩阵和数组的形式表示图像并进行各种运算的。它提供了图像的和、差等线性运算，以及卷积、相关和滤波等非线性运算，比如，conv2(i,j)实现两幅图像 i、j 的卷积，其次还有傅里叶变换等。

图像变换技术是图像处理的重要工具，常应用于图像压缩、滤波、编码和后续的特征抽取或信息分析过程。MATLAB 提供了常用的变换函数，如 filt2( )与 ifft2( )函数分别实现二维快速傅里叶变换及其逆变换，dot2( )与 idct2( )函数实现离散余弦变换及其逆变换，radon( )与 iradon( )函数实现 Radon 变换与逆 Radon 变换。

1. 图像的变换

（1）二维傅里叶变换

fft2 函数用于数字图像的二维傅里叶变换，如：

```
i = imread('c:\01.jpg');
j = fft2(i);
```

（2）二维傅里叶逆变换

ifft2 函数用于数字图像的二维傅里叶逆变换，如：

```
i = imread('c:\01.jpg');
j = fft2(i);
k = ifft2(j);
```

（3）利用 fft2 计算二维卷积

利用 fft2 函数可以计算二维卷积，如：

```
a = [8,1,6;3,5,7;4,9,2];
b = [1,1,1;1,1,1;1,1,1];
a(8,8) = 0;
b(8,8) = 0;
c = ifft2(fft2(a). * fft2(b));
c = c(1:5,1:5);
```

利用 conv2（二维卷积函数）校验，如：

```
a = [8,1,6;3,5,7;4,9,2];
b = [1,1,1;1,1,1;1,1,1];
c = conv2(a,b);
```

2. 模拟噪声生成函数和预定义滤波器

（1）MATLAB 对图像模拟噪声的生成函数

imnoise 函数用于对图像生成模拟噪声，如：

```
i = imread('c:\01.jpg');
j = imnoise(i,'gaussian',0,0.02);    % 模拟高斯噪声
```

（2）fspecial 函数

fspecial 函数用于产生预定义滤波器，如：

```
h = fspecial('sobel');          % sobel 水平边缘增强滤波器
h = fspecial('gaussian');       % 高斯低通滤波器
h = fspecial('laplacian');      % 拉普拉斯滤波器
h = fspecial('log');            % 高斯拉普拉斯(LOG)滤波器
h = fspecial('average');        % 均值滤波器
```

5.6.3　MATLAB 在图像增强中的应用

图像增强是数字图像处理过程中常用的一种方法，目的是采用一系列技术改善图像的视觉效果或将图像转换成一种更适合于人眼观察和机器自动分析的形式。常用的图像增强方法有灰度直方图均衡化、灰度变换、平滑及锐化滤波。MATLAB 中都提供了相应的函数来实现相应的功能，比如 hsteq()、medfilt2() 可以分别实现灰度直方图均衡化和中值滤波。MATLAB 直接提供的函数大多数是针对灰度图像的，但是通过将这些函数应用到彩色图像的每个通道，最后再合成的方法可以实现彩色图像的增强。对于某些应用这种方法是非常简单易用的。

1. 直方图

imhist 函数用于数字图像的直方图显示,如:

```
i = imread('c:\01.jpg');
imhist(i);
```

2. 直方图均衡化

histeq 函数用于数字图像的直方图均化,如:

```
i = imread('c:\01.jpg');
j = histeq(i);
```

3. 对比度调整

imadjust 函数用于数字图像的对比度调整,如:

```
j = imadjust(i, [low high],[bottom top], gamma)
newmap = imadjust(map,[low high],[bottom top],gamma)
```

说明:J=imadjust(i,[low high],[bottom top],gamma)返回图像 i 经直方图调整后的图像 J,gamma 为校正量 γ,[low high]为原图像中要变换的灰度范围,[bottom top]指定了变换后的灰度范围;newmap=imadjust(map,[low high][bottom top],gamma)调整索引色图像的调色板 map。此时若[low high]和[bottom top]都为 2×3 的矩阵,则分别调整 R、G、B 三个分量。

```
i = imread('c:\01.jpg');
j = imadjust(i,[0.3,0.7],[]);
```

4. 对数变换

log 函数用于数字图像的对数变换,如:

```
i = imread('c:\01.jpg');
j = double(i);
k = log(j);
```

5. 基于卷积的图像滤波函数

filter2 函数用于图像滤波,如:

```
i = imread('c:\01.jpg');
h = [1,2,1;0,0,0; - 1, - 2, - 1];
j = filter2(h,i);
```

6. 线性滤波

利用二维卷积 conv2 滤波,如:

```
i = imread('c:\01.jpg');
h = [1,1,1;1,1,1;1,1,1];
h = h/9;
j = conv2(i,h);
```

7. 中值滤波

medfilt2 函数用于图像的中值滤波,如:

```
i = imread('c:\01.jpg');
j = medfilt2(i);
```

8. 锐化

(1) 利用 Sobel 算子锐化图像,如:

```
i = imread('c:\01.jpg');
h = [1,2,1;0,0,0; - 1, - 2, - 1]; % Sobel 算子
j = filter2(h,i);
```

(2) 利用拉氏算子锐化图像,如:

```
i = imread('c:\01.jpg');
j = double(i);
h = [0,1,0;1, - 4,0;0,1,0]; % 拉氏算子
k = conv2(j,h,'same');
m = j - k;
```

5.6.4　MATLAB 在图像缺陷统计中的应用

　　本节中对缺陷统计的描述是借助于 MATLAB 自带样例 rice.png 图片中的精米和碎米的统计为例来实现的,随机对加工后的大米进行采样,把样本平摊开,放置在黑色背景中,拍摄大米图片,对图片进行滤波及二值化处理,通过 MATLAB 图像识别功能,在图中分别对整精米和碎精米进行自动检测,并在相应的米粒上打上标志,最终计算出整精米和碎精米的比值。具体步骤如下。
　　(1) 对图像进行预处理(滤波、使背景灰度均衡化)。
　　(2) 把米粒图像转换成二值图像。
　　(3) 根据区域内部像素的连通性,将不同的区域赋予不同的标记。
　　(4) 计算出单个米粒所占的像素。
　　(5) 通过先期计算的整精米长度/面积比换算出米粒长度,最后根据米粒长度判断整精米和碎米的比值。
　　M 程序如下:

```
function Title3()
 % 读取并显示图像,rice.png 为 MATLAB 自带图像,保存在默认路径下,所以在此可以省略路径
Original_Image = imread('Rice.png');
figure;imshow(Original_Image);
```

```
title('1.原图');
% 去不均匀背景
SE = strel('disk',15);
Background = imopen(Original_Image,SE);
Uniform_Image = imsubtract(Original_Image,Background);
figure;imshow(Uniform_Image);
title('2.去不均匀背景');
% 对比度调整
Contrast_Image = imadjust(Uniform_Image,stretchlim(Uniform_Image),[0 1]);
figure;imshow(Contrast_Image);
title('3.增强对比度');
% 图像二值化
Threshold = graythresh(Contrast_Image); % 灰度处理
BW_Image_Temp = im2bw(Contrast_Image,0.4);
BW_Image = ～BW_Image_Temp;
figure;imshow(BW_Image);
title('4.图像二值化');
% 进行中值滤波
Medfit_Image_BW = medfilt2(BW_Image,[5,5]);
figure;imshow(Medfit_Image_BW);
title('5.中值滤波');
% 收缩由于中值滤波所带来的边缘扩大
Optimized_Image_BW = BW_Image | Medfit_Image_BW;
figure;imshow(Optimized_Image_BW);
title('6.收缩由于中值滤波所带来的边缘扩大');
% 对图像进行摊开操作,进一步分离米粒,虽然效果不怎样,不过还是有一定帮助
SE = strel('disk',1);
Final_Image_BW = imopen(～Optimized_Image_BW,SE);
figure;imshow(Final_Image_BW);
title('7.对图像进行开操作,进一步分离各个米粒');
Count_Image_BW = Final_Image_BW;
% 统计当前所有米粒的总数并用" + "号进行标记
ConnectStyle = 4;
% Connect style, the value maybe '8' or '4'
% 4:                              8:
%        i-1,j                 i-1,j-1 i-1,j i-1,j+1
%          |                          \ | /
% i,j-1 -  i,j - i,j+1         i,j-1 - i,j - i,j+1
%          |                          / | \
%        i+1,j                 i+1,i-1 i+1,j i+1,l+1
CrossSize = 4; %" + "号的长与宽系数
[ImageFlag, ObjectNum] = bwlabel(Count_Image_BW, ConnectStyle);
[ImageRow, ImageCol] = size(Count_Image_BW);
for i = 1:ObjectNum
% 找出米粒的中心
    PixelsInObj = 0;
    RowCount = 0;
    ColCount = 0;
```

```
    for a = 1:ImageRow
        for b = 1:ImageCol
            if (ImageFlag(a, b) == i)
                PixelsInObj = PixelsInObj + 1;
                RowCount = RowCount + a;
                ColCount = ColCount + b;
            end
        end
    end
    CRow = round(RowCount / PixelsInObj);
    CCol = round(ColCount / PixelsInObj);
    % 画"+"号的竖
    for j = (CRow - CrossSize):(CRow + CrossSize)
        if j > 0 && j < ImageRow
            Count_Image_BW(j, CCol) = 1 - Count_Image_BW(j, CCol);
        end
    end
    % 画"+"号的横
    for j = (CCol - CrossSize):(CCol + CrossSize)
        if j > 0 && j < ImageCol
            Count_Image_BW(CRow, j) = 1 - Count_Image_BW(CRow, j);
        end
    end
end
figure;imshow(Count_Image_BW);
title(['8.用"+"标记不同的米粒并且统计米粒总数为 ', num2str(ObjectNum)]);
% 分析米粒
RiceProps = regionprops(ImageFlag,'MajorAxisLength','Area');
AllRiceArea = [RiceProps.Area]                  % 打印各个米粒的面积
AllRiceLength = [RiceProps.MajorAxisLength]     % 打印各个米粒的长度
RiceAreaMean = mean(AllRiceArea)                % 打印米粒面积平均值
RiceLengthMean = mean(AllRiceLength)            % 打印米粒长度平均值
% 提取碎米并统计
Cardamine = find( AllRiceLength <= RiceLengthMean & AllRiceArea <= RiceAreaMean);
CardamineSize = size(Cardamine);
Cardamine_Image = ismember(ImageFlag,Cardamine);
figure, imshow(Cardamine_Image);
title(['9.提取碎米并统计总数为:', num2str(CardamineSize)]);
% 提取精米并统计
Milledrice = find( AllRiceLength > RiceLengthMean | AllRiceArea > RiceAreaMean);
MilledriceSize = size(Milledrice);
Milledrice_Image = ismember(ImageFlag,Milledrice);
figure, imshow(Milledrice_Image);
title(['10.提取精米并统计总数为:', num2str(MilledriceSize)]);
```

输出图 5-24～图 5-33 共 10 幅图像效果。

图 5-24　原始图像

图 5-25　背景均衡化后的图像

图 5-26　图像增强

图 5-27　二值化图像

图 5-28　中值滤波处理后的图像

图 5-29　腐蚀膨胀后的图像

图 5-30　膨胀腐蚀后的图像

图 5-31　标记不同的米粒
（接触的米粒被看成是同一颗）

图 5-32　提取不符合完整精米大小的碎米

图 5-33　统计出整米

　　这种方法可以用于按面积大小自动化检测产品是否合格的生产场合。也可以用于电子显微镜下红细胞数目的统计等。

练习

实训题

　　1. 编写 MATLAB 程序，实现图像的 RGB 颜色模型到 HSI 模型的转换，观察两幅图的不同；编写 MATLAB 程序，显示图像的直方图，再用 Adobe Photoshop 现成工具显示图像的直方图，观察两者的异同，了解图像直方图的含义，并撰写实验报告。

　　2. 用 Adobe Photoshop 打开图像，通过 Adobe Photoshop 色阶工具调整图像色阶，观

察图像显示效果。

3. 熟悉 Adobe Photoshop 图形绘制工具,学会图层的使用。

Photoshop 提供了多种形状工具,可以用来绘制各种各样的图形。

【矩形工具】:绘制长方形和正方形。

【圆角矩形工具】:绘制圆角长方形和正方形。

【椭圆工具】:绘制椭圆和圆形。

【多边形工具】:绘制多边形,其中边数最少的是三角形,最多可以绘制有 100 条边的图形。

【直线工具】:绘制各种角度的直线。

【自定形状工具】:可以选择自定形状,并绘制图形,包括箭头、标志、花朵及其他艺术图形等。

4. 创建新的图像文件

创建一个名为“练习 1”,宽为 1024 个像素,高为 768 像素,背景透明的图像文件,用渐变工具填充选区,观察 Photoshop 各种颜色模型的显示特征。

主要制作步骤提示:

(1) 选择【文件】→【新建】命令打开“新建”对话框。

(2) 在【名称】文本框中输入文件名。将宽度和高度单位改为【像素】,同时在【宽度】、【高度】文本框中输入文件宽度和高度值。

(3) 在【背景内容】下拉列表中选择【透明】选项。

(4) 完成设置后单击【确定】按钮创建文件。

第 6 章　　　多媒体系统结构

在计算机系统中,要以数字方式处理多媒体信息,要解决的首要问题是各种媒体的数字化。图像、音频和视频信号只有以数字数据形式进入到计算机的存储器设备中,计算机软件才能对它们进行有效的处理。完成这些工作的首先是各种硬件环境,包括音频接口、视频接口、多媒体 I/O 设备和多媒体计算机等。

多媒体系统是一个能综合处理多种媒体信息的计算机系统,由多媒体硬件系统和多媒体软件系统组成。多媒体硬件系统其核心是一台高性能的计算机系统,外部设备主要由能够处理音频、视频的设备和存储设备组成。多媒体软件系统主要包括多媒体操作系统与应用系统。

本章主要介绍上述多媒体硬件环境、多媒体应用软件、多媒体存储系统和多媒体操作系统等。

6.1　多媒体系统结构

多媒体(Multimedia)是综合集成两种或两种以上的媒体而构成的共同表示、存储与传输同一信息的全新媒体。

多媒体计算机技术(Multimedia Computing Technology)简称多媒体技术,是利用计算机综合地加工处理文字、图像、声音、视频和动画等媒体,使多种媒体信息之间建立逻辑连接,集成为一个系统并具有交互性的技术。

多媒体技术有以下两层含义。

计算机以预先编制好的程序控制多种信息载体,如 CD-ROM、激光视盘、录像机和立体声设备等。

计算机处理信息种类的能力,即把数字、文字、声音、图形、图像和动态视频信息集成为一体的能力。当前指的多媒体技术即指此。

多媒体计算机系统是对基本计算机系统的软硬件功能的扩展,作为一个完整的多媒体计算机系统,它包括 5 个层次的结构。

最底层是多媒体计算机硬件系统。其主要任务是实时地综合处理文、图、声、像信息,实现全动态视像和立体声的处理。同时还需对多媒体信息进行实时的压缩和解压缩。

第二层是多媒体的软件系统。它主要包括多媒体操作系统、多媒体通信软件等部分。操作系统具有实时任务调度、多媒体数据转换和同步控制、多媒体设备的驱动和控制以及图形用户界面的管理等功能。为支持计算机对文字、音频和视频等多媒体信息的处理,解决多媒体信息的时间同步问题,提供了多任务的环境。目前在微机上,操作系统主要是 Windows视窗系统和用于苹果机的 Mac OS。多媒体通信软件主要支持网络环境下的多媒体信息的传输、交互与控制。

第三层是多媒体应用程序接口。这一层是为上一层提供软件接口的,程序员在高层通过软件调用系统功能,并能在应用程序中控制多媒体硬件设备。为了能够让程序员方便地开发多媒体应用系统,Microsoft 公司推出了 Direct X 程序设计程序,提供了让程序员直接使用操作系统的多媒体程序库的界面,使 Windows 变成了一个集声音、视频、图形和游戏于一体的增强平台。

第四层是多媒体制作工具及软件。它是在多媒体操作系统的支持下,利用图形和图像编辑软件、视频处理软件和音频处理软件等来编辑与制作多媒体节目素材,并在多媒体制作工具软件中集成。多媒体制作工具的设计目标是缩短多媒体应用软件的制作开发周期,降低对制作人员技术方面的要求。

第五层是多媒体应用系统,这是一层直接面向用户,它是为满足用户的各种需求服务的。多媒体应用系统要求有较强的多媒体交互功能和良好的人机界面。

6.2　多媒体计算机硬件

6.2.1　多媒体计算机硬件简介

多媒体计算机指的是能对声音、图像视频等多媒体信息进行综合处理的计算机。多媒体硬件系统包括多媒体计算机的主机系统、音频与视频获取系统、磁盘存储系统和显示系统等。

为了使计算机能够实时地处理多媒体信息,需要对多媒体数据进行压缩编码和解码,早期的解决方法是设计制造专门的接口卡。目前的发展趋势是将上述功能集成到处理器芯片中,这样的芯片可分为三类。第一类是采用超大规模集成电路(VLSI)实现的通用和专用的数字信号芯片可用于数字信息的处理;第二类是在现有的 CPU 芯片中增加多媒体与通信的功能;第三类称为媒体处理器,它以多媒体和通信功能为主,同时融合 CPU 芯片的原有计算机功能。

下面一一介绍上述的三类芯片特点情况。

1. 数字信号处理器

DSP 数字信号处理器是一种用 VLSI 实现的通用和专用的数字信号芯片,以数字计算的方法对信号进行处理,具有处理速度快、灵活、精确、抗干扰能力强和体积小等优点。DSP 有硬件、算法和理论三方面支撑着它的发展和应用。目前,许多芯片的运算速度已超过几千万次每秒,最高达到 16 亿次每秒,价格也大幅降低。其结果是使基于 DSP 的数字信号处理技术日益广泛地应用于通信、语音、图像和仪器等各个领域。因此 DSP 在推动当代信息处理数字化方面正在起着越来越大的作用。

DSP 技术的飞速发展十分惊人,以德克萨斯仪器公司推出的 TMS320C6X 芯片为例,片内有两个高速乘法器、6 个加法器,能以 200MHz 频率完成 8 段 32 位指令操作,可以完成每秒 16 亿次操作,并且利用成熟的微电子工艺批量生产,使单个芯片成本得以降低,推出了 C2X、C3X、C5X 和 C6X 等不同应用范围的系列,使新一代的 DSP 芯片在移动通信、数字电视、可视电话和消费电子领域得到广泛应用。

2. 具有多媒体功能的微处理器

计算机微处理器芯片是多媒体计算机的核心,它性能的好坏直接影响到多媒体计算机的整体功能。为加速对多媒体信息的处理速度,Intel 公司推出了基于 MMX 技术的微处理芯片。MMX 技术将面向多媒体数据处理的指令集成到 CPU 芯片内,这给多媒体系统的体系结构带来了革命性的变化,使其具有足够的能力完成高速通信或带有多媒体任务的应用程序,使多媒体系统得到更丰富的色彩、更平滑的影像、更快捷的图像传输和更逼真的音效。

MMX 技术包含新的用于多媒体处理的指令和数据类型,支持并行处理。由于对多媒体信息的处理总包含有大量的并行算法,所以 MMX 技术提高了计算机在多媒体及通信领域中的应用能力,使计算机的性能达到了一个新的水准。同时,这种技术保持了与现有操作系统、应用程序的完全兼容性。所有 Intel 基本结构软件都能在使用 MMX 技术的微处理器系统上运行。由于 MMX 采用了并行处理技术,加快了多媒体操作的速度,使得过去只能由硬件完成的操作可以由纯软件替代,大大降低了系统成本。

3. 媒体处理器

媒体处理器的定义是一种专门用于同时加速处理多个多媒体数据的可编程处理器,在媒体处理器中执行特定多媒体功能的软件称为媒体件。由媒体处理器和媒体软件共同处理包括图形、视频、音频和通信在内的各种多媒体数据。媒体处理器不是通常所说的微处理器,虽然它的内核基于 DSP,但它的分类不属于 DSP,也不是 ASIC 专用集成电路,因为 DSP 不能同时实现若干种功能,而 ASIC 是不可编程的。媒体处理器是专门用于处理多媒体数据的新型处理器,但它并不能取代现有的通用处理器。它是现有通用处理器的强有力的支持芯片。媒体处理器可通过软件同时实现多种功能,而其可编程性使得增加新的功能只需要进行软件升级,而不必废弃原有的硬件。当它与最新的 CPU 配合时,能构成高档产品。

6.2.2 多媒体 I/O 设备

信息技术发展到今天,信息的种类不再只是单调的文本和数字,更多的是图形、图像、音频和视频等多媒体信息。多媒体计算机的 I/O 设备就是将以上形式的信息传给计算机或将计算机处理的信息通过辅助输出设备输出。下面介绍多媒体系统常用的辅助设备。

1. 显示系统

显示系统是微机操作中实现人机交互的一个重要设备,其性能的优劣直接影响工作的效率与质量。显示系统包含显示器和图形显示适配器(显示卡)两部分。将两者有机地结合起来,能获得良好的显示效果。

显示器按照显示屏幕大小不同,分为 14 英寸、15 英寸、17 英寸、19 英寸、20 英寸或者更大;按照工作原理不同,分为阴极射线管(CRT)显示器、液晶(LCD)显示器和等离子(PDP)显示器。

按照显示的功能分类,有普通显示器和显示终端两大类。显示器和显示终端是两个不同的概念。显示器的功能简单,只作为计算机系统的输出设备,它的控制电路和存储逻辑都在主机箱的接口板中,目前个人计算机系统使用的就是这种结构。显示终端是由显示器和键盘组成的一套独立完整的输入输出设备,它可以通过标准通信接口接到远离主机的地方,其结构也比显示器复杂很多。显示系统包括显示器和显示适配器。

CRT 的工作原理可以简单理解为:高速的电子束由电子枪发出,经过聚焦系统、加速系统和磁偏转系统就会到达荧光屏的特定位置。荧光物质在高速电子的轰击下会发生电子跃迁,即电子会从高能态重新回到低能态,这时将发出荧光,屏幕上的那一点就会亮了。显然从发光原理可以看出这样的光不会持续很久,所以要保持显示一幅稳定的画面,必须不断地发射电子束。

CRT 显示器的主要技术指标如下。

(1)像素和分辨率。显示器屏幕显示出来的图像是由一个一个的发光点组成的,这些发光点即为像素,每个像素包含一个红、绿、蓝色的磷光体。定义显示器画面解析度的标准由每帧画面的像素决定,分辨率简单地说就是屏幕每行每列的像素数。最大分辨率取决于显示器在水平和垂直方向上最多可以显示点的数目。分辨率以水平显示的像素个数×垂直扫描线数表示。目前,15 英寸的显示器最高分辨率一般可以达到 1280×1024。

(2)屏幕尺寸。屏幕尺寸指显示器屏幕对角线的长度,单位为英寸(1in=2.54cm)。如 14 英寸、15 英寸、17 英寸、19 英寸、21 英寸等。

(3)点距。点距是指屏幕上相邻两个相同颜色的荧光点之间的距离。点距的单位是 mm。点距越小意味着单位显示区域内可以显示的像点越多,显示的图像就越清晰细腻。常见点距规格有 0.25mm、0.31mm 和 0.28mm 等。

(4)刷新频率。刷新频率指屏幕的刷新速度,刷新频率越低,图像的闪烁和抖动越严重,眼睛越容易疲劳。刷新频率又分垂直刷新频率和水平刷新频率。垂直刷新频率以 Hz 为单位,是画面的刷新次数,一般应在 75Hz 以上,低于 60Hz 就会感觉屏幕闪烁。

(5)视频带宽。视频带宽是每秒钟电子枪扫描过的总像素数,等于“水平分辨率×垂直分辨率×画面刷新次数”。与水平刷新频率相比,带宽更具有综合性,也更直接地反映出显示器的性能。目前,15 英寸显示器一般要达到 64MHz,17 英寸的入门标准为 75MHz。

与 CRT 显示器相比,液晶显示器工作电压低、功耗小,几乎没有辐射,完全平面,无闪烁、无失真,可视面积大,轻薄。液晶显示器的性能指标也有分辨率、刷新率、防眩光防反射、观察屏幕视角、可视角度、亮度、对比度、响应时间和显示色素等几方面。

液晶是一种介于液体和固体之间的特殊物质,它具有液体的流态性质和固体的光学性质。当液晶受到电压的影响时,就会改变它的物理性质而发生形变,此时通过它的光的折射角度就会发生变化,从而产生色彩。液晶屏幕后面有一个背光源,这个光源先穿过第一层偏光板,再来到液晶体上,而当光线透过液晶体时,就会产生光线的色泽改变,从液晶体射出来的光线还必须经过一块彩色滤光片以及第二块偏光片。由于两块偏光片的偏振方向为 90°,再加上电压的变化和一些其他的装置,液晶显示器就能显示想要的颜色了。

2. 扫描仪

扫描仪是一种计算机输入设备,它可将各种图片、图纸等资料扫描输入到计算机,转换成数字化图像数据供保存和使用。配备专门的图像处理软件后,计算机系统就可以进行图文档案管理、图文排版、计算机广告创意、光学符号识别、工程图纸扫描录入、电脑传真和复印等。图像扫描仪一般分为平板式、手持式和滚筒式三种。

扫描仪是光机电一体化的产品,主要由光学成像部分、机械传动部分和转换电路部分组成。扫描仪的核心是完成光电转换的电荷耦合器件(CCD)。扫描仪自身携带的光源将光线照在将输入的图纸上产生反射光或透射光,光学系统收集这些光线将其聚集到 CCD 上,由 CCD 将光信号转换成电信号,然后再进行模数转换,生成数字图像信号送给计算机。扫描仪采用线阵 CCD,即一次成像只生成一行图像数据,当线阵 CCD 经过相对运动将图纸全部扫描一遍后,一幅完整的数字图像就送入到计算机中了。

3. 彩色打印设备

根据打印机的工作原理,可以将打印机分为三类:点阵打印机、喷墨打印机和激光打印机。点阵打印机是利用打印头内的点阵撞针,撞击打印色带,在打印纸上产生打印效果。针式打印机打印头上的钢针数有 9 针的、24 针的等。喷墨打印机的打印头是由几百个细小的喷墨口组成的,当打印头横向移动时,喷墨口可以按一定的方式喷射出墨水,打到打印纸上,形成字符、图形等。常见的喷墨打印机有 HP Desk Jet plus、Canon BJ10e 和 HP Paint Jet 等。激光打印机是一种高速度、高精度和低噪声的非击打式打印机。它是激光扫描技术与电子照相技术相结合的产物。激光打印机具有最高的打印质量和最快的打印速度,可以输出漂亮的文稿,也可以输出直接用于印刷版的透明胶片。但其购置费用和消耗费用都比较高,因此一般多用于高档次的桌面印刷系统。常见的激光打印机有 HP Laser Jet 系列、Canon LBP 系列等。

打印机是计算机系统的重要输出设备。近年来,随着彩色打印技术的发展,彩色打印的输出质量越来越好,其单张打印成本和维护成本也越来越低。

在计算机里,图像上每一个点的色彩都需要将若干二进制位表示的 RGB 信息存储起来。屏幕上的 RGB 颜色并不能直接打印出来,这时因为发光设备是通过一个使用红、绿、蓝三原色的附加过程产生色彩的,而色彩显示过程则是把各种波长的色彩以不同的比例叠加起来,进而产生各种不同的颜色。

彩色激光打印机原理和黑白激光打印机原理类似。黑白激光打印机使用黑色墨粉来印刷,彩色激光打印机则是用青、品红、黄、黑 4 种墨粉各自来印刷一次,依靠颜色混色就形成了丰富的色彩。

彩色喷墨打印机的作用是将计算机产生的彩色图像或来自扫描仪的彩色图像高质量地打印出来。计算机用 RGB 模式显示的页面必须用 CMY 模式打印。喷墨打印机上的每一个喷嘴都是二进位的,这也就是说,它只能够被打开或关闭。所以,除了从 RGB 模式到 CMY 模式的图像转换以外,图像信息还必须进一步转换成送到打印控制开、关的一系列命令。

4. 多媒体投影仪

多媒体投影仪可以与摄像机、影碟机和多媒体计算机系统等多种信号输入设备相连,可将信号放大投影到大面积的投影屏幕上,获得巨大、逼真的画面,从而方便地供多人观看,成为了计算机教学、演示汇报等必备设备,正在逐渐发展为一种独立于一般显示设备的标准外设种类。

到目前为止,投影仪主要通过三种显示技术实现,即 CRT 投影技术、LCD 投影技术以及 DLP 投影技术。

5. 手写输入设备

手写输入笔是一种直接向计算机输入汉字,并通过汉字识别软件将其转换成为文本文件的一种计算机外设产品。它使计算机适用中国人的书写习惯,省去了背记各种形码、音码等的烦琐过程。除此之外,有些手写输入笔还能绘画、网上交流以及即时翻译。目前,手写输入技术在识别速度、识别率、书写手感和人机界面等方面已经可以满足人们的基本要求。

电脑手写输入的硬件设备一般由两部分组成:一部分是与电脑直接相连的,用于向电脑输入信号的手写板;另一部分是用来在手写板上写字的手写笔。手写板可分为电阻式和感应式两种。前者成本低,制作简单,必须充分接触才能写出字;后者分有压感和无压感两种,其中有压感的输入板能感应笔划的粗细、着色的浓淡,分 256 级和 512 级两种压感级别。

手写识别是将在手写设备上书写时产生的有序轨迹信息转换成汉字内码的过程,实际上是手写轨迹的坐标序列到汉字内码的一个映射过程。手写输入的软件是手写输入的核心部分,它决定了汉字输入的识别率和汉字输入的易用性和可操作性。

6. 触摸屏

触摸屏是一种定位设备,该系统主要由三部分组成:传感器、控制部件和驱动程序。当用户用手指或者其他设备触摸安装在计算机显示器前面的触摸屏时,所触摸到的位置以坐标形式被触摸屏控制器检测到并送到 CPU,从而确定用户所输入的信息。

一般来讲,触摸屏可分为 5 个基本种类:红外线扫描式触摸屏、电容式触摸屏、电阻式触摸屏、表面声波式触摸屏和矢量压力传感式触摸屏。

7. 数码相机

数码相机是一种能够进行拍摄并通过内部处理把拍摄到的景物转换成以数字格式存储的图像的特殊照相机。与普通相机不同,数码相机不使用胶片,而是使用固定或者可拆卸的半导体存储器来保存获取的图像。数码相机可以直接连接到计算机、电视机或者打印机上,在一定条件下,数码相机还可以直接接到移动式电话机或者手持 PC 上。

数码相机是由镜头、CCD、A/D、微处理器、内置存储器、LCD、PC 卡和接口等部分组成的,数码相机中只有镜头的作用和普通相机相同,其余部分则完全不同。

数码相机在工作时,外部景物通过镜头将光线汇聚到感光器件 CCD 上,CCD 由数千个独立的光敏元件组成,这些光敏元件通常排列成与取景器相对应的矩阵。外景所反射的光透过镜头照射在 CCD 上,并被转换成电荷,每个元件上的电荷量取决于其受到的光照强度。由于 CCD 上每一个电荷感应元件最终表现为所拍摄图像的一个像素,因此,CCD 内部包含的电荷感应元件集成度越高,像素就越多,最终图像的分辨率自然就越高。

8. 数字摄像机

随着数字视频的标准被国际上 55 个大电子制造公司统一,数字视频正以不太高的价格进入消费市场,数字摄像机也应运而生。

家用数字摄像机有 MD 摄像机、数字 8mm 摄像机和 Mini DV 摄像机等。MD 摄像机是将信号记录于 MD 光盘上,这种 MD 盘与 MD 随身听所用的 MD 盘原理相同,但能连续拍摄的时间较短。数字 8mm 摄像机是使用 Hi8 录像带记录信息的数字摄像机,它和 Mini DV 摄像机不仅是同为使用录像带的摄像机,而且在同一质量档次,最高拍摄清晰度达到 500 线水平清晰度以上,外观也非常相似。Mini DV 数字摄像机生产厂家更多,品种型号更多,有更多的选择余地,性价比也相对较高,体积更小,重量更轻。

数字摄像机是将通过 CCD 转换光信号得到的图像电信号和通过话筒得到的音频电信号,进行模数转换并压缩处理后发送给磁头进行转换记录的,即以信号数字处理为最大特征。

9. 数字视频展示台

视频展示台是一种新型数字化电教设备。视频展示台与投影仪的组合称为实物投影仪。它的出现,逐渐取代了传统幻灯机,其应用范围大大超出了传统意义上的幻灯机。数字视频展示台不但能将胶片上的内容投影到屏幕上,更主要的是可以直接将各种实物,甚至能将可活动的图像投影到屏幕上。

视频展示台实际上是一个图像采集设备,它的作用是将摄像头拍下来的景物,通过与外部输入输出设备的配合使用,如通过多媒体投影仪、大屏幕背投电视、普通电视机和液晶监控器等设备演示出来。当外设为计算机时,可通过配置或内置的图像采集卡和标准并行通信接口,利用相关程序软件,将视频展示台输出的视频信号输入计算机,进行各种处理,实现扫描仪和数码相机的部分功能。

10. 虚拟现实的三维交互工具

为了使参与者能以人类自然技能与虚拟环境交互,必须借助于专门的三维交互工具把信息输入计算机。同时它又可以向用户提供反馈。

(1) 跟踪器

跟踪需要使用一种专门的装置——跟踪器。其性能可以用精度、刷新频率、滞后时间和跟踪范围来衡量。不同的应用要求可选用不同的跟踪器,它们主要有机械式跟踪器、电磁式跟踪器、超声式跟踪器和跟踪球等。

(2) 数据手套

为了获得大范围的基于手势的交互作用,I/O 工具有必要把手的自由活动维持在一定体积之内,同时也希望通过感知单个手指的运动来增加自由度。数据手套就是为实现虚拟现实工具的以上需求而设计的。

目前使用最多的数据手套是一种戴在用户手上的传感装置,它能将用户手的姿势转化为计算机刻度的数据。光导纤维传感器安装在手套背上,用来监视手指的弯曲。数据手套也包括一个 6 个自由度的探测器,以监测用户手的位置和方向。它能给出用户所有手指关节的角度变化,用于捕捉手指、大拇指和手腕的相对运动。用应用程序来判断出用户在 VR 中进行操作时的手的姿势,从而为 VR 系统提供可以在虚拟环境中使用的各种信号。它允许手抓取或推动虚拟物体,或者虚拟物体作用于手。

(3) 立体视觉设备

人类的视觉是最敏锐的感觉器官,用以产生视觉效果的显示设备与普通的计算机屏幕显示不同,虚拟现实要求提供大视野、双眼立体显示。在虚拟现实系统中,常用的视觉反馈工具有头盔显示器、立体活动眼镜和双眼全方位监视器等,最常用的还是头盔显示体和立体眼镜。但头盔显示器所能提供的临场感要比立体眼镜好得多。其他的视觉反馈工具还有监视器以及大屏幕立体投影等。

6.3　多媒体应用软件

　　如果说硬件是多媒体系统的基础,那么软件就是多媒体系统的灵魂。由于多媒体涉及种类繁多的各种硬件,要处理各种各样差别巨大的各种多媒体数据,因此,如何将这些硬件有机地组织到一起,使用户能够方便地使用多媒体数据,是多媒体软件的主要任务。除了常见软件的一般特点之外,多媒体软件常常要反映多媒体技术的特有内容,如数据压缩、各类多媒体硬件接口的驱动和集成、新型的交互方式以及基于多媒体的各种支持软件或应用软件等。一般来说,各种与多媒体有关的软件系统都可以划归到多媒体的名下,但是实际上许多专门的软件系统,如多媒体数据库、超媒体系统等都单独分出来,多媒体软件常常指那些公用的软件工具与系统。

　　多媒体软件可划分为不同的层次或类别,这种划分是在发展过程中形成的,并没有绝对的标准。例如,按照其功能划分可以分为 5 类 4 个层次:驱动软件、多媒体操作系统、多媒体数据准备软件、多媒体编辑创作软件和多媒体应用软件。

　　多媒体驱动软件主要完成设备的初始化、各种设备的打开、关闭、基于硬件的压缩解压和图像快速变换等基本硬件功能调用。

　　多媒体操作系统具有实时任务调度、多媒体数据转换和同步控制机制,对多媒体设备的驱动和控制以及具有图形和声像功能的用户接口等。一般是在已有的操作系统基础上扩充、改造或者重新设计的。

　　多媒体数据准备软件是用于采集多种媒体数据的软件,该部分是创作软件中的一个工具类部分。

　　多媒体编辑创作软件是多媒体专业人员在多媒体操作系统上开发的供特定应用领域的专业人员组织编排多媒体数据,并把它们联接成完整的多媒体应用的系统工具。

　　多媒体应用软件是在多媒体硬件平台上设计开发的面向应用的软件系统。多媒体应用软件种类繁多,包括公共型应用支持软件,如多媒体数据库系统等,也有不需二次开发的软件应用。

　　下面从文本编辑处理、音频编辑处理、视频编辑处理、图形图像编辑处理和动画编辑处理来简述多媒体应用软件的使用。

6.3.1　文本编辑及其录入

　　数字和文字可以统称为文本,是符号化的媒体中应用得最多的一种,也是非多媒体的计算机中使用的主要信息交流手段。

1. 文本数据的输入方式

（1）直接输入

如果文本的内容不是很多,可以在制作多媒体作品时,利用著作工具中提供的文字工具,直接输入文字。

（2）幕后载入

如果在制作的作品中需要用到大量的文字,应考虑录入人员在专用的文字处理软件中将文本输入到计算机中,并将其存储为文本文件,再载入到多媒体作品中。

（3）利用 OCR 技术

如果要输入印刷品上的文字资料,可以使用 OCR 技术。OCR 技术是在电脑上利用光学字符识别软件控制扫描仪,对所扫描到的位图内容进行分析,将位图中的文字影像识别出来,并自动转换为 ASCII 字符。识别效果的好坏取决于软件的技术水平、文本的质量以及扫描仪的解析度。

（4）其他方式

如手写识别、语音识别等。

2. 相关的文本处理软件

常用的文本编辑软件包括 Microsoft Word、WPS；常用的文本录入软件包括 IBM ViaVoice、汉王语音录入和手写软件、清华 OCR、尚书 OCR 等。

6.3.2　音频编辑及其处理

1. 音频数据采集、编辑与处理

声音与音乐在计算机中均为音频,是多媒体节目中使用得最多的一类信息。音频主要用于节目的解说配音、背景音乐以及特殊音响效果等,音效的种类包括以下几种：波形音频,文件格式为 WAV；MIDI 音频,文件格式为 MID；数字音频。

通常我们将音频制作成前两种格式存储起来。其中,波形音频的应用最广,利用波形音频能够录制或播放语音及各种音响,也可以从 CD-ROM 光盘驱动器中加载声音和其他数据。而 MIDI 音频则仅适用于重现打击乐或一些电子乐器的声音,通常用于仅有音乐的场合。

（1）音频获取的途径

完全自己制作,利用现有的声音素材库,通过其他外部途径购买版权获得音频。

（2）音频数据的处理

音频数据处理软件可分为两大类,即波形声音处理软件和 MIDI 软件。

对于已有的 WAV 文件,波形声音处理软件可以对其进行各种处理,常见的有波形显示、波形的剪贴和编辑、声音强度的调节、声音频率的调节和特殊的声音效果等功能,常用的波形声音处理软件有 WaveEdit、Creative Wave Studio 等。

MIDI 软件编辑处理 MIDI 文件,如 MIDI Orchestrator。

2. 数字波形声音的采集、编辑处理与输出操作

（1）WaveEdit 是 Voyetra 公司的音频处理软件。主要功能有如下两点。

波形文件的录制：录制及录制参数（采样率、量化位数、单双声道和压缩算法）的设定。

波形文件的存储：存储的文件格式和压缩标准的选择,文件格式与参数的变换；波形文件

选定范围播放,记录播放时间。声音的编辑:剪切、拷贝、插入和删除等操作。音频变换与特殊效果:改变声音的大小、速度、回音、淡入与淡出等。

(2) Creative Wave Studio 这种易于使用而且功能强大的应用程序可以在 Windows 环境下录制、播放和编辑 8 位和 16 位的波形数据。配合各种特殊效果的应用,有助于增强波形数据。它的主要功能有如下几点。

录制、处理波形文件:制定波形格式、打开波形文件、保存波形文件以及混合波形文件数据。对波形文件使用特殊效果:反向、添加回音、倒转波形、饶舌、插入静音、强制静音、淡入与淡出、声道交换、声音由左向右移位与声音由右向左移位、相位移、转换格式、修改频率和放大音量等。自定义颜色:可配置在编辑或预览窗口中显示波形数据时所使用的颜色;处理压缩波形文件。

3. MIDI 的制作、编辑与输出操作

MIDI 编辑软件以 Voyetra 公司的 MIDI Orchestrator 编辑软件为例。主要的操作包括如下几点。

MIDI 文件的制作与编辑:改变播放声音、改变音高、选择通道等。MIDI 文件的存储:文件格式 MID 和 MOD;MIDI 文件的播放;MIDI 乐谱的生成和打印。

6.3.3　视频编辑及其处理

1. 视频数据的采集、编辑与处理

(1)视频获取的途径

视频获取途径主要有如下 3 点。

CD-ROM 数字化图形、图像素材库和利用视频卡捕获视频。

(2) 视频编辑

数字视频编辑与模拟视频编辑有很多共同点,因此有大量的相关概念。

A/B ROOL(A/B 卷):是指由两个独立的视频源编辑合成的视频。

合成视频与 S-Video:合成视频是指色度和亮度信息已经合成在同一视频信息中,而 S-Video 立面的色度和亮度信息分离成两路独立的信号。

视频合成:它是指将一个视频信号叠加在另一个视频信号上,并合成为单一视频文件的过程。

编辑决策表:它是一系列视频编辑指令的列表。它可以由视频编辑软件生成。在 EDL 中包含了时间代码标记、持续时间、修剪标记、顺序和过渡效果等方面的信息。

进出标记、时间码标记:进出标记通常置于数字视频或者音频文件中,用来标记文件的开始或结束。时间码是出现在视频片段中帧的时间标记,是每一个帧上的时间代码。帮助帧定位并度量一个片段的持续时间等。

(3) 常用的视频采集工具

多媒体节目中动态视频有 3 种格式:AVI、M-JPEG 和 MPEG,均需要软件或特殊的硬件进行播放。由于大多数多媒体著作软件不能捕捉或编辑动态视频,所以它们的采集及加工工作需要专门进行。

常用的视频软件有 Microsoft Video For Windows、Adobe Premiere 等。

2. 视频编辑软件概述

Adobe Premiere 是一种专业化数字视频处理软件,它可以配合多种硬件进行视频捕捉和输出,提供各种精确的视频编辑工具,并能产生广播级质量的视频文件。因此,它可以为多媒体应用系统增添高水平的创意。

(1) Adobe Premiere 的功能特点

Adobe Premiere 的基本功能主要有如下几点。

可以实时采集视频信号,采集精度取决于视频卡和 PC 的功能,主要的数据文件格式为 AVI;可以将多种媒体数据综合处理为一个视频文件;具有多种活动图像的特效处理功能;可以配音或叠加文字和图像。

(2) Adobe Premiere 编辑数字视频的基本过程

* 创建视频编辑工程;
* 输入要编辑的各个视频段、音频段或图像,并浏览;
* 对各个视频段或图像应用过渡方法;
* 对视频片段使用图像滤波;
* 设计画面运动方式;
* 预览编辑后的视频效果;
* 满意后生成最终电影文件存盘。

(3) 过渡效果的应用

在 Adobe Premiere 中,过渡是指当两个视频道上的视频片段有重叠时,从其中一个片段平滑、连续地变化到另一个片段的过程。由于 Adobe Premiere 在这个过程中加入了富有艺术性和视觉反映的技术,使得人们看到一种不同于原始素材和超自然的视觉效果。

(4) 视频媒体中过滤效果的应用

在 Adobe Premiere 中过滤效果是作用在单个视频片段上,对视频片段施加某种变换后输出的特技效果。有过滤效果的片段和普通片段在视觉效果上存在着较大的差别。

6.3.4　图形图像编辑及其处理

1. 图形与图像数据的编辑与处理

(1) 图像的采集和存储

多媒体应用对图形、图像有不同的要求。这些素材可以从以下几个途径获得。

CD-ROM 数字化图形、图像素材库;使用软件创建图形、图像;利用扫描仪扫描图像,利用摄像机捕获图像,利用数码相机拍摄图像,使用解压卡捕获图像,通过网络下载图形、图像。

(2) 常用的图像处理技术与特技处理

常用的图像处理技术包括图像增强、图像恢复、图像识别、图像编码和点阵图转换为矢量图等。

图形、图像的特技处理包括图形、图像的模糊、锐化、浮雕、旋转、透射、变形、水彩化和油画化等多种效果。

2. 图像处理软件 Photoshop 的介绍

在众多的图像处理软件中,Photoshop 以其完备的图像处理能力和多种美术处理技巧为许多专业人士所青睐。它既是一种先进的绘图程序,也可以用来修改和处理图像。它的主要功能有绘图功能、浮动功能、变形功能、滤镜功能和层功能等。

3. 处理和加工图像

(1) 图像的显示控制:图像的缩放、查看图像的每个部分、布置图像窗口和全屏显示图像等。
(2) 校正图像的色彩。
(3) 改变图像的尺寸。
(4) 旋转和翻动图像。
(5) 图像的变形操作。
(6) 工具箱的编辑操作。
(7) 不同类型的图像文件间的转换。

4. 选择区域操作

(1) 规则画面的选取:使用剪裁工具,利用菜单的复制和剪切命令,利用选择菜单操作。
(2) 套索工具、多边形套索工具。
(3) 魔术棒工具。
(4) 笔尖工具。
(5) 使用菜单命令选择一个区域。

5. 滤镜

(1) 校正性滤镜:如清除原图像上的灰尘、划痕和色沉着等。
(2) 畸变形滤镜:主要是为了产生一些特效,改变的效果特别明显。

6. 文字的艺术效果

7. 用图层设计图像

8. 颜色通道

9. 工具箱和调色板:工具箱、快捷键和调色板

6.3.5　动画编辑

1. 动画的编辑

动画具有形象、生动的特点,适宜模拟表现抽象的过程,易于吸引人的注意力。动画的

素材的准备要借助于动画创作工具,如三维动画创作工具 3D Studio 等。

(1) 手工式动画

影片式动画:如 Director,其动画是以角色为主题的,制作时必须单独设计每一个运动物体,并为每个物体制定特性。动画的每帧画面中都有几个角色成员,角色成员能独立于帧画面,它们可以在连续的帧画面中独立地改变自己的位置和形象,动画中可以含有音乐和同步的配音。

帧动画:它是一幅幅画面的简单叠加,放映时只需要快速地、一幅一幅地显示即可。

(2) 影集式动画

AVI 动画:利用影像捕捉卡和相关的软件对实时视频信号或录像带上的影像进行连续捕捉,捕捉下来的画面可以生成 AVI 动画。

MPG 动画:它的生成机制与 AVI 动画相类似。

2. 三维动画制作软件 3D Studio MAX 简介

3D Studio MAX 软件主要包含以下 10 点功能和特色。

(1) 与 Windows NT 的界面风格完全一致,具有 Windows NT 的界面的全部优点。

(2) 一体化的制作环境,可以制作出广播级质量的景物和动画的所有工具都集成在一个一体化的制作环境中,而且这些功能模块都采用了新的非模块化程序设计技术。

(3) 细腻的画面和出色的渲染功能。

(4) 能实现任意对象的动画变化效果。

(5) 面向对象的特性。

(6) 控制时间,3D Studio MAX 提供了沿时间轴的视图。

(7) 改进的捕捉功能。

(8) 提供了大量功能丰富的调整器。

(9) 具有数据历史、工作的记录与跟踪功能。

(10) 高度的可扩展性。

6.4 多媒体存储系统

根据记录方式不同,信息存储装置大致可以分为磁、光两大类。磁记录方法历史悠久,应用也很广泛。采用光学方式的记忆装置,因其容量大、可靠性高和存储成本低等特点,越来越受到重视。

6.4.1 磁存储系统及其工作原理

磁盘存储器是一个精密的机电结合体,它的主要功能是将主机送来的电脉冲信号转换成磁记录信号保留在涂有磁介质的盘片上,或者从盘片上将保留的磁记录信号再转换为电脉冲信号送往主机。

完成这一功能的关键部件就是磁头。磁头是在一个环形导磁体上绕上线圈,导磁体面向磁盘方向开一个滑磁缝隙,当磁头线圈中通以交变信号电流时,导磁体内的磁通量也随着变化,这个交变的磁场从磁头缝隙中泄漏出去,使做匀速运动的磁盘表面上的磁介质感应磁化,磁化后在磁盘上的磁化点即磁元就代表了所要记录的数据。当读出时,磁盘匀速转动使得磁化点顺序地经过磁头,在磁头线圈中感应出相应的电动势,将这一电动势经一定的处理,使它恢复为原来写入的状态,这时就完成了读功能。

磁记录介质稳定性好,记录的信息可以脱机长期保存,便于交换。同时,由于其存储每一位信息所占面积很小,即记录密度高,所以存储容量大。此外,还易于将信息擦除,再写入新数据,可以重复使用。同其他存储方式相比,其价格也较低。

现在硬盘仍是多媒体系统最重要的数据存储设备。硬盘的主要用途是存储数据、程序以及数据的交换和暂存。由于多媒体应用的特点,对硬盘的要求首先是容量要足够大,以便存储大的应用程序和多媒体数据,再者是数据传输速率要足够高,以便快速地实现数据的存取和交换。

若要实现大容量及高可靠性的磁盘存储,则可采用冗余磁盘阵列,即 RAID 技术。它是用多台小型的磁盘存储器按一定的组合条件组成的一个大容量的、快速响应的、高可靠性的存储子系统。它采取的手段类似于并行处理机,将若干个硬磁盘机按照一定的要求组成一个快速、超大容量的存储系统。数据是分配存储在各个硬磁盘机上的。这样就形成了基于硬磁盘机、高速、高可靠性的存储设备。

磁盘阵列中针对不同的应用使用不同的技术,目前常用的标准是 RAID 0～RAID 5,至于要选择哪一种 RAID 技术,应该视用户的操作环境和应用而定。一般来讲,RAID 0 和 RAID 1适用于 PC 和 PC 相关的系统,如小型的网络服务器和需要大磁盘容量与快速磁盘存取的工作站等;RAID 3 和 RAID 4 适用于图像、CAD/CAM 等处理;RAID 5 适用于 OLTP。

6.4.2　光盘存储技术

光盘存储技术发展很快,特别是近 10 年来,近代光学、微电子技术、光电子技术及材料科学的发展为光学存储技术的成熟及工业化生产创造了良好的条件。光盘存储以其存储容量大、工作稳定、密度高、介质可换、便于携带和价格大众化等优点,成为了多媒体系统普遍采用的设备。

光存储系统由光盘驱动器和光盘盘片组成。光盘存储的基本特点是用激光引导测距系统的精密光学结构取代硬盘驱动器的精密机械结构。光盘驱动器的读写头是用半导体激光器和光路系统组成的光学头,记录介质采用磁光材料。驱动器采用一系列透镜和反射镜,将微细的激光束引导至一个旋转光盘上的微小区域。由于激光的对准精度高,所有写入数据的密度要比硬磁盘高得多。

光盘存储系统工作时,光学读写头与介质的距离比起硬盘磁头与盘片的距离要远得多。光学头与介质无接触,所以读写头很少因为撞击而损坏。与磁盘或磁带相比,光盘存储介质更安全耐用,不受环境影响而退磁。一般来说,硬盘驱动器使用 5 年以后常会有失效情况出现,而磁光型介质至少是 30 年、读写 1000 万次,只读光盘则需要 100 年。

目前应用最广泛的光存储设备是 CD-ROM 与 DVD-ROM。

1. 光盘库系统

光盘库系统包含一个或多个光驱动器,由精确伺服控制的机电机械手自动升降器机构在盘片堆栈上的槽和驱动器之间来回移动光盘。在盘播放完毕后机械手机构从驱动器上将盘卸下并放回堆栈上的槽内。在程序控制下,机械手设备可操作和管理多个驱动器。

光盘库系统可以含有多种不同类的驱动器,包括 CD-ROM、WORM、可重写式或多功能驱动器。光盘库系统可含有一个或多个驱动器。驱动器在 SCSI 总线上与它们自己的 SCSI ID 菊花式链接。机械手设备也作为一种 SCSI 设备并有它自己的 SCSI ID,这样就可用程序来控制设备。

光盘库系统的大小可以从较小尺寸的小型桌面型变化到较大的尺寸(至少两个立柜的立柜型)。光盘库堆栈可以存放几十至几百张光盘片,所有光盘库系统可以存储至少几个 TB 的数据。

2. CD-ROM 光存储系统

CD-ROM 有标准的物理规格,它由直径为 120mm,厚度为 1.2mm 的聚碳酸酯盘组成,中心有一个 15mm 的主轴孔。聚碳酸酯衬底含有凸区和凹坑区。每个凹坑区都深 100nm,宽 500nm。两个相邻凹坑区之间的地方称为凸区。凸区表示二进制的零,从凸区到凹坑区和从凹坑区到凸区的过渡由二进制的 1 表示。聚碳酸酯的表面覆盖着反射铝或铝合金或金以增加记录面的反射性。反射面由防止氧化的漆膜层保护。如图 6-1 所示。

图 6-1　CD-ROM 驱动器的系统框图

3. CD-R 光存储系统

CD-R 光盘与普通 CD 光盘有相同的外观尺寸。它记载数据的方式与普通 CD 光盘一样,也是利用激光的反射与否来解读数据,但是它们的原理是不同的。CD-R 光盘上除了含有合成塑胶层和保护漆层外,将反射用的铝层改用 24K 黄金层(也可能是纯银材料),另外再加上有机染料层和预置的轨道凹槽。

CD-R 的刻录是将刻录光驱的写激光聚焦后,通过 CD-R 空白盘的聚碳酸酯层照射到有机染料的表面,激光照射时产生的热量将有机染料烧熔,并使其变成光痕。

当 CD-ROM 驱动器读取 CD-R 盘上的信息时,激光将透过聚碳酸酯和有机染料层照射镀金层的表面,并反射到 CD-ROM 的光电二极管检测器上。光痕会改变激光的反射率,CD-ROM 驱动器根据反射回来的光线的强弱来分辨出数据 0 和 1。

4. 磁光 MO 存储系统

磁光盘是利用激光和磁进行数据读写和擦除的一种光存储系统。数据记录时使用激光和磁场，读取时仅用激光。激光和磁场分别位于盘片的两面。

当数据要写入磁光盘时，利用凸透镜进行聚焦，将高功率激光以极小的光点照射在磁光盘记录层上，当它的表面温度上升到 300℃的居里点时，用外部磁场的作用改变其原磁化方向，然后中止激光光束让记录层冷却，形成不受外磁场影响的牢固记录层。

当要进行数据重写时，需要经过"擦"和"写"两个步骤，先要利用中功率激光照射介质段区中的所有数据，使得段区中的数据点都沿着与介质表面垂直的方向均匀磁化，即通过写入 0 来抹去原有数据。然后再根据要求用高功率激光在 0 位置写入数据 1，这样就完成了数据的重写。

数据的读取是利用低功率激光探测盘片的表面，通过分析反射回来的偏振光的偏振面方向是顺时针还是逆时针来决定读取的数据是 1 还是 0。

5. 相变光存储系统

相变式可重复擦写光盘(PD)最早由日本松下电气在 1995 年推出。但由于 CD-RW 和 DVD-RAM 等的出现，PD 逐渐退出舞台。

相变记录方式利用物质的状态变化即所谓的相变进行数据的读写和擦除，相变型光盘用在基盘上沉积电介质层、相变记录层、冷却层和保护层等形成多层结构，相变记录层由一种银合金材料组成，视其加热温度的不同，它可以形成晶体，也可以形成非晶体。在晶体状态中原子整齐排列、光反射率高；相反，在非晶体状态中原子排列不整齐、光的反射率低。它用光反射率的这种变化进行数据的读写和擦除。

6. DVD 光存储系统

DVD(数字视频光盘或数字影盘)，它是利用 MPEG 2 的压缩技术来存储影像的。它集计算机技术、光学记录技术和影视技术等为一体，其目的是满足人们对大存储容量、高性能的存储媒体的需求。DVD 光盘用途非常广泛，在音视频领域、出版、广播、通信和 WWW 等行业得到了广泛的应用。

从表面上来看，DVD 盘与 CD/VCD 盘很相似。但是实质上，两者相差很大，按单/双面与单/双层结构的各种组合，DVD 可以分成单面单层、单面双层、双面单层和双面双层 4 种物理结构。单面单层 DVD 盘容量为 4.7GB，约为 CD-ROM 容量的 7 倍。双面双层的 DVD 盘容量达到 17GB。无论是单层盘还是双层盘都由两片基底组成，每片基底的厚度约为 0.6mm。

DVD 光存储系统大致可以分为 5 种规格：DVD-ROM 电脑软件只读光盘；DVD-Video 家用影音光盘；DVD-Audio 音乐盘片；DVD-R 一次写入式 DVD 光盘；DVD-RAM 可多次读写的光盘等。

6.5　多媒体操作系统

多媒体操作系统又称多媒体核心系统。多媒体操作系统除了具有 CPU 管理、存储管理、设备管理、文件管理和线程管理 5 大功能外，还增加了多媒体功能和通信支持功能。一般是在已有的操作系统基础上扩充、改造或者重新设计的。多媒体操作系统采用图形界面来实现人机交互功能。多媒体操作系统简述如下。

最广泛的多媒体操作系统是 Microsoft 公司在 PC 上推出的 Windows 微软视窗系列操作系统,它不但拥有大量的应用程序,还拥有面向专业领域的软件和适合一般用户需要的软件。它在多媒体方面的功能主要有如下 4 点。

(1) 多媒体数据编辑:Windows 操作系统定义的默认音频视频格式,内含多媒体编辑和播放工具等。

(2) 与多媒体设备联合:支持数字或模拟多媒体设备,获取外部多媒体设备的信息并对外输出信息。

(3) 多媒体同步:支持多处理器、多媒体实时任务调度和多媒体数据的多种同步方式,还能进行多媒体设备的同步控制。

(4) 通信网络:提供网络和通信系列功能,使得多媒体计算机可方便地接入局域网或互联网,实现对多媒体数据的网间传输。

- Intel/IBM 在 DVI(数字视频交互)系统开发中推出的 AVSS(音频视频子系统)和 AVK(音频视频核心系统)。
- Apple 公司在 Macintosh 上推出的 System 7.0 中提供 QuickTime 多媒体操纵平台。

随着计算机多媒体等技术的发展,多媒体系统不断研发。而多媒体系统大多是在计算机系统的基础上开发的,但这些多媒体系统中的操作系统在对连续媒体进行操作时,却不得不面临很多原有计算机系统不存在的新问题。例如,用户在从网络上阅读一个视频邮件时,可能会同时打开另一个文本文件,这时视频产生了扭曲、抖动等不同步的现象。产生这些问题的主要原因有如下几点:

- 缺乏操作系统的实时支持;
- 缺乏基于服务质量的资源管理;
- 缺乏对系统的输入输出的有效管理和控制;
- 缺乏适合连续媒体的文件系统。

练习

一、选择题

1. 下列哪些是 MPC 对音频处理能力的基本要求?(　　)

(1) 录入声波信号　　　　　　　　(2) 处理声波信号

(3) 重放声波信号　　　　　　　　(4) MIDI 技术合成音乐

A. (1)(3)(4)　　　B. (2)(3)(4)　　　C. (1)(2)(3)　　　D. 全部

2. 下列哪些是 MPC 对视频处理能力的基本要求?(　　)

(1) 播放已压缩好的较低质量的视频图像

(2) 实时采集视频图像

(3) 实时压缩视频图像

(4) 播放已压缩好的高质量高分辨率的视频图像

    A.（1）　　　　　B.（1）（2）　　　　C.（1）（2）（3）　　　D. 全部

3. 下列哪些是 MPC 对图形、图像处理能力的基本要求？（　　）

    （1）可产生丰富形象逼真的图形

    （2）实现三维动画

    （3）可以逼真生动地显示彩色静态图像

    （4）实现一定程度的二维动画

    A.（1）（3）（4）　　　B.（2）（3）（4）　　　C.（1）（2）（3）　　　D. 全部

二、思考题

动画制作方法有哪几种？各自的特点是什么？

第 7 章　　多媒体视频处理技术

　　人眼具有视觉暂留的生理现象，即人观察的物体消失后，物体映像在人眼的视网膜上能保留 0.1～0.2s 的短暂时间。利用这一现象，将一系列连续动作画面中物体移动或形状改变很小的图像，以足够短的时间，通常为 24 或 30 帧每秒的速度连续播放，人就会感觉画面变成了活动的场景，这就是我们通常所说的视频或动画。帧的英文名称是 Frame，简单地说就是画面，一帧就是一个静止画面，或者说是视频时间轴上的小方格，对于电影来说一帧就是一格胶片，帧是图像统计的数量单位。

　　视频一词译自英文 Video。电影、电视、DVD 和 VCD 等信息都属于视频的范畴。视频信息真实、直观、生动、具体地反映了现实的世界，视频就其本质而言就是图像内容随时间变化而自然流畅地连续改变，因此视频又被称为运动图像或活动图像。从数学角度来描述，如果图像由空间位置 $I(x,y,z)$ 决定，那么视频则可以表示为 $V(x,y,z,t)$，其中 (x,y,z) 是空间位置变量，t 是时间变量。视频技术就是把现实中的动态信息转化为计算机或其他设备能捕捉、模拟或表达的形式的技术，包括视频信号数字化、视频业务或视讯业务制作、流媒体、视频的压缩和解压缩技术、视频点播技术（Video On Demand，VOD）等，常见的视频信号处理包括三个方面：视觉表现、传输与数字化。对于多媒体中的视频技术而言，原始声音信号与动态图像的有机结合使视频信息更加真实和完美。本章主要从人的感知特性入手介绍视频信号、电视制式、模拟视频技术与视频数字化技术。

7.1　视频的基础知识

　　由于人眼的视觉暂留效应，电影若每秒播放 24 格、PAL 制式电视每秒播放 25 帧或 NTSC 制式电视每秒播放 30 帧连续动作的图像，人眼就会获得平滑和连续的动态画面的感觉，类似于现实动态效果，电影和电视的拍摄和播放就是根据这一现象来实现的。

　　作为一个完整的视频信息，需要视频信号和音频信号同步，将音频和视频有机地结合起来形成一个整体。录像带就是将磁带分为两个区域，一个区域用来记录视频信息，另一个区域用来记录音频信息，在播放时，将视频信号和音频信号同时播放。

　　各种视频设备产生不同格式的视频信号，而目前视频设备众多，应用方式和领域也不同，这就造成了视频信号的多样化。从视频信号的组成和存储方式以及根据视频信号在时间上离散与否来区分，视频信号被分为模拟信号和数字信号。

7.1.1　模拟视频信号

　　模拟视频简单地说就是由时间上连续的模拟信号组成的视频图像，我们看到的电影、电视和录像带上的画面通常都是以模拟视频的形式出现的。

　　常用的模拟视频信号通常可以分为以下 4 类。

1. 高频或射频信号

　　射频信号(Radio Frequency,RF)是视频信号(CVBS)和音频信号(Audio)混合编码生成的一种高频调制信号,是拥有一定发射频率的电波,射频信号就是高频信号。电磁波频率低于 100kHz 时,电磁波会被地表吸收,不能形成有效的传输,但电磁波频率高于 100kHz 时,电磁波可以在空气中传播,并经大气层外缘的电离层反射,形成远距离传输,我们把具有远距离传输能力的高频电磁波称为射频。应用在视频中的射频信号是指包括图像和伴音在内的,对某一电视发射频道的载波进行调制得到的已被调制的高频信号。为了能够在空中传播电视信号,必须把视频全电视信号调制成高频或射频信号,每个信号占用一个频道,这样才能在空中同时传播多路电视节目而不会导致节目信号混乱。

　　电视机上的 TV 接口又称 RF 射频输入接口,这是最早在电视机上出现的接口,用于接收从天线接收到的视频信号,目前在有线电视领域也是一个常用的接口。由于音视频信号之间相互干扰较大,它的视频清晰度是视频信号中最低的,但采用 75Ω 阻抗的线材减少了阻抗不匹配和信号反射对于图像的影响,适合于长距离传输。电视机在接收受到某一频道的高频信号后,要把全电视信号从高频信号中解调出来,才能在屏幕上重现视频图像。射频信号接头称为 RF 接头,用同轴电缆传输。RF 连接线与 RF 接口如图 7-1 和图 7-2 所示。

图 7-1　RF 连接线

RF接口

图 7-2　带有 RF 接口的电视盒

2. 复合视频信号

　　复合视频信号(Composite Video Signal)被定义为包括亮度和色度的单路模拟信号,也就是从全电视信号中分离出伴音后的视频信号。复合视频信号也称为基带视频信号或 RCA 视频信号,复合视频信号包含色度(色彩和饱和度)和亮度信息,并与声画同步信息、消隐信号脉冲一起组成单信号。在快速扫描 NTSC 电视中,高频(VHF)和超高频(UHF)载波通过复合视频信号进行振幅调制。这会产生一个 6MHz 带宽的信号。某些闭路电视系统在短距同轴电缆中传输复合视频信号。有些 DVD 播放器和盒式磁带录像机(VCR),通过屏蔽电缆插座,即 RCA 连接器,调节复合视频信号的输入和输出。在复合视频信号中,色度和亮度之间的信号干扰是不可避免的,信号越弱干扰越严重。较常用的复合视频信号接口(CVBS)和连接线如图 7-3 和图 7-4 所示。复合视频接头称为 RCA 接口俗称莲花接口,传输介质为同轴电缆三根 RCA 线,黄色接头传送视频信号,白色接头传输左声道音频信号,红色接头传输右声道音频信号。

复合视频格式是折中解决长距离传输的方式,色度和亮度共享 4.2MHz(NTSC)或 5.0～5.5MHz(PAL)的频率带宽,相互之间有比较大的串扰,所以还是要考虑频率响应和定时问题,应当避免使用多级编解码器。

图 7-3　带有 RCA 接头的电视盒

图 7-4　RCA 连接线

3. S-Video 信号(又叫超级视频或分量视频 Y/C Video)

S-Video 是 Super-Video(超级视频信号)或 Separate-Video(分离视频信号)的简称。S-Video 接口分别用两条 75Ω 的同轴电缆传输模拟视频信号,一条电缆传送亮度信号,另一条电缆传送色度信号。S-Video 视频信号将亮度信号和色度信号分开传输以获得更清晰的图像。现在的电视机基本上都支持 S-Video 接口,亮度信号(Y)携带定义黑白部分的亮度信息,色度信号(C)携带定义色度和饱和度的色彩信息,并可以分别记录在模拟磁带的两路磁迹上。避免了混合视频信号输出时亮度和色度的相互干扰。传统的视频传输方式将这两者(以及声音等同步信息)当做一个信号传递。

S-Video 信号接口是 S 端子,S 端子支持设备的最大显示分辨率为 1024×768,常见的 S-Video 接口有三种:4 针、7 针和 9 针。目前,电视机、影碟机和投影机等设备配接的都是 4 针插头,而实际上是一种五芯接口,由两路亮度信号(亮度信号和亮度信号接地)、两路色度信号(色度信号和色度信号接地)和一路公共屏蔽地线共 5 条芯线组成,使用时要注意插入的方向和位置,以免弄弯针头。早先的 AV 接口(又称复合接口、莲花口)原文为 Composite Video Connector,是家用影音电器用来传送视频音频信号的,是 NTSC、PAL 和 SECAM 等复合端口的常见接口。S-Video 信号接口同 AV 接口相比,由于它没有把 Y/C 信号混合传输,所以播放时无需再进行亮色分离和解码工作,使用各自独立的传输通道在很大程度上避免了因视频设备内信号串扰而造成的图像失真,极大地提高了图像的清晰度。但 S-Video 仍是将两路色差信号(Cr 和 Cb)混合为一路色度信号(C)进行传输的,再在显示设备内解码为 Cr 和 Cb 进行处理,这样在广播级视频设备下进行测试时仍能发现由于信号损失而产生的图像失真,而且由于 Cr 和 Cb 混合导致色度信号的带宽受到了限制。图 7-5 为 S-Video 端口,视频信号

图 7-5　S-Video 端口

的传输主要取决于传输线的质量，S-Video 信号传输介质是单根多芯结构的传输视频信号，音频信号需要另加线缆传输。长度一般在 3m 之内，最长不能超过 5m，否则有可能出现显示黑白画面或者是无信号输出的状况。

图 7-5 的 4 针接口中，2 针接地，另外 2 针分别传输亮度和色度信号。表 7-1 为 4 针引脚说明。

表 7-1　4 针引脚说明

针脚	名称	定义说明
1	GND	Y 亮度地线
2	GND	C 色度地线
3	Y	亮度信号
4	C	色信号

4. 分量视频信号

YCbCr\YPbPr 指分量信号（Component），也称色差信号，实质上是将 S-Video 的色度信号再分解为色差 Cr、Cb，这样就避免了两路色差混合编码和分离的过程。较高级的广播级录像机采用分量视频信号（Component Video）的记录方式，分量视频指的是亮度 Y，色差 U 和 V 三路模拟信号分别通过三路导线传送并记录在模拟磁带的三路磁迹上。分量视频由于具有很宽的频带，可以提供最高质量及最精确的色彩重放。摄像机的光学系统将景象的光束分解为三种基本的彩色：红色、绿色和蓝色。感光器材再把三种单色图像转换成分离的电信号。为了识别图像的左边沿和顶部，电信号中附加有同步信息。显示终端与摄像机的同步信息可以附加在绿色通道上，有时也附加在所有的三个通道上，甚至另作为一个或两个独立的通道进行传输。

为了避免混淆信号线，在三条线的接头处分别用绿、蓝、红色进行区别，这三条线如果相互之间插错了，可能会显示不出画面或显示出奇怪的色彩，其所还原的信号质量比 Video 和 S-Video 好。色差分为逐行和隔行显示，YCbCr 表示的是隔行，YPbPr 则表示逐行，如果电视只有 YCbCr 分量端子的话，则说明电视不能支持逐行分量，用 YPbPr 分量端子的话则支持逐行和隔行两种分量。目前，档次较高的电视一般拥有 2 组或 3 组分量接口，而稍差一些的电视可能只有一组隔行，色差分量信号在 DVD、PS2、XBOX 和 NGC 等视频设备上都可以使用。

分量视频接口也叫色差输入输出接口，又叫 3RCA 接口。分量视频接口/色差端子是在 S 端子的基础上，把色度（C）信号里的蓝色差（b）、红色差（r）分开发送，其分辨率可达到 600 线以上，可以输入多种等级信号，从最基本的 480i 到倍频扫描的 480P，甚至到 720P、1080i 等。如显卡上 YPbPr 接口采用 9 针 S 端子（mini-DIN），然后通过色差输出线将其独立传输。传输介质为绿色线缆（Y），传输亮度信号。蓝色和红色线缆（u 和 v）传输的是颜色差别信号。另一个白色接头和黄色接头分别传送左右声道音频。3RCA 接头如图 7-6 所示。

图 7-6　3RCA 接头

由于分量视频信号各个通道间的增益不等或直流偏置的误差,会使终端显示的彩色产生细微的变化。同时,可能由于多条传输电缆的长度误差或者采用了不同的传输路径,将会使彩色信号产生定时偏离,导致图像边缘模糊不清,严重时甚至出现多个分离的图像。

以上讲的 4 种视频信号分类方式都是指模拟视频信号的分类方式。数字视频信号的分类方式与模拟信号大同小异,只不过是把各个种类的模拟信号通过采样、量化和编码的模数(A/D)转换,变成数字信号分别传输罢了,但是数字信号传输过程中信号损耗小、画面质量高,所以将来远教设备的信号传输方式,必将迎来数字时代。

随着综合技术的不断提高和社会的发展,人们对视频显示质量的要求越来越高。当今显示技术的发展方向是视频流畅、大屏幕、高清晰、平面或短管显示,视频信号从早期的 RF 信号开始,经历了 AV、S-Video、YCbCr\YPbPr、VGA、DVI 和 HDMI 等各种信号类型。视频清晰度不断提高。

1. AV 信号

AV 信号是没有经过调制的信号,AV 的英文全称是 Audio Video,意为声音和视频,也就是说 AV 信号可以同时传输音频信号和视频信号,AV 信号是对 RF 信号的改进,一般 AV 接口由黄、白、红 3 路 RCA 接头组成,黄色接头传输视频信号,白色接头传输左声道音频信号,红色接头传输右声道音频信号。AV 复合视频接口实现了音频和视频的分离传输,这就避免了因为音视频混合干扰而导致的图像质量下降,但由于 AV 接口的传输仍然是一种亮度/色度(Y/C)混合的视频信号,仍然需要显示设备对其进行亮/色分离和色度解码才能成像,这种先混合再分离的过程必然会造成色彩信号的损失,色度信号和亮度信号也会产生相互干扰从而影响最终输出的图像质量。目前,AV 接口广泛用于电视与 DVD 连接,也是每台电视必备的接口之一。

2. RGBHV 信号

RGBHV 信号将视频信号分解为 R、G、B、H、V 5 种信号,利用三基色原理对图像进行编码,即红、绿、蓝三种视频信号外加行(黑色)、场(黄色)同步信号,分别使用 5 根 BNC 线进行传输。除此之外,RGsB、RsGsBs 和 RGBs 均是常见传输模式。

RGsB:同步信号附加在绿色通道,使用 3 根同轴电缆进行传输。

RsGsBs:同步信号附加在红、绿、蓝三个通道,使用 3 根同轴电缆进行传输。

RGBs:同步信号作为一个独立通道,使用 4 根同轴电缆进行传输。

RGBHV:同步信号作为行、场两个独立通道,使用 5 根同轴电缆进行传输。

3. VGA 信号

VGA 信号的组成分为 5 种:R、G、B、H、V,分别是红、绿、蓝三原色和行、场同步信号。VGA 传输距离非常短,在实际工程中为了传输更远的距离,人们把 VGA 线拆开,将 RGBHV 5 种信号分离出来,分别用 5 根同轴电缆传输,这种传输方式叫 RGB 传输,这种信号习惯上也叫 RGB 信号,在本质上 RGB 和 VGA 没有太大区别。

VGA(Video Graphics Array)接口,也叫 D-Sub 接口。VGA 接口是一种 D 型接口,上面共有 15 针,分成 3 排,每排 5 个,常用于电脑显卡的输出接口,是电脑主机与显示器之间的桥梁,负责向显示器输出相应的图像信号,是一种模拟接口。由于传统的 CRT 模拟显示设备无法直接接收并显示 CPU 处理的数字信号,计算机内部以数字方式生成的显示图像信息被显卡中的数字/模拟(D/A)转换器转换转变为 R、G、B 三原色信号和行、场同步信号,通过电缆传输并通过显卡的 VGA 接口输出到模拟显示器以获得视频画面,对于模拟显示设备,如模拟 CRT 显示器,信号被直接送到相应的处理电路中,驱动控制显像管生成图像。VGA 接口是显卡上应用最为广泛的接口类型,目前,大多数计算机与外部显示设备之间都是通过模拟 VGA 接口连接的,在不少低端产品中,VGA 接口也常用于连接 LCD、DLP 等数字显示设备,但在显示设备中需配置相应的 A/D(模拟/数字)转换器,将模拟信号转变为数字信号方能接收,这样,在经过 D/A 和 A/D 转换后,图像细节的损失就更大了。VGA 只能传输视频信号而不能传输音频信号,VGA 接口应用于 CRT 显示器无可厚非,但用于连接液晶之类的显示设备时,转换过程的图像失真将更为严重。

　　VGA 支持在 640×480 的较高分辨率下同时显示 16 种色彩或 256 种灰度,同时在 320×240 分辨率下可以同时显示 256 种颜色。VGA 由于良好的性能迅速开始流行,在 VGA 基础上加以扩充,如将显存提高至 1MB 并使其支持更高分辨率如 SVGA(800×600) 或 XGA(1024×768),这些扩充的模式就称为视频电子标准协会(Video Electronics Standards Association,VESA)的 SVGA(Super VGA)模式,现在显卡和显示设备基本上都支持 SVGA 模式。

　　采集不同的信号需要不一样的采集卡,同三维 T200AE 高清 VGA 采集卡主要是针对视频直播、录播领域设计的用来采集高清 VGA 信号的,其带有的另外两个 BNC 接口也能采集 AV 视频信号。如果采集无损 AV 信号,应用 1394 采集卡。同三维 T3000 采集卡 (7134 二合一)是专门为非线性编辑制作开发的全接口视频捕获卡,带有音频协处理功能,两路立体声输入捕获,能够让视频和音频达到同步采集。

7.1.2　数字视频信号

　　数字视频就是先用摄像机、录像机之类的视频捕捉设备,将外界影像的颜色和亮度信息转变为电信号,再记录到存储介质如录像带中。通过数字图像采集卡,将模拟视频信号转化为数字视频信号,或通过具有 CMOS 传感器的数字采集设备直接采集数字视频信号,在同步声音信号、像素、颜色和明暗度上,区别于模拟视频信号,数字视频是把图像中的每一个点都用二进制数字组成的编码来表示的,数字视频最大的优点在于可以对图像中的任何地方进行修改。为了存储视觉信息,模拟视频信号的峰和谷必须通过模拟/数字(A/D)转换器来转变为数字 0 或 1。这个转变过程就是我们所说的视频捕捉(或采集过程)。如果要在电视机上观看数字视频,则需要一个从数字到模拟的转换器将二进制信息解码成模拟信号,才能进行播放。

　　在多媒体计算机系统中,视频采集卡将模拟信号转换成数字信号,数字视频采集系统主要由视频信号采集模块、音频信号采集模块和总线接口模块组成。

　　视频信号采集模块的任务是将模拟视频信号转换成数字视频信号,并将其送入计算机系统。主要步骤如下:视频信号的捕捉,A/D 转换;将得到的数字视频存储到帧存储器; D/A 转换及彩色空间转换;经 D/A 转换及彩色空间变换得到相应的控制信号,送入数字视频编码器进行编码,最后输出到 VGA 显示器、电视机和录像机等视频输出设备。

　　音频采集模块在音频采集过程中完成对声音信号的预处理和模数转换,音频采集模块在接受到被放大到一定幅度的音频信号后,经过衰减器、低通滤波器送到模数转换器,转换成相应的数字音频信号,从而完成对音频信息的采样、量化。

　　总线接口模块用来实现对视频、音频信息采集的控制,并将采样、量化后的数字信息存储到计算机内部。

　　随着电子器件的发展,尤其是各种图形、图像设备和语音设备的问世,计算机逐渐进入多媒体时代,信息载体扩展到文、图、声等多种类型,使计算机的应用领域进一步扩大。数字视频的发展主要体现在个人计算机的发展上,大致可以分为初级阶段、普及阶段和高级阶段。

　　第一阶段是初级阶段,多媒体计算机由个人计算机、声卡、音响、光驱和视频解码器组成。其主要特点就是在计算机上增加简单的视频功能,利用电脑来处理活动画面。由于视频采集技术、视频压缩技术和处理设备还未完善,当时的视频处理都是面向制作领域的专业人员的,个人计算机无法完成视频信号的编辑与处理。当时数字视频的处理不仅要求有很高的专业技术,同时需要有很大的存储容量,数字视频的数据量非常大,1分钟的满屏真彩色数字视频需要1.5GB的存储空间,而在早期一般台式机配备的硬盘容量大约是几百MB,显然无法胜任如此大的数据量。当时人们用计算机捕获单帧视频画面,并以一定的文件格式存储起来,利用图像处理软件进行处理,将它放进准备出版的资料中。

　　第二阶段为普及阶段,在这个阶段数字视频在计算机中得到广泛应用,视频信息在个人计算机中逐渐普及的重要原因是计算机有了捕获活动影像的能力,将视频捕获到计算机中,随时可以从硬盘上播放视频文件。能够捕获视频得益于数据压缩方法,压缩方法有两种:纯软件压缩和硬件辅助压缩。纯软件压缩方便易行,用一个小窗口显示视频;硬件压缩花费高但速度快。在这一过程中,虽然能够捕获到视频,但是缺乏一个统一的标准,不同的计算机捕获的视频文件不能交换。早期的数字视频交互(DVI)在捕获视频时使用硬件辅助压缩,但在播放时却只使用软件,因此在播放时不需要专门的设备。但是DVI没有形成市场,没有被广泛地了解和使用。因此,需要计算机与视频再做一次结合,建立一个标准,使得每台计算机都能播放统一标准的视频文件。这次结合成功的关键是各种压缩解压缩(Codec)技术的成熟。Codec来自于两个单词Compression(压缩)和Decompression(解压),它是一种软件或者固件(固化于用于视频文件的压缩和解压缩的程序芯片)。压缩使得将视频数据存储到硬盘上成为可能。如果帧尺寸较小、帧切换速度较慢,再使用压缩和解压缩,存储1分钟的视频数据只需20MB的空间而不是先前的1.5GB,所需存储空间的比例是1∶75。当然那时在显示窗口只能得到分辨率为160×120邮票般大小的画面,帧速率也只有15帧/秒,色彩也只有256色,但画面毕竟活动起来了。

　　QuickTime和Video for Windows通过建立视频文件标准MOV和AVI使数字视频的应用前景更为广阔,使它不再是一种专用的工具,而成为个人电脑中的常用视频播放工具。

　　第三阶段是高级阶段,市场上出现了各种各样优秀的视频压缩工具,能将各种常见影片文件进行压缩、转换成符合VCD、SVCD和DVD等的视频格式,在这一阶段,普通个人计算机进入了成熟的多媒体计算机时代。各种计算机视频外设产品日益齐备,数字影像设备日新月异,视音频处理硬件与软件技术高度发达,这些都为数字视频的流行起到了推波助澜的作用。

多媒体视频技术的发展在很大程度上依赖于视频压缩和解压缩技术的提高,便于视频的携带和网络传播,让虚拟空间变得更加丰富与生动。

7.1.3　视频压缩技术

视频帧间图像数据有极强的相关性,说明帧与帧之间有大量的冗余信息。视频帧间冗余信息可分为空域冗余信息和时域冗余信息。视频压缩技术区别于图像压缩就是去除帧间的冗余信息。

视频压缩的目的是在尽可能保证视觉效果不受影响的前提下减少视频数据的存储量,视频压缩比是指压缩后的数据量与压缩前的数据量之比。由于视频是连续的图像,因此其压缩编码算法与静态图像的压缩编码算法有某些共同之处,但是运动的视频还有其自身的特性,因此在压缩时还应考虑其运动特性才能达到高压缩的目标。在视频压缩中常需用到以下的一些基本概念:有损压缩和无损压缩,帧内压缩和帧间压缩,帧内(Intraframe)压缩也称为空间压缩(Spatial Compression)。当压缩一帧图像时,仅考虑本帧的数据而不考虑相邻帧之间的冗余信息,这实际上与静态图像压缩类似。帧内一般采用有损压缩算法,由于帧内压缩时各个帧之间没有相互关系,所以压缩后的视频数据仍可以以帧为单位进行编辑。帧内压缩一般达不到很高的压缩率。帧间(Interframe)压缩基于许多视频或动画的连续前后两帧具有很大的相关性,或者说前后两帧信息变化很小的特点,即连续的视频其相邻帧之间具有冗余信息。根据这一特性,压缩相邻帧之间的冗余量就可以进一步提高压缩量,减小压缩比。帧间压缩也称为时间和空间压缩(Temporal Compression),它通过比较时间轴上不同帧之间的数据进行压缩,帧间压缩一般是无损的。帧差值(Frame Differencing)算法是一种典型的时间压缩法,它通过比较本帧与相邻帧之间的差异,仅记录本帧与其相邻帧的差值,这样可以大大减少数据量。使用帧间编码技术可去除时域冗余信息,它包括以下三部分。

(1) 运动补偿:运动补偿是通过先前的局部图像来预测、补偿当前的局部图像,它是减少帧序列冗余信息的有效方法。

(2) 运动表示:不同区域的图像需要使用不同的运动矢量来描述运动信息,运动矢量通过熵编码进行压缩。

(3) 运动估计:运动估计是从视频序列中抽取运动信息的一整套技术。

使用帧内编码技术和熵编码技术可以去除空域冗余信息,主要包含以下三个部分。

(1) 变换编码:帧内图像和预测差分信号都有很高的空域冗余信息。变换编码将空域信号变换到另一正交矢量空间,使其相关性下降,数据冗余度减小。

(2) 量化编码:经过变换编码后,产生一批变换系数,对这些系数进行量化,使编码器的输出达到一定的位率。这一过程导致精度的降低。

(3) 熵编码:熵编码是无损编码。它对变换、量化后得到的系数和运动信息进行进一步的压缩。

视频压缩中常用的概念还有对称和不对称编码,对称性(Symmetric)是压缩编码的一个关键特征。对称意味着压缩和解压缩占用相同的计算处理能力和时间,对称算法适合于实时压缩和传送视频,如视频会议应用就以采用对称的压缩编码算法。而在电子出版和其他多媒体应用中,一般是把视频预先压缩处理好,然后再播放,因此可以采用不对称

(Asymmetric)编码。不对称或非对称意味着压缩时需要花费大量的处理技术和时间,而解压缩时则能较好地实时回放,即以不同的速度进行压缩和解压缩。通常压缩一段视频的时间比回放(解压缩)该视频的时间要多得多。

由 ITU-T 视频编码专家组(VCEG)和 ISO/IEC 动态图像专家组(MPEG)联合组成的联合视频组(Joint Video Team,JVT)提出的,同时也是 ISO/IEC 的 MPEG-4 第 10 部分的高度压缩数字视频编码解码器标准 H.264 对视频概念的进行了革新,它打破了视频概念的常规,完全没有 I 帧、P 帧和 B 帧的概念,也没有 IDR 帧的概念。对于 H.264 中出现的一些视频概念从大到小排序依次是:序列、图像、片组、片、NALU、宏块、亚宏块、块和像素。H.264 的压缩比是 MPEG-2 的 2 倍以上,是 MPEG-4 的 1.5 到 2 倍左右。H.264 是在MPEG-4 技术的基础之上建立起来的,其编解码流程主要包括 5 个部分:帧间和帧内预测(Estimation)、变换(Transform)和反变换、量化(Quantization)和反量化、环路滤波(Loop Filter)、熵编码(Entropy Coding)。

7.1.4　视频编解码标准与视频文件

目前视频流传输中最为重要的编解码标准有 ITU 的 H.261、H.263,运动静止图像专家组的 M-JPEG 和国际标准化组织运动图像专家组的 MPEG 系列标准,此外在互联网上被广泛应用的还有 Real Networks 的 RealVideo、微软公司的 WMV 以及 Apple 公司的QuickTime 等。

MPEG 是活动图像专家组(Moving Picture Experts Group)的缩写,于 1988 年成立,是为数字视音频制定压缩标准的专家组,目前已拥有 300 多名成员,包括 IBM、SUN、BBC、NEC、Intel 和 AT&T 等世界知名公司。MPEG 组织最初得到的授权是制定用于"活动图像"编码的各种标准,随后扩充为"及其伴随的音频"及其组合编码。后来针对不同的应用需求,解除了"用于数字存储媒体"的限制,成为现在制定"活动图像和音频编码"标准的组织。MPEG 组织制定的各个标准都有不同的目标和应用,目前已提出 MPEG-1、MPEG-2、MPEG-4、MPEG-7 和 MPEG-21 标准。

MPEG-1 是为要求达到中等分辨率的视频定义的标准,适用于 VCD 节目中,MPEG-1标准用于数字存储体上活动图像及其伴音的编码,其数码率为 1.5Mbps。MPEG-1 视频压缩技术的特点有:随机存取,快速正向/逆向搜索,逆向重播,视听同步,容错性,编解码延迟。MPEG-1 视频压缩策略为:为了提高压缩比,帧内/帧间图像数据压缩技术必须同时使用。帧内压缩算法与 JPEG 压缩算法大致相同,采用基于 DCT 的变换编码技术,用来减少空域冗余信息。帧间压缩算法采用预测法和插补法。预测误差可在通过 DCT 变换编码处理后进一步压缩。帧间编码技术可减少时间轴方向的冗余信息。

MPEG-1 的关键帧 I 帧图像采用帧内编码方式,只考虑单帧图像内的空间相关性,而没有考虑时间相关性。I 帧使用帧内压缩,不使用运动补偿,由于 I 帧不依赖其他帧,因此是随机存取的入点,同时是解码的基准帧。I 帧主要用于接收机的初始化和信道的获取,以及节目的切换和插入,I 帧图像的压缩倍数相对较低。P 帧和 B 帧图像采用帧间编码方式,即同时利用了空间和时间上的相关性。P 帧图像只采用前向时间预测,可以提高压缩效率和图像质量。P 帧图像中可以包含帧内编码的部分,即 P 帧中的每一个宏块可以是前向预测,也可以是帧内编码。B 帧图像采用了未来帧作为参考,采用双向时间预测。它们的编码方式如图 7-7 所示。

MPEG-2 标准是 ISO/IEC/JTC/SC29/WG11 组织于 1993 年推出的 ISO/IEC 13818 标准,是一种高宽带的视频数据流标准。MPEG-2 标准在 MPEG-1 基础上做了许多重要的扩展和改进,MPEG-2 既可以工作在隔行扫描模式下,也可以

图 7-7　I 帧、P 帧、B 帧编码方式

工作在逐行扫描模式下,最多可支持 5 个音频声道,可以实现立体声环绕。MPEG-2 提供了较为广泛的应用,典型的有 HDTV,MPEG-2 主要适用于 VOD、DVD 节目中。MPEG-3 是为 1920×1080×30Hz 的 HDTV 制定的。而实际上 MPEG-2 也能很好地支持这种应用,所以 MPEG-3 后来成了 MPEG-2 标准的一部分,称为 MPEG-2 High-1440。表 7-2 为 MPEG-2 不同级别下的分辨率与传输率。

表 7-2　MPEG-2 的分级

级　　别	最大分辨率	每秒点数	传输率
Low	352×240×30	3.05M	4Mbps
Main	720×480×30	10.40M	15Mbps
High 1440	1440×1152×30	43.00M	60Mbps
High	1920×1080×30	62.70M	80Mbps

MPEG-4(ISO/IEC14496)标准第一版本由运动图像专家组于 1999 年 2 月正式公布,同年年底 MPEG-4 第二版也正式公布,且于 2000 年年初正式成为国际标准。MPEG-4 是一种低带宽的视频标准,主要用于视频会议,其视频速率只有 64Kbps,分辨率为 176×144×10Hz。MPEG-4 与 MPEG-1 和 MPEG-2 有很大的不同。MPEG-4 不只是具体的压缩算法,它是针对数字电视、交互式绘图应用(影音合成内容)和交互式多媒体(WWW、资料撷取与分散)等整合及压缩技术的需求而制定的国际标准。MPEG-4 标准将众多多媒体应用集成于一个完整框架内,旨在为多媒体通信及应用环境提供标准算法及工具,从而建立起一种能被多媒体传输、存储和检索等应用领域普遍采用的统一数据格式。

视频格式可以分为适合本地播放的本地影像视频和适合在网络中播放的网络流媒体影像视频两大类。大部分的 VCD 都是用 MPEG-1 格式压缩的,刻录软件自动将 MPEG 1 转为 DAT 格式。使用 MPEG-1 的压缩算法,可以把一部 120 分钟长的电影压缩到 1.2GB 左右大小。MPEG-2 则应用在 DVD 的制作,同时在一些 HDTV 高清晰电视广播和一些高要求视频编辑、处理上面也有相当多的应用。使用 MPEG-2 的压缩算法压缩一部 120 分钟长的电影可以压缩到 5~8GB 的大小,虽然视频存储容量比 MPEG-1 还要多,但 MPEG-2 的图像质量是 MPEG-1 无法比拟的。MPEG-2 视频格式的文件扩展名包括 ASF、MOV 和 DivX、AVI 等。

1. 本地影像视频格式

AVI 格式:音频视频交错(Audio Video Interleaved,AVI)的英文缩写。AVI 这个由 Microsoft 公司发表的视频格式,在视频领域可以说是最悠久的格式之一。是将语音和影像同步组合在一起的文件格式。它对视频文件采用了一种有损压缩方式,但压缩比较高,因此

尽管画面质量不是太好,但其应用范围仍然非常广泛。AVI 支持 256 色和 RLE 压缩。AVI 信息主要应用在多媒体光盘上,用来保存电视、电影等各种影像信息。

nAVI 格式:nAVI 是 newAVI 的缩写,它是由 Microsoft ASF 压缩算法的修改而来的,但是又与下面介绍的网络影像视频中的 ASF 视频格式有所区别,它以牺牲 ASF 视频文件视频的"流"特性为代价通过增加帧率来大幅提高 ASF 视频文件的清晰度。

DV-AVI 格式:DV 的英文全称是 Digital Video Format,是由索尼、松下和 JVC 等多家厂商联合提出的一种家用数字视频格式。目前,非常流行的数码摄像机就是使用这种格式记录视频数据的。它可以通过电脑的 IEEE 1394 端口传输视频数据到电脑,也可以将电脑中编辑好的视频数据回录到数码摄像机中。这种视频格式的文件扩展名一般是 AVI,所以也叫 DV-AVI 格式。

DivX 格式:这是由 MPEG-4 衍生出来的一种视频编码(压缩)标准,也即我们通常所说的 DVDrip 格式,它采用了 MPEG-4 的压缩算法同时又综合了 MPEG-4 与 MP3 各方面的技术,即使用 DivX 压缩技术对 DVD 盘片的视频图像进行高质量的压缩,同时用 MP3 或 AC3 对音频进行压缩,然后再将视频与音频合成并加上相应的外挂字幕文件而形成的视频格式。其画质直逼 DVD 并且体积只有 DVD 的数分之一。这种编码对机器的要求也不高,所以 DivX 视频编码技术可以说是一种对 DVD 造成威胁最大的新生视频压缩格式,号称 DVD 杀手或 DVD 终结者。

MOV 格式:QuickTime 原本是 Apple 公司用于 Mac 计算机上的一种图像视频处理软件。QuickTime 提供了两种标准图像和数字视频格式,即可以支持静态的 PIC 和 JPG 图像格式,动态的基于 Indeo 压缩法的 MOV 和基于 MPEG 压缩法的 MPG 视频格式。

2. 网络影像视频格式

ASF 格式:高级流格式(Advanced Streaming Format,ASF)。ASF 是 Microsoft 为了和现在的 RealPlayer 竞争而发展出来的一种可以直接在网上观看视频节目的文件压缩格式。ASF 使用了 MPEG4 的压缩算法,压缩率和图像的质量都很不错。因为 ASF 是以一个可以在网上即时观赏的视频"流"格式存在的,所以它的图像质量比 VCD 要逊色一些,但比同是视频"流"格式的 RAM 格式效果要好一些。

WMV 格式:它的英文全称为 Windows Media Video,也是 Microsoft 公司推出的一种采用独立编码方式并且可以直接在网上实时观看视频节目的文件压缩格式。WMV 格式的主要优点包括本地或网络回放、可扩充的媒体类型、部件下载、可伸缩的媒体类型、流的优先级化、多语言支持、环境独立性、丰富的流间关系以及扩展性等。

RM 格式:Real Networks 公司所制定的音频视频压缩规范称为 RealMedia,用户可以使用 RealPlayer 或 RealOne Player 对符合 RealMedia 技术规范的网络音频/视频资源进行实况转播并且 RealMedia 可以根据不同的网络传输速率制定出不同的压缩比率,从而实现在低速率的网络上进行影像数据的实时传送和播放。这种格式的另一个特点是用户使用 RealPlayer 或 RealOne Player 播放器可以在不下载音频/视频内容的条件下实现在线播放。另外,RM 作为目前主流网络视频格式,它还可以通过其 Real Server 服务器将其他格式的视频转换成 RM 视频并由 Real Server 服务器负责对外发布和播放。RM 和 ASF 格式可以说各有千秋,通常 RM 视频更柔和一些,而 ASF 视频则相对清晰一些。

RMVB 格式：这是一种由 RM 视频格式升级延伸出来的新视频格式，它的先进之处在于 RMVB 视频格式打破了原先 RM 格式那种平均压缩采样的方式，在保证平均压缩比的基础上合理利用比特率资源，即静止和动作场面少的画面场景采用较低的编码速率，这样可以留出更多的带宽空间，而这些带宽会在出现快速运动的画面场景时被利用。这样在保证了静止画面质量的前提下，大幅地提高了运动图像的画面质量，从而在图像质量和文件大小之间就达到了微妙的平衡。另外，相对于 DVDrip 格式，RMVB 视频也有着较明显的优势，一部大小为 700MB 左右的 DVD 影片，如果将其转录成同样视听品质的 RMVB 格式，其大小最多也就 400MB 左右。不仅如此，这种视频格式还具有内置字幕和无须外挂插件支持等独特优点。要想播放这种视频格式，可以使用 RealOne Player 2.0 或 RealPlayer 8.0 或 RealVideo 9.0 以上版本的解码器形式进行播放。

在视频播放过程中，需要软件来识别各类视频文件封装（即通常所说的"格式"），将数据"拆封"后，交由解码芯片去做解码处理，然后将解码后的数据实现播放。这个"拆封"和播放的任务，是由播放软件俗称播放器完成的。一般播放器都能识别多种视频封装（即文件格式）。例如，Coreplayer 能播放 AVI、WMV 和 MP4 等多种格式，RUN 播放器能播放 RM、RMVB 格式的视频。大家所看到的文件名后缀，如 MP4、3GP、WMV、AVI、RM 和 RMVB 等，实际上都是封装类型，真正的视频格式不是文件名而是文件内的视频编码方案和音频编码方案。能够播放哪些文件，实际取决于使用了哪个播放器，以及硬件解码芯片能否识别该文件内的编码方案。

7.2　彩色数字电视技术基础

随着数字化电视在人们生活中的普及和视频点播系统的完善，人与电视节目之间的交互越来越便捷，电视和计算机技术的融合也越来越紧密，通过视频信号转换器由显示器直接播放电视节目。通过 IPTV 技术可以把通信与家电终端紧密地融合在一起，可以为用户提供多方面的互动多媒体宽带增值服务，使电视成为具有通信、互联网和互动电视功能的综合信息化终端，使得通信技术与多媒体技术、沟通与娱乐紧密地融合起来，为人们提供便捷多彩的娱乐文化活动。

7.2.1　IPTV 技术

在 ITU-TFGIPTV 第一次会议上，给出了 IPTV 的初步定义，即 IPTV 是在 IP 网络上传送的能够提供 QoS/QoE（服务质量）、安全、交互性和可靠性要求的多媒体业务，例如电视、视频、文本、图形和数据等。根据定义，IPTV 包含 4 个方面的内容：①一种多媒体的业务，电视、视频、语音、文本、图像和数据等业务都是 IPTV 的表现形式；②承载在 IP 网络上，此 IP 网络是一个可管理的网络，能够提供所需要的服务质量、质量体验、安全性、可交互性和可靠性等级；③IPTV 能够利用 NGN（下一代网络）提供，即 IPTV 业务既可以利用现有的系统提供，也可以利用 NGN 网络来提供；④IPTV 是一个双向的网络，能够提供实时和非实时的业务。

IPTV 技术是三网融合的产物，通信网、互联网和广播电视网的三网融合并不是要将三网简单地合成一个物理网络，或者淘汰某一个网络，而是在业务和管理层面的融合与渗透。

IPTV 是通信与广电行业三网融合的产物,但 IPTV 不是"IP＋TV"的简单组合,只有将具体的服务内容和业务主体加载进去才会有明确的内涵。无论是电信运营商、广播电视部门还是其他的信息服务提供商都可以利用 IPTV 的强大技术平台,开发出丰富多彩的应用和服务,例如视频点播、看电视、读书、玩游戏、查询资料、接受培训、参与活动和发表评论等,这些应用和服务才能真正吸引用户并创造价值。IPTV 的重要业务应用可以归结为至少 5 类,分别是视频类业务、高速上网、VoIP 业务、互动游戏等媒体游戏类应用和信息服务类应用。

IPTV 作为一种由技术进步驱动的新型业务,为广电提供了一条新的传播节目的通道,同时又与广电部门力推的数字电视整体转换工作存在一定的冲突,但 IPTV 在互动电视、增值业务等方面具有独特优势。

对于用户而言,IPTV 丰富独特的应用会为用户带来全新的体验和便利。如时移和点播功能是当前 IPTV 的最大卖点。IPTV 时移特征是能够在观看正常节目的播出时暂停、退回,VOD 点播节目能够提供除了电视台顺序播出以外的选择。

AT&T 推出了一项新业务——U-Verse。该业务能在同一条高速宽带线路上传播视频、数据以及电话信号。用户还能够一次观看多个电视频道,即时获取有关节目的资料,甚至能通过电视机访问一些互联网内容。AT&T 表示,如果一切顺利,公司将有约 570 万客户使用 U-Verse 服务,占其客户总数的 30%。目前,AT&T 和 Verizon 通信公司已经开始在美国部分地区提供电视服务。它们还在频频游说各州州政府和美国国会,希望修改法律,让它们尽快获得进入电视市场的特许协议。而德克萨斯州、弗吉尼亚州和堪萨斯州都已经通过了相关的法律,允许电信运营商在当地提供电视服务。

2006 年 5 月底,德国电信与德国领先的付费电视节目提供商 Premiere 结成战略合作伙伴协议,双方将共同合作在德国提供 IPTV 服务。通过德国电信子公司 T-Com 的 VDSL 网络,用户将收看到 Premiere 所提供的节目。2006 年 8 月,德国电信的另一家子公司 T-Online 现场转播了德国足球甲级联赛,并按照用户需求提供定制服务,进行个性化的比赛实况报道,实时更新比赛信息。这意味着德国的足球爱好者能够按照自己的喜好通过宽带网络观看德国足球甲级联赛的精彩赛事。

国内 IPTV 的试点工作受政策所限,步履维艰,电信运营商只能采取与拥有牌照的广电部门合作的方式。国内的 IPTV 技术主要存在以下 3 个问题。

1. 内容匮乏

从国内的 IPTV 试点情况来看,IPTV 业务在内容方面与有线电视同质化的现象非常严重,再加上中国政府严格的政策管制使得 IPTV 运营商无法引入大量的国内外节目,相对于现有的广播电视节目,无法体现节目的丰富性和新颖性。由于目前广电拥有绝对的内容主导权,电信运营商经常会处于被动的局面。江苏电信联手新华社失败的案例就是证明。

2. 重叠业务的冲击

主要是数字电视和免费网络视频的冲击。目前,广电正在努力推进有线电视的数字化改造,广电现在对数字电视的积极性比 IPTV 要高。据有关部门统计,2005 年已经有数字电视用户 400 余万户,而且 2006 年广电部门还要加大许多城市的数字化整体改造。数字电视将对 IPTV 的发展产生正面冲击,在开展直播等业务和节目内容方面具有先天优势。另外,在已开展的数字电视试点中,广电部门将电缆调制解调器和机顶盒结合起来成功开展了三重服务业务,增加了频道数目和节目内容,除付费电视外还增加了信息服务和网上购物等互动业务。这些业务都是和 IPTV 业务重叠的,将对 IPTV 业务的发展产生不利影响。

3. 标准缺乏

IPTV 在视频编解码、安全、承载网、业务网、网络管理、中间件和互联互通等方面缺乏统一标准,影响业务的开展。其中,视频编码方面有 3 个标准,MPEG-4、H. 264 和 AVS,MPEG-4 商用时间长一些,但产业成熟度高一些;H. 264 标准化程度高兼容性好;AVS 是自主知识产权,近期成为国家标准,专利费低,但产业成熟度低一些。

IPTV 在世界范围内统一标准不容易做到,因为 IPTV 涉及内容管制的问题,而各个国家对电视内容以及增值服务的理解和管制程度都不统一,在此层面上达成共识比较难。以当前的情况来看,标准的形成还需要一个相当长的时间。

其他还有收费、信息内容安全等问题,新兴事物的发展大多会经历一个曲折的过程,国家相关监管机构只能在 IPTV 涉及的种种安全问题得到解决后才允许大规模发展 IPTV 业务。

彩色数字电视是从模拟电视和模拟彩色电视中发展而来的,很多模拟电视技术基础在数字电视和视频采集设备中依然保留,在多媒体技术中经常会碰到这些术语,下面介绍模拟电视的一些基本常识。

7.2.2 电视制式

电视技术早已得到了广泛的普及,为了保证电视的通用性,世界上早已对其可以使用的模拟视频信号做出了统一的规定。目前世界上流行的彩色电视制式有三种:1952 年由美国国家电视标准委员会制定的正交平衡调幅制(National Television Systems Committee,NTSC)、1962 年德国制定的逐行倒相正交平衡调幅制(Phase Alternating Line,PAL)和法国制定的顺序传送彩色与存储制(法文:Sequential Coleur Avec Memoire,SECAM)。

美国、加拿大等大部分西半球国家,以及日本、韩国和菲律宾等国和中国的台湾地区采用了 NTSC 制式;德国、英国等一些西欧国家以及中国、朝鲜等国家采用了 PAL 制式;法国、前苏联及东欧国家,约 65 个地区和国家采用了 SECAM 彩色电视广播标准。

显示扫描有隔行扫描和非隔行扫描之分,非隔行扫描(Interlaced Scaning)也称逐行扫描,黑白电视和彩色电视都用隔行扫描,而计算机显示图像时一般都采用非隔行扫描。在非隔行扫描中,电子束从显示屏的左上角一行接一行地扫到右下角,在显示屏上扫一遍就显示一幅完整的图像。在隔行扫描中,电子束扫完第 1 行后回到第 3 行开始的位置接着扫,然后是第 5,7,9…行。奇数行扫完后再用同样的方式扫偶数行,最后才完成一帧的扫描。由此可见,隔行扫描的一帧图像由两部分组成,一部分由奇数行组成,称为奇数场,另一部分由偶数行组成,称为偶数场,两场合起来就组成一帧。并且在隔行扫描中,扫描的行数必须是奇数,因为隔行扫描第 1 场结束于最后一行的一半,不管电子束如何折回,它必须回到显示屏顶部的中央,这样就可以保证相邻的第 2 场扫描恰好嵌在第 1 场各扫描的中间,正是这个原因,才要求总的行数必须为奇数。

每秒钟扫描多少行称为行频 f_H，每秒钟扫描多少场称为场频 f_f，每秒扫描多少帧称为帧频 f_F。场频和帧频是两个不同的概念。

PAL 制式电视的扫描特性是：625 行扫描线每帧，25 帧每秒（40ms/frame）；高宽比为 4∶3；隔行扫描，2 场/帧，312.5 行/场；颜色模式为 YUV。一帧图像的总行数为 625，分两场扫描。行扫描频率是 15625 Hz，周期为 64μs；场扫描频率是 50Hz，周期为 20ms；帧频是 25Hz，是场频的一半，周期为 40ms。在发送电视信号时，每一行中传送图像的时间是 52.2μs，其余的 11.8μs 不传送图像，是行扫描的逆程时间，同时用作行同步及消隐用。每一场的扫描行数为 625/2＝312.5 行，其中 25 行做场回扫，不传送图像，传送图像的行数每场只有 287.5 行，因此每帧只有 575 行有图像显示。

NTSC 彩色电视制的主要特性是：525 行/帧，30 帧/秒（29.97 fps，33.37 ms/frame）；高宽比为电视画面的长宽比（电视为 4∶3，电影为 3∶2，高清晰度电视为 16∶9）；隔行扫描，一帧分成 2 场（Field），262.5 线/场；在每场的开始部分保留 20 扫描线作为控制信息，因此只有 485 条线的可视数据。Laser Disc 约 420 线，S-VHS 约 320 线；每行 63.5μs，水平回扫时间 10μs（包含 5μs 的水平同步脉冲），所以显示时间是 53.5μs；颜色模型为 YIQ；一帧图像的总行数为 525 行，分两场扫描。行扫描频率为 15750Hz，周期为 63.5μs；场扫描频率是 60Hz，周期为 16.67ms；帧频是 30Hz，周期 33.33ms。每一场的扫描行数为 525/2＝262.5 行。除了两场的场回扫外，实际传送图像的行数为 480 行。

SECAM 制式与 PAL 制类似，其差别是 SECAM 中的色度信号是频率调制（FM）的，而且它的两个色差信号：红色差（R'-Y'）和蓝色差（B'-Y'）信号是按行的顺序传输的。图像格式为 4∶3，625 线，50Hz，6MHz 电视信号带宽，总带宽 8MHz。

NTSC 和 PAL 属于全球两大主要的电视广播制式，但是由于系统投射颜色影像的频率而有所不同。这两种制式是不能互相兼容的，如果在 PAL 制式的电视上播放 NTSC 的影像，画面将变成黑白，反之也一样。NTSC 和 PAL 其主要差别在于 NTSC 每秒是 60 场而 PAL 每秒是 50 场，由于现在的电视都采取隔行模式，所以 NTSC 每秒可以得到 30 个完整的视频帧，而 PAL 每秒可以得到 25 个完整的视频帧。每秒一帧的细微差别在 DVD 的表现上会有什么区别呢？众所周知，电影胶片的速度是每秒 24 帧，而 PAL 制的 DVD 每秒就会比胶片多放一帧，也就是说同一部电影，PAL 的放映速度会比胶片提高 1/24；那 NTSC 每秒可以得到 30 个视频帧，是不是会比 PAL 来得更快呢？其实不然，NTSC 采取了 3-2 Pulldown 技术把电影转成每秒 30 帧。相同长度的电影，NTSC 和 PAL 的放映时间换算是：

NTSC 时间×24/25＝PAL 时间。

7.3 视频编辑技术

编辑视频的方式随着相关技术的发展而不断更新，电视节目是影像和声音要素合一的载体，作用于视觉的影像主要包括画面形象、文字、表格和图像等要素，画面形象基本上是前期录制的，而文字、图表和图像的处理则大多数要在后期制作中完成。对电视影像的编辑处理，如果其素材信号来自摄/录像机，通过录像编辑系统对不同编辑模式的选择，能对影像要素和声音要素进行同步处理；如果画面素材来自电影摄影机，可以将电影胶片上的影像转换成电子信号,用磁带编辑的方式或数码处理的方式在先进的电子编辑系统中完成。由于电视的画面质量在清晰度、色彩、影调和明暗对比等方面与电影摄影有较大的差距,因此在一些对画面质量要求较高的节目中,常常采用胶带转到磁带后的影像处理方式,实现优势互补。

胶转磁方式就是在前期采用电影胶片的拍摄方式,取其鲜明、层次丰富、画质优良的部分,后期编辑时将影像转录到磁带上,运用高效先进的电子编辑设备进行编辑,采用简便的制作手段,并将单一的影像处理转换为可以同时对声画要素进行处理并加入多种特技效果。电视画面上的字幕和图表大部分是在后期制作过程中叠加进去的。利用计算机制作字幕图表插图已成为电视制作的主要手段,是电视的一大优势,各式各样极具吸引力的文字、标题和图画传递着更为丰富的画面信息,增强了视觉要素的表现力。在运用中,应注意各类视觉信息必须为表达同一主题服务,不应各自抢夺和分散观众的注意力。

目前市场上的视频编辑软件种类繁多,Adobe 公司出品的 Adobe Premiere 是基于非线性编辑设备的视音频编辑软件,Premiere 在影视制作领域取得了巨大的成功,被广泛地应用于电视台、广告制作和电影剪辑等领域,成为 PC 和 MAC 平台上应用最为广泛的视频编辑软件。Premiere 是比较专业的人士普遍运用的软件,但对于一般网页上或教学、娱乐方面的应用,Premiere 的功能就显得太过烦琐与强大了,Media Studio Pro 在这方面是最好的选择。Media Studio Pro 主要的编辑应用程序有 Video Editor(类似 Premiere 的视频编辑软件)、Audio Editor(音效编辑)、CG Infinity 和 Video Paint,内容涵盖了视频编辑、影片特效和 2D 动画制作,是一套整合性完备、面面俱到的视频编辑套餐式软件。它在 Video Editor 和 Audio Editor 的功能和概念上与 Premiere 的相差并不大,最主要的不同在于 CG Infinity 与 Video Paint 这两个在动画制作与特效绘图方面的程序。虽然 Media Studio Pro 的亲和力高、学习容易,但对一般家用娱乐的领域来说,它还是显得太过专业、功能繁多,并不是非常容易上手。所以,在视频编辑器的选择上关键是找到一款适合的编辑工具,会声会影是一套操作简单的 DV、HDV 影片剪辑软件,非常适合家庭视频采集和编辑。

7.3.1 会声会影视频编辑软件

会声会影是中国台湾友立公司推出的一款专业化数字视频处理软件。会声会影融视音频处理于一身,功能强大。其核心技术是将视频文件逐帧展开,以帧为精度进行编辑,并与音频文件精确同步。它可以配合多种硬件进行视频捕捉和输出,能产生广播级质量的视频文件。支持的输入视频格式包括 AVI、MPEG-1、MPEG-2、AVCHD、MPEG-4、H. 264、BDMV、DV、HDV™、DivX&reg 格式、QuickTime&reg 格式、RealVideo&reg 格式、Windows Media&reg 格式、MOD(JVC® MOD 档案格式)、M2TS、M2T、TOD、3GPP、3GPP2。支持的音频格式包括 Dolby&reg、Digital Stereo、Dolby&reg、Digital 5.1、MP3、MPA、WAV、QuickTime、Windows Media Audio。支持的图像格式包括 BMP、CLP、CUR、EPS、FAX、FPX、GIF、ICO、IFF、IMG、J2K、JP2、JPC、JPG、PCD、PCT、PCX、PIC、PNG、PSD、PSPImage、PXR、RAS、RAW、SCT、SHG、TGA、TIF、UFO、UFP、WMF。支持的光碟包括 DVD、Video CD (VCD)、Super Video CD (SVCD)。支持的输出视频格式包括 AVI、MPEG-1、MPEG-2、HDV、AVCHD、MPEG-4、H. 264、QuickTime 格式、Real Media 格式、Windows Media Format 格式、BDMV 格式。支持的音频格式包括 Dolby Digital Stereo、

Dolby Digital 5.1、MPA、WAV、Windows Media Format 格式。支持的输出图像格式包括
BMP、JPG。支持的光盘包括 DVD、Video CD（VCD）、Super Video CD（SVCD）、Blu-ray
（BDMV）。支持的存储介质包括 CD-R/RW、DVD-R/RW、DVD＋R/RW、DVD-R Dual
Layer、DVD＋R Double Layer、BD-R/RE。

　　会声会影的运行环境如下：
- Intel Pentium 或 100％的兼容处理器（CPU）；
- 1GB 内存（建议使用 2GB 或以上）；
- 3GB 以上的可用硬盘空间；
- 128 MB VGA VRAM 或以上（建议使用 256MB 或以上）；
- 256 色或更高的显示适配器最低显示器解析度：1024×768；
- 与 Windows 兼容的音频卡；
- CD-ROM 驱动器；
- 与 Microsoft Video for Windows 或 Apple QuickTime 兼容的视频采集卡（可选）；
- 可烧录的 DVD（用于制作 DVD）。

　　会声会影编辑器提供了分步工作流程，使影片的制作变得简单轻松。图 7-8 为会声会
影 11 版的用户界面。

1：标题栏　　　2：菜单栏
3：预览窗口　　4：导栏窗口
5：工具栏　　　6：选项面板

图 7-8　会声会影编辑界面

7.3.2　素材的收集

　　会声会影视频素材的收集途径很多，可以在 DV 拍摄视频中获得素材，通过数码相机导
入数字图像，通过扫描仪把系列照片扫描以后获得素材，通过光盘和网络获得素材，以及通
过摄像头捕获视频。在会声会影安装过程中会出现如图 7-9 所示的制式或地域的单选按
钮。地域与制式会自动匹配，因此我们可以选择地域来获得相应的制式。

图 7-9 会声会影制式选择

会声会影要求显示器的分辨率不低于 1024×768,否则就无法使用会声会影编辑器。图 7-10 为会声会影 11 版运行后进入系统时的操作框。

图 7-10 会声会影启动界面

单击图 7-10 中的会声会影编辑器选项进入会声会影编辑界面。打开会声会影编辑器以后,单击捕获选卡,假如没有安装任何视频采集设备,系统会弹出如图 7-11 所示的警告框。

在电脑已安装好摄像头和摄像驱动的情况下,单击捕获选卡,选择进入摄像视频捕获界面,如图 7-12 所示。

单击红框内的捕获视频按钮,可以获得图 7-13 所示的界面。界面红框部分有较大变化,出现了区间、来源、格式和电视频道等设置选项。捕获文件夹用来存放捕获的视频。当单击红框下的捕获视频按钮后,在摄像头连接正常情况的下开始捕获摄像头视频。

图 7-11 视频捕获警告框

图 7-12　捕获视频选卡

图 7-13　捕获视频界面

7.3.3　数字视频处理

　　处理视频第一个步骤是把视频导入到会声会影中,图 7-14 为导入界面。会声会影打开视频对话框是单击右上角红框中的打开按钮获得的。其次,左边黑框中的按钮,可以选择打开 DVD/DVD-VR 以及从 DV 中导入视频。

　　会声会影与一般视频编辑软件不同,增加了动态电子贺卡、发送视频 E-mail 等功能。会声会影采用"在线操作指南"的步骤引导方式来处理各项视频、图像素材,它共分为开始→捕获→故事板→效果→覆叠→标题→音频→完成 8 大步骤,并将操作方法与相关的注意事项配合,以帮助文件显示出"会声会影指南",引导初学者快速地学习每一个流程的操作方法。会声会影提供了 12 类 114 个转场效果,可以用拖曳的方式应用,每个效果都可以做进

图 7-14　视频导入界面

一步的控制，另外还有让我们在影片中加入字幕、旁白或动态标题的文字功能。最新版本为会声会影 X2。

7.4　网络视频流技术

网络视频流是指由网络视频服务商提供的、以流媒体为播放格式的，可以在线直播或点播的声像文件。网络视频一般需要独立的播放器，文件格式主要是基于 P2P 技术的占用客户端资源较少的 FLV 流媒体格式。随着 Internet 的发展，多媒体信息在网上的传输越来越重要，流媒体以其边下载边播放的特性深受教育界、娱乐界等的喜爱。流媒体技术的发展离不开网络技术的发展，也离不开各行各业对 Internet 的投入，世界各地的传统影视媒体、教育学习机构和广播媒体纷纷加入到 Internet 领域中，使 Internet 的传播对象得到了扩充。

流媒体是从英语 Streaming Media 中翻译过来的，它是一种可以使音频、视频和其他多媒体能在 Internet 及 Intranet 上以实时的、无须下载等待的方式进行播放的技术。流媒体文件格式是支持采用流式传输及播放的媒体格式。流式传输方式是将动画、视音频等多媒体文件经过特殊的压缩方式分成一个个压缩包，由视频服务器向用户计算机连续、实时地传送。在采用流式传输方式的系统中，用户不必像非流式播放那样等到整个文件全部下载完毕后才能看到当中的内容，而是只需经过几秒或几十秒的启动延时即可在用户的计算机上利用相应的播放器或其他的硬件、软件对压缩的动画、视音频等流式多媒体文件进行解压播放，当多媒体信息在客户机上播放时，多媒体文件的剩余部分将在后台从服务器内继续下载。如果网络连接速度小于播放的多媒体信息需要的速度时，播放程序就会取用先前建立的一小段缓冲区内的资料，避免播放的中断，使得多媒体视频得以流畅播放。与单纯的下载方式相比，这种对多媒体文件边下载边播放的流式传输方式具有以下优点：启动延时大幅度地缩短，对系统缓存容量的需求大大降低。

流式传输的实现有特定的实时传输协议，采用 RTSP 等实时传输协议，更加适合动画、视音频在网上的流式实时传输。流媒体系统包括以下 5 个方面的内容：编码工具，用于创建、捕捉和编辑多媒体数据，形成流媒体格式；流媒体数据，也就是传输对象和视频信息载体；服务器，存放和控制流媒体的数据；传输网络，适合多媒体传输的协议，包括拥有实时传输协议的网络；播放器，供客户端浏览流媒体文件。

7.4.1 网络视频流技术的应用

网络视频所具备的高级功能特性使它非常适用于安全监视类的应用场景。数字化技术的灵活性有效提高了工作者的安全监护，以及保护人员、房屋及财产的能力。使用户能够收集到其所关心的所有关键地点的相关视频和音频信息，并能够进行实时观看与干预。网络视频流典型的应用在于以下 4 个方面。

1. 安全监视

安全监视应用于比较广泛的有校园、通信平台和银行等领域。安全监视在新兴行业中的应用主要有高铁视频监控系统。高速铁路不同于一般的铁路系统，高铁本身即是一个系统化、集成化的大型工程，仅通信部门就涉及 10 多个子系统，包括有线、数据、传输、调度、应急通信和视频监控等。高铁与普通铁路或地铁区别很大，例如地铁通常时速在 60km 左右，列车间隔约在 3min，而高铁时速可能达到 300km，但时间间隔可能与地铁差不多，这就对高铁的通信指挥系统提出了很高的要求。

2. 远程监控

远程监控主要应用在自动化领域，人们总是希望用机器来代替人做某些事情，尤其是大量简单的重复性的操作，或是危险的工作。但是机器无论多先进，能帮人们多大的忙，它还是有可能会失控的，因此还是需要有相应的设备来监视这些机器的工作情况，这就是所谓的监控。远程监控理论上没有距离的限制，只要有 Internet 达到的地方就可以实现监控，远程监控目前主要分两类：一类是 IE 远程监控，一类是客户端远程监控。很多压缩卡和硬盘录像机同时支持 IE 和客户端远程监控。远程监控技术目前主要应用于石油、化工、水处理和工业锅炉等众多的工业场所。远程监控技术主要包括两部分：一是主控制中心计算机与监测站计算机的通信过程；二是各监测站和其监测点的通信。

3. 视频会议

视频会议主要是以语音和影像的方式实现远程的面对面的交流，在很多场合下人们希望能够传递更多的信息，如开会时用到的图表、数据或文档等信息，因此视频会议需要建立起与数据的协同工作，以增强会议临场的感觉和提高视频会议的效率。

4. 视频点播

应用于互联网的视频点播技术发展很快，视频点播系统基于 IP 网络的高性能数字视音频直播服务平台，能为各种行业用户提供基于各种网络环境下的音视频直播服务。视频点播采用分布式架构体系，具有高度的灵活性。视频点播主要应用于以下行业：规模较大的视频点播业务运营商；中等规模的电影、电视剧点播运营商、网站；企业、事业单位的门户网站；专业的产品展示网站，如健康咨询网站、美食网站、教育网站、交友网站、其他的有拍卖、租赁、新品交易等功能性网站、互联网内容提供商的网站和新闻网站等都可以把产品或个人介绍以视频点播的方式把生动的视频内容传播给网络访问者。

网络视频流的其他应用还有视频电话、视频聊天、安保系统、远程部署、远程技术支持和交互式游戏等。

网络视频流需要解决的关键问题主要有音视频编解码技术、冗余技术、视频网络传输技术、多点处理技术、嵌入式技术和视频存储归档技术。

7.4.2　流媒体技术

流媒体数据具有连续性（Continuous）、实时性（Realtime）和时序性等特点，时序性是指其数据流具有严格的前后时序关系。流媒体文件格式在流媒体系统中占有重要地位，设计合理的文件格式是提高流媒体服务器工作效率最直接和最有效的办法。流媒体文件格式的扩展（Video/Audio）媒体类型与名称如下。

ASF　　　　　　Advanced Streaming Format（Microsoft）；
RM　　　　　　Real Video/Audio 文件（Progressive Networks）；
RA　　　　　　Real Audio 文件（Progressive Networks）；
RP　　　　　　Real Pix 文件（Progressive Networks）；
RT　　　　　　Real Text 文件（Progressive Networks）；
SWF　　　　　Shock Wave Flash（Macromedia）；
MOV　　　　　QuickTime（Apple 公司格式）；
VIV　　　　　　Vivo Movie 文件（Vivo Software）；
WMV　　　　　Windows Media Video。

WMV 和 ASF 格式不同，WMV 视频一般采用 Window Media Video/Audio 格式，AFS 的视频部分一般采用 Microsoft MPG4 V(3/2/1)，音频部分是 Windows Media Audio V2/1，不过现在很多制作软件都没有把它们分开，而是直接更改后缀名就能够互相转换为对方格式。

目前实现流媒体传输主要有两种方法：顺序流（Progressive Streaming）传输和实时流（Realtime Streaming）传输，它们分别适合于不同的应用场合。

1. 顺序流传输

顺序流传输采用顺序下载的方式进行传输，在下载的同时用户可以在线回放多媒体数据，但给定时刻只能观看已经下载的部分，不能跳到尚未下载的部分，也不能在传输期间根据网络状况对下载速度进行调整。由于标准的 HTTP 服务器就可以发送这种形式的流媒体，而不需要其他特殊协议的支持，因此也常常被称为 HTTP 流式传输。顺序流式传输比较适合于高质量的多媒体片段，如片头、片尾或者广告等。

2. 实时流传输

实时流传输保证媒体信号带宽能够与当前网络状况相匹配，从而使得流媒体数据总是被实时地传送，因此特别适合于现场事件。实时流传输支持随机访问，用户可以通过快进或后退操作来观看前面或者后面的内容。从理论上来讲,实时流媒体一经播放就不会停顿,但事实上仍有可能发生周期性的暂停现象,尤其是在网络状况不良时更是如此。与顺序流传输不同的是,实时流传输需要用到特定的流媒体服务器,而且还需要特定网络协议的支持。

实时传输协议(Real-time Transport Protocol,RTP)是在 Internet 上处理多媒体数据流的一种网络协议,利用它能够在一对一(Unicast,单播)或者一对多(Multicast,多播)的网络环境中实现流媒体数据的实时传输。但 RTP 并不保证服务质量,也没有提供资源预留。传输的数据通过控制协议 RTCP 的补充来实现大规模多播传输方式下的监视功能。并通过RTCP 提供一些控制和识别流的功能。RTP 和 RTCP 被设计成独立于传输层和网络层。这份协议支持使用 RTP 层的混流服务器(Mixer)和译流服务器(Translator)。RTP 通常使用 UDP 来进行多媒体数据的传输,但如果需要的话可以使用 TCP 或者 ATM 等其他协议来实现传输实时多媒体数据,整个 RTP 协议由两个密切相关的部分组成:RTP 数据协议和 RTP 控制协议。实时流协议(Real Time Streaming Protocol,RTSP)最早由 Real Networks 和 Netscape 公司共同提出,它位于 RTP 和 RTCP 之上,其目的是希望通过 IP 网络有效地传输多媒体数据。RTP 数据协议负责对流媒体数据进行封包并实现媒体流的实时传输,每一个 RTP 数据报都由头部(Header)和负载(Payload)两个部分组成,其中头部前12 个字节的含义是固定的,而负载则可以是音频或者视频数据。RTP 数据报的头部格式如表 7-3 所示。

表 7-3 RTP 数据报头部格式

V ER(0)	I (2)	X (3)	C	M (8)	P TYPE	序列号(Sequence Number)(31bit)
时间戳						
同步源标识(SynchronizationSource Identifier)(SSRC)						
第一个参与源标识 ID(CSRC)						
...						
(最后一个)参与源标识 ID						

开始 12 个八进制数出现在每个 RTP 包中,而 CSRC 标识列表仅出现在混合器插入时。Synchronization Source (SSRC) Identifier 同步源标识符在 RTP 头中占有 4 个字节,位于RTP 头部的 9~12 个字节。SSRC 字段用来识别同步源。标识符随机选择,它的目的是,在同样的 RTP 会话中,不会出现两个同步源有相同的 SSRC 标识符。表 7-4 为 RTP 数据报头部格式中的名称与说明。

表 7-4 RTP 数据报头部格式名称与说明

名 称	说 明
版本(v)	2 位,标识 RTP 版本
填充标识(P)	1 位,如设置填充位,在包尾将包含附加填充字,它不属于有效载荷
扩展(X)	1 位,如设置扩展位,固定头后跟一个扩展头
CSRC 计数(CC)	4 位,CSRC 计数包括紧接在固定头后 CSRC 标识符个数
标识(M)	1 位,标识解释由设置定义,目的在于允许重要事件在包流中标识出来
载荷类型(PT)	7 位,记录后面资料使用哪种 Codec,接收端找出相应的 Decoder 解码出来

续表

名　　称	说　　明
系列号	16 位,系列号随每个 RTP 数据包而增加 1,由接收者用来探测包损失,系列号初值是随机的,使对加密的文本攻击更难
时标	32 位,时标反映 RTP 数据包中第一个八进制数的采样时刻,采样时刻必须从单调、线性增加的时钟导出,以允许同步与抖动计算
SSRC	32 位,标识同步源,此标识不是随机选择的,目的在于使同一个 RTP 包连接中没有两个同步源有相同的 SSRC 标识
CSRC 列表	0 到 15 项,每项 32 位。CSRC 列表表示包内的对载荷起作用的源。标识数量由 CC 段给出。如超出 15 个作用源,也仅标识 15 个

其中比较重要的几个域及其意义如下。

CSRC 计数(CC):表示 CSRC 标识的数目。CSRC 标识紧跟在 RTP 固定头部之后,用来表示 RTP 数据报的来源,RTP 协议允许在同一个会话中存在多个数据源,它们可以通过 RTP 混合器合并为一个数据源。例如,可以产生一个 CSRC 列表来表示一个电话会议,该会议通过一个 RTP 混合器将所有讲话者的语音数据组合为一个 RTP 数据源。

负载类型(PT):标明 RTP 负载的格式,包括所采用的编码算法、采样频率和承载通道等。例如,类型 2 表明该 RTP 数据包中承载的是用 ITU G.721 算法编码的语音数据,采样频率为 8000Hz,并且采用单声道。

序列号:用来为接收方提供探测数据丢失的方法,但如何处理丢失的数据则是应用程序自己的事情,RTP 协议本身并不负责数据的重传。

时间戳:记录了负载中第一个字节的采样时间,接收方通过时间戳能够确定数据的到达是否受到了延迟抖动的影响,但具体如何来补偿延迟抖动则是应用程序自己的事情。

从 RTP 数据报的格式不难看出,它包含了传输媒体的类型、格式、序列号、时间戳以及是否有附加数据等信息。RTP 协议的目的是提供实时数据(如交互式的音频和视频)端到端的传输服务,因此在 RTP 中没有连接的概念,它可以建立在底层的面向连接或面向非连接的传输协议之上;RTP 也不依赖于特别的网络地址格式,而仅仅只需要底层传输协议支持组帧(Framing)和分段(Segmentation)就足够了;另外 RTP 本身还不提供任何可靠性机制,这些都要由传输协议或者应用程序自己来保证。在典型的应用场合下,RTP 一般是在传输协议之上作为应用程序的一部分加以实现的,如图 7-15 所示。

应用层		
RTP/RTCP		
UDP	TCP	
IPv4/IPv6		
局域网/广域网		

图 7-15　RTP 与其他网络协议层的关系

RTCP 控制协议需要与 RTP 数据协议一起配合使用,当应用程序启动一个 RTP 会话时将同时占用两个端口,分别供 RTP 和 RTCP 使用。RTP 本身并不能为按序传输数据包提供可靠的保证,也不提供流量控制和拥塞控制,这些都由 RTCP 来负责完成的。通常

RTCP 会采用与 RTP 相同的分发机制,向会话中的所有成员周期性地发送控制信息,应用程序通过接收这些数据,从中获取会话参与者的相关资料,以及网络状况、分组丢失概率等反馈信息,从而能够对服务质量进行控制或者对网络状况进行诊断。

RTCP 协议的功能是通过不同的 RTCP 数据报来实现的,主要有如下几种类型。

SR 发送端报告,所谓发送端是指发出 RTP 数据报的应用程序或者终端,发送端同时也可以是接收端。

RR 接收端报告,所谓接收端是指仅接收但不发送 RTP 数据报的应用程序或者终端。

SDES 源描述,主要功能是作为会话成员有关标识信息的载体,如用户名、邮件地址和电话号码等,此外还具有向会话成员传达会话控制信息的功能。

BYE 通知离开,主要功能是指示某一个或者几个源不再有效,即通知会话中的其他成员自己将退出会话。

APP 由应用程序自己定义,解决了 RTCP 的扩展性问题,并且为协议的实现提供了很大的灵活性。

RTCP 数据报携带有服务质量监控的必要信息,能够对服务质量进行动态的调整,并能够对网络拥塞进行有效的控制。由于 RTCP 数据报采用的是多播方式,因此会话中的所有成员都可以通过 RTCP 数据报返回的控制信息,来了解其他参与者的当前情况。

在一个典型的应用场合下,发送媒体流的应用程序将周期性地产生发送端报告(SR),该 RTCP 数据报含有不同媒体流间的同步信息,以及已经发送的数据报和字节的计数,接收端根据这些信息可以估计出实际的数据传输速率。另一方面,接收端会向所有已知的发送端发送接收端报告(RR),该 RTCP 数据报含有已接收数据报的最大序列号、丢失的数据报数目、延时抖动和时间戳等重要信息,发送端应用程序根据这些信息可以估计出往返时延,并且可以根据数据报丢失概率和时延抖动情况动态调整发送速率,以改善网络拥塞状况,或者根据网络状况平滑地调整应用程序的服务质量。

作为一个应用层协议,RTSP 提供了一个可供扩展的框架,它的意义在于使实时流媒体数据的受控和点播变得可能。总地来说,RTSP 是一个流媒体表示协议,主要用来控制具有实时特性的数据发送,但它本身并不传输数据,而必须依赖于下层传输协议所提供的某些服务。RTSP 可以对流媒体提供诸如播放、暂停和快进等操作,它负责定义具体的控制消息、操作方法和状态码等,此外还描述了与 RTP 间的交互操作。

RTSP 在制定时较多地参考了 HTTP/1.1 协议,甚至许多描述与 HTTP/1.1 完全相同。RTSP 之所以特意使用与 HTTP/1.1 类似的语法和操作,在很大程度上是为了兼容现有的 Web 基础结构,正因如此,HTTP/1.1 的扩展机制大都可以直接引入到 RTSP 中。

由 RTSP 控制的媒体流集合可以用表示描述(Presentation Description)来定义,所谓表示是指流媒体服务器提供给客户机的一个或者多个媒体流的集合,而表示描述则包含了一个表示中各个媒体流的相关信息,如数据编码/解码算法、网络地址和媒体流的内容等。

虽然 RTSP 服务器同样也使用标识符来区别每一媒体流的连接会话(Session),但 RTSP 连接并没有被绑定到传输层连接(如 TCP 等),也就是说在整个 RTSP 连接期间,RTSP 用户可打开或者关闭多个对 RTSP 服务器的可靠传输连接以发出 RTSP 请求。此外,RTSP 连接也可以基于面向无连接的传输协议(如 UDP 等)。

RTSP 协议目前支持以下操作。

检索媒体允许用户通过 HTTP 或者其他方法向媒体服务器提交一个表示描述。如果表示是组播的,则表示描述就包含用于该媒体流的组播地址和端口号;如果表示是单播的,为了安全在表示描述中应该只提供目的地址。

邀请加入媒体服务器可以被邀请参加正在进行的会议,或者在表示中回放媒体,或者在表示中录制全部媒体或其子集,非常适合于分布式教学。

添加媒体通知用户新加入的可利用媒体流,对现场讲座来讲非常有必要。与 HTTP/1.1 类似,RTSP 请求也可以交由代理、通道或者缓存来进行处理。

对于数字音视频编解码技术,我国于 2002 年 6 月由国家信息产业部科学技术司批准成立数字音视频编解码技术标准工作组。工作组的任务是面向我国的信息产业需求,联合国内企业和科研机构,制(修)定数字音视频的压缩、解压缩、处理和表示等共性技术标准,为数字音视频设备与系统提供高效经济的编解码技术,服务于高分辨率数字广播、高密度激光数字存储媒体、无线宽带多媒体通信和互联网宽带流媒体等重大信息产业应用。近年来,我国努力促进制定数字音视频编解码技术的标准,在上百家企业和科研单位共同参与下,其中最重要的视频编码标准于 2006 年 3 月 1 日起实施。其后,音频、移动视频、系统和数字版权管理等部分将相继审批、发布。数字音视频编解码技术标准 AVS 目前已经取得重要进展,编码效率比目前音视频产业可以选择的信源编码标准 MPEG-2 高 2 至 3 倍,与 MPEG-4 AVC 相比技术方案简洁,芯片实现复杂度低,达到了“第二代”的最高水平。AVS 标准是《信息技术先进音视频编码》系列标准的简称,包括系统、视频、音频和数字版权管理 4 个主要技术标准和一致性测试等支撑标准。目前,音视频产业可以选择的信源编码标准有 4 个:MPEG-2、MPEG-4、MPEG-4 AVC 和 AVS。从制定者分,前三个标准是由 MPEG 专家组完成的,第 4 个是我国自主制定的。从发展阶段分,MPEG-2 是“第一代”信源标准,其余三个为“第二代”标准。从主要技术指标——编码效率比较:MPEG-4 是 MPEG-2 的 1.4 倍,AVS 和 AVC 相当,都在 MPEG-2 两倍以上。

7.5　医学视频流技术

目前医院信息化技术虽然发展较快,但医学视频信息化却没有获得太多的发展,流媒体技术在医学领域的应用能极大地推动医学视频信息化的进程。流媒体技术能让产生视频流影像的各个科室中采集的视频信息和相应的文字信息实时快速地到达目的地,并送入图像视频流服务器中保存和管理。其他部门如门诊可通过医院的局域网查询图像视频流服务器,浏览病人的视频流信息,或者记录下来的手术过程,实现全方位的视频信息共享。医学视频流采集系统的主功能包括连接模块,可以通过前台控制和选择连接的流媒体、静态图像捕捉模块、视频流图像录制模块和视频流播放模块等。通过视频采集卡,把各种医学视频流图像的模拟信号转换成数字图像。医院各科室每天都要产生大量的视频流图像文件,对视频流文件的有效管理是设计医学视频流系统的另一个重要技术,也就是医学视频案例的制作和归档的问题。

7.5.1　医学视频案例

由于视频采集条件的限制,比如目前各大医院并没有设置可视化手术平台,除非手术器械本身自带图像采集设备并能实时传播，而目前市场上并没有这样的手术器械，医生手术治疗过程的数字化视频影像采集过程具有很大的局限性。但手术过程视频化具有极高的经验价值，以及视频证据的保留有利于解决医患矛盾和让手术过程透明化。手术本身带有很多不可预料的状况，很多医患纠纷就是因为手术过程不明朗，病人家属产生误解而造成的。而手术状况变化的不可预见性同时也可以为相似案例积累宝贵的临床经验，但如果无视频资料流传，经验的获得只能限制在极小范围内。目前市场上可购买的视频案例教程价格都非常昂贵。

所有案例都是事件，但并非所有事件都是案例，医学视频案例制作除了受视频采集环境限制之外，还要考虑到案例制作的价值，也就是视频流数据采集和格式的选择问题。医学视频可以通过录像机、摄像仪等设备采集，视频案例制作、视频文字添加和视频声音文件添加等可以采用简单灵活的会声会影来完成。医学动画案例制作可以借助于 Flash，SWiSHmax 等动画制作软件来完成。Flash 是一种创作工具，设计人员和开发人员可使用它来创建演示文稿、应用程序和其他允许用户交互的内容，比较适合医学示教动画，网络上很多可以下载的医学动画素材都出自 Flash 软件。Flash 可以包含简单的动画、视频内容、复杂演示文稿和应用程序以及介于它们之间的任何内容。通常，使用 Flash 创作的各个内容单元称为应用程序，即使它们可能只是很简单的动画。你也可以通过添加图片、声音、视频和特殊效果，构建包含丰富媒体的 Flash 应用程序。Flash 的前身是 Future Wave 公司的 Future Splash，是世界上第一个商用的二维矢量动画软件，用于设计和编辑 Flash 文档。1996 年 11 月，美国 Macromedia 公司收购了 Future Wave，并将其改名为 Flash。在出到 Flash 8 以后，Macromedia 又被 Adobe 公司收购。Flash CS3 增加了导出 QuickTime 视频的功能。这种方式可以精确地将 Flash 电影导出，包括嵌套的影片剪辑、Action Script 产生的内容以及其他运行时的效果，例如投影、模糊等特效。Flash 最新版本为 Adobe Flash CS5。SWiSHmax 是 Swish 的最新版本，支持 Flash MX 的语法，SWiSHmax 是 Flash 编辑工具 SwiSHzone 家族的新成员。

视频素材采集最好能实现广播级摄像机和镜头的远程控制，要能完成镜头的全方位操作、摄像机的远程开关机和摄像机参数远程设置等功能，远程控制单元（WJ-EX201N）比较适合于手术室示教、远程医疗和远程会诊并采集相关视频素材。

7.5.2　医学视频技术在远程诊断中的应用

远程会诊（Teleconsultation）和诊断（Telediagnosis）是远程医疗研究中应用得最广泛的技术，在提高边远地区医疗水平，对灾难中的受伤者等特殊病人实施紧急救助方面都具有重要作用。现阶段，无论发达国家还是发展中国家，其医疗资源分布都存在地域性或不平衡发展，这不仅表现在医院规模和医疗设施的配置上，更主要体现在医疗专业人员资源分布的非均衡性上，远程医疗无疑为解决这一问题提供了出路。医学视频流是远程医疗信息强有力的载体。

远程诊断是医生通过对远地病人的图像和其他信息进行分析做出诊断结果，即最后的诊断结论是由与病人处于不同地方的远地医生做出的。远程会诊与诊断的显著区别在于远程诊断对医学图像的要求较高，即要求经过远程医疗系统经图像识别、图像压缩、处理和显示的医学图像不能有明显的失真。远程诊断系统有同步（交互式）和异步之分。同步系统具有与远程会诊系统类似的视频会议和文件共享的设备,但是要求更高的通信带宽以支持传送交互式图像和实时的高质量诊断图像。异步的远程诊断系统基于存储转发机制,各种信息,如图像、视频、音频和文字组成一种多媒体电子邮件,并在方便的时候发送给专家,专家将诊断结论发给相关的医护人员。在远程诊断使用不多的场合,异步远程诊断系统可降低对带宽的要求,可采用比同步远程诊断和远程会诊要求低的通信网络。欧美等国家都将远程医疗作为医疗改革,解决边远地区医疗资源缺乏的方案。在政府资助的各种研究计划中常常需要将远程会诊和诊断集成在一起使用。如英国的 SAVIOUR 项目,是从 1993 年 11 月开始实施的,其目的是通过建立远程医疗试点来证明通过实施远程医疗能提高广大偏远农村的医疗水平。其具体做法是,在中心地区设立一个中心医院,在偏远农村设立 4 个当地中心,中心医院与 4 个当地中心之间的通信采用窄带 ISDN(128kbps)完成远距离通信,中心医院内部采用较高的局域网。在某些偏远地区也采用便携卫星接收器。

随着 IP 网络性能的提高,网络传输的带宽有了很大的提高,这为音视频流的传输提供了技术基础,同时这也使视频会诊在远程医疗中的应用成为可能。现场观摩对学生及医生进行新的手术程序的培训和指导是远远不够的,远程医疗教学不仅能永久记载手术和示教过程,而且能回放和交互,所以医学视频流在远程医疗示教中的应用需求越来越大。对于医学专业人员来说,为了获得近乎现场培训的经验,对于远程教学的视频质量要求非常高,而且对于不同类型的手术,为了更加清晰地了解手术的细节,展示外科医生在手术中的每个细节,甚至精细到毫米,消除复杂手术过程中的模糊的画面,同时对视频设备的要求也很高。

远程医疗(Telemedicine)是网络科技与医疗技术结合的产物,它通常包括远程诊断、专家会诊、信息服务、在线检查和远程交流等几个部分;它以计算机和网络通信为基础,实现对医学资料和远程视频、音频信息的传输、存储及共享。

远程医疗系统的特点以及对视频通信的需求如下。

(1) 与其他数字医疗系统有机地整合在一起,协同工作,实现互连,进行会诊或培训。

(2) 注重实用性,医疗卫生系统的视频会议系统可以有多种不同的应用,例如远程手术、远程专家会诊、远程诊断、远程医疗培训以及远程会议等。

(3) 对音视频通信的实时性、可靠性和稳定性的要求较高,尤其是用于远程会诊时,对视频图像的质量要求更高。

(4) 网络环境相对复杂:在国家级、省级、医学院或研究机构往往有自己的专网和丰富的带宽资源,在地市级或县级医疗机构则没有自己的网络,需要租用电信部门如 ADSL、ISDN 等通信速率较低的网络。

远程会诊离不开医学视频流技术的支持,远程会诊实现了医院之间的资源互补、各取所长、综合利用,从而充分发挥不同医院之间的专科优势,最有效地利用资源,用最便捷的方法为患者提供诊断服务。运用当前迅速发展的虚拟现实技术开展远程出席和手术等新的研究。远程出席(Telepresent)系统使在中心医院的专家能够从远端医生或护理人员的"肩膀上"看到他对当地病人的检查。远地护理人员要佩带一个特殊头盔,头盔上有一个微型视频摄像头、麦克风、耳机和一个微型屏幕。视频和音频信号通过头盔传送到中心医院,专家能与远地护理人员交谈并指导远地正在进行的检查。远程手术(Telesurgery)系统运用遥感和机器人等技术使专家能看到手术现场,并根据专家的手术动作控制远地的机器人或机器手的动作对远地病人做手术。

练习

一、选择题

1. 视频信息的最小单位是(　　)。

    A. 比率　　　　　B. 帧　　　　　C. 赫兹　　　　　D. 位(bit)

2. 影响视频质量的主要因素是(　　)。

    (1) 数据速率　　　(2)信噪比　　　(3)压缩比　　　(4)显示分辨率

    A. (1)　　　　　B. (1)(2)　　　C. (1)(3)　　　D. 全部

3. 数字视频的重要性体现在(　　)。

    (1)可以用新的与众不同的方法对视频进行创造性编辑

    (2)可以不失真地进行无限次拷贝

    (3)可以用计算机播放电影节目

    (4)易于存储

    A. 仅(1)　　　　B. (1)(2)　　　C. (1)(2)(3)　　D. 全部

4. 要播放音频或视频光盘,(　　)不是需要安装的。

    A. 网卡　　　　　B. 声卡　　　　C. 影视卡　　　　D. 解压卡

5. 下面哪一种说法是不正确的?(　　)

    A. 视频会议系统是一种分布式多媒体信息管理系统

    B. 视频会议系统是一种集中式多媒体信息管理系统

    C. 视频会议系统的需求是多样化的

    D. 视频会议系统是一个复杂的计算机网络系统

二、思考题

1. 简述模拟视频转换为数字视频的过程。

2. 简述 NTSC 制式和 PAL 制式的区别。

3. 简述会声会影软件基本配置环境的要求。

三、实训题

1. 用视频处理软件会声会影链接两段视频;去除视频信息中的音频信号;为视频配音。

2. 按照如下要求制作一个成品,把视频与音频进行合成,并进一步完成多个音频素材的合成。

(1) 表现主题:夏天由晴转雨,过程:乌云密布,狂风大作,倾盆大雨并伴有雷声,雨声中夹杂雷声。

(2) 文件格式:AVI。

(3) 画面尺寸:240×320。

(4) 视频文件:夏日晴转雨.avi(动画,去除音频)。

(5) 音频文件:①鸟鸣.wav,②风声.wav,③雷声.wav,④雨声.wav。

第 **8** 章　　医学动画案例制作

医学多媒体除了强调生动形象外,还要保证内容详细和精确,医学视频可以展示医学事件产生的动态过程,电脑动画则可以把无法通过解剖获得的生理现象以动态模拟的方式展示给观众。计算机断层扫描(CT)、磁共振(MRI)、超声成像、血管造影、核医学显像和内窥镜技术等用于临床,使许多疾病的诊断更加直观,同时也为医学案例制作提供了大量的素材。

介入治疗、内窥镜治疗和放射治疗的发展,微创外科的兴起使许多借助于显微视频影像的疾病治疗水平有了显著的进步;器官、组织和细胞移植,人工器官、人工组织的研究以及组织器官虚拟三维重建技术的发展,使器官功能衰竭、组织严重损伤的治疗有了新的转机;分子生物学、细胞生物学、组织化学和基因工程等技术的发展在阐明病因、发病机理以及诊断和治疗方面显示了重要的前景。而所有这些领域在示教过程中我们都可以借助于医学动画案例设计来形象地展示。

对于人体各部分的组织结构及其功能,如能以三维数字模型、动画的方式将其呈现给学生,不仅可以提高学生学习的主动性,更能加深其对人体组织结构的理解,激发学习的兴趣。目前,有多媒体技术参与的动画医学案例在基础医学、临床医学、口腔医学、公共卫生与预防医学、中医学、中西医结合、药学等示教宣传方面都有突出的表现。医学动画案例制作工具主要有平面设计软件 Adobe Photoshop、动画制作软件 Gif Construction、矢量动画制作软件 Adobe Flash 和三维动画制作软件 3DMAX,其他 3D 应用软件还包括 Maya、Lightwave 3D、Cinema 4D、Softimage 3D 和 Shade 等。

8.1　心脏动画

人体很多生理特征都与心脏收缩、血液循环产生的现象有关,但无论是解剖还是多排螺旋 CT 扫描,都无法把心脏收缩、舒张时,瓣膜的开闭情况以及体循环、肺循环的血流路径动态地展示出来,通过动画设计软件把 CT 和 MRI 数据重新整合,则可以独立地展现这一生理过程。具体可以完成 3D 心脏模型、心脏解剖、心脏血液流动和心脏生理过程虚拟动画展示等案例制作。内科学中关于心脏搏动的课程、“心脏的结构”以及“心脏射血过程”等内容的表现是一个难点,如何化静为动、化抽象为形象,让学生直观地感受到心房、心室的舒缩,瓣膜开闭的过程等是提高整个课件水平的关键。

在心脏动画案例制作之前首先需要弄清楚正常心脏的解剖结构、工作流程和状态,心室(心房)收缩(舒张)后把血液送到哪里去,瓣膜如何开关,血液如何流动,静脉血、动脉血如何标注。心脏不断做收缩和舒张交替的活动,舒张时容纳静脉血返回心脏,收缩时把血液射入动脉,为血液流动提供能量。通过心脏的这种节律性活动以及由此而引起的瓣膜的规律性开启和关闭,推动血液沿单一方向循环流动。血液循环路线为:左心室→(此时为动脉血)→

主动脉→各级动脉→毛细血管（物质交换）→（物质交换后变成静脉血）→各级静脉→上下腔静脉→右心房→右心室→肺动脉→肺部毛细血管（物质交换）→（物质交换后变成动脉血）→肺静脉→左心房→左心室，然后开始新一轮循环，我们通过动画案例制作可以把血液循环周期完美地展现出来。

医学案例相关素材很容易通过高分辨率 MRI、CT 数据在网络素材库中获得，也可以通过 Adobe Photoshop 软件临摹或通过彩图扫描后获得。一般的心脏血液循环模型及心脏功能动画演示过程只要在图 8-2 中的素材上稍做修整即可完成，通过 Adobe Photoshop 图章工具来改变心房心室的大小，获得心房心室等的收缩与扩展动态效果素材，通过 Flash 软件中的任意变形工具来改变心脏壁及心脏隔膜的厚度，计算动画帧与心脏运动的时间关系，加上血液细胞的流动效果来模拟心脏动态功能，导入声音文件为心脏动画配上心音和解说文件，同时添加文字信息，即可完成心脏动态功能图，如图 8-1 所示为带有播放、暂停、声音大小调整及文字提示交互按钮的心脏动画演示案例。

图 8-1　心脏血液循环动画

图 8-2 为绘图工具临摹描绘的心脏解剖图。从外形观察，心脏似倒置的圆锥，略大于本人拳头，可分一尖、一底、两面、三缘和三沟。可见左冠状动脉前室间支，其主要分支有动脉圆锥支、左室前支、右室前支和室间隔支。右冠状动脉起于主动脉右窦，在右心耳与肺动脉干根之间入冠状沟，向右行绕过心右缘，至房室交点处分为后室间支和左室后支。右冠状动脉的其他分支有动脉圆锥支、右缘支、窦房结支和房室结支。

心脏的泵血依靠心脏收缩和舒张交替活动得以完成。心脏收缩时将血液射入动脉，通过动脉系统将血液分配到全身各组织；心脏舒张时通过静脉系统使血液回流到心脏，为下次射血做准备。心动周期持续的时间与心跳频率有关，成年人心率平均每分钟 75 次，每个心动周期持续 0.8s。一个心动周期中,两心房首先收缩,持续 0.1s,继而心房舒张,持续 0.1s,继而心房舒张,持续 0.7s。当心房收缩时,心室处于舒张期,心房进入舒张期后不久,心室开始收缩,持续 0.3s,随后进入舒张期,占时 0.5s。心室舒张的前 0.4s 期间,心房也处于舒张期,这一时期称为全心舒张期。可见,一次心动周期中,心房和心室各自按一定的时程进行舒张与收缩相交替的活动,而心房和心室两者的活动又依一定的次序先后进行,左右两侧心房或两侧心室的活动则几乎是同步的。另一方面,无论心房或心室,收缩期均短于舒张期。如果心率增快,心动周期持续时间缩短,收缩期和舒张期均相应缩短,但舒张期缩短的比例较大;在动画设计过程中,可以完美地展示心脏的泵血功能:①血液在心脏内的单方向流动是怎样实现的。②动脉内压力比较高,心脏怎样将血液射入动脉的。③压力很低的静脉血液是怎样返回心脏的。

图 8-2　心脏解剖图

8.1.1　心脏血液循环动画案例制作

1. 心脏动态收缩与时间轴之间的关系

心脏的一次收缩和舒张,构成一个机械活动周期称为心动周期(Cardiac Cycle),通常指心室的活动周期。心动周期是心率的倒数,假如心率为 75 次/分,则每个心动周期持续时间为 0.8s。在一个心动周期中,心房和心室的机械活动可分为收缩期和舒张期。图 8-3 展示了心动周期心房心室舒展、收缩与时间轴的关系,心音与心房心室舒展收缩的相关性。

图 8-3　心脏舒缩和心音与时间轴的相互关系

如图 8-3 所示,假如以默认的 12fps 作为 Flash 的播放速度,心脏完成一个心动周期需要 9.6 帧,如果按照实际心动周期演示心脏的搏动,我们需要重新计算 Flash 动画的播放速度,以每 0.1s 播放一帧为例,因此需要把 Flash 播放速度设置为 10fps。如果在心脏泵血的同时加上心音信号,那么就要对心音信号进行相应的处理以及在心音信号导入时对时间轴进行相应的设置。

2. 心音信号处理

在第 4 章对正常心音信号与心脏收缩舒展之间的相关性、心音信号的采集、心音图常用标注符号以及 MATLAB 滤波器对心音信号的处理等做了详细的介绍。正常的第一心音是由两个高频成分构成的。第一个高频成分(M1)是二尖瓣关闭产生的,而第二个高频成分(T1)是由三尖瓣关闭产生的两部分组成的,它们几乎同时发生但略微分裂。GoldWave 处理第一心音信号,图 8-4 为含有噪声未经过处理的信号。图 8-5 为经过降噪后的第一心音信号波形。

图 8-4　未经滤波的 S1 心音信号和频率图

图 8-5　经 GoldWave 软件降噪后的心音信号和频率图

从图 8-4 和图 8-5 中可以看出传统的心音信号消噪方法在消除噪声的同时,也滤除了心音的有用信息。由于信噪比低,因此心音信号处理过程一般通过以下步骤实现,信号滤波及信号放大,放大之后转换成数字信号进一步处理,最终目标是从采集的信号中提取到心音信号。因此对心音信号的滤波用单纯的软件降噪往往是不可取的。

8.1.2　心脏动画的制作要点

为了制作出心脏血液流动效果,在动画制作过程中必须注意以下几点:①用做血液流动背景的心脏图片分辨率不要过高,因为人的视觉分辨有限,在图片分辨率超过 150dpi 后,所制作的动画清晰度提升效果不明显,但是所形成的动画文件将大很多,如果作为网络课程的素材将影响网络的传输。②当制作引导动画时,在心房收缩和心室收缩的周期中分别制作引导线,模拟血液流动的过程,这样便于动画运动的节奏控制。③对于有瓣膜开闭的地方,最好对每一个瓣膜开关设置一个引导图层,使多通路传导的动画同时进行。④如果加入同步讲解,声音文件最好采用 MP3 格式,在同步参数选项内设置成"数据流"格式,以便作为网络素材时能顺利播放。

8.1.3　心脏动画制作的关键步骤

按心脏模型画出心脏 4 个心腔剖面图,通过 Photoshop 图像处理软件中的橡皮擦、仿制图章、自由变换和绘图等工具获得心脏素材图像,此时 4 个心腔均处于扩张状态,动脉瓣处于闭合状态,房室瓣为开放状态,左、右心房间有一缺口。然后用仿制图章工具以及 Flash 中局部调整的方法将 4 个心腔剖面图中的心腔修改为收缩状态,动脉瓣处于开放状态,房室瓣为闭合状态。注意仅仅修改要活动的部分,不要增加或删除节点,不要移动不活动部分的节点,否则将无法生成所需要的变形。

通过 Photoshop 仿制图章工具获得心房心室收缩和扩展效果素材图。采用 Flash 软件逐帧导入素材,在适当的地方插入形状补间动画、添加新图层,在新图层中绘制瓣膜闭合效果。导入心音、旁白等声音素材,添加文字,完成动态心脏血液流动效果动画案例的制作。

为了最佳地演示心脏搏动的状况,根据心脏实际搏动的动态效果将整个动画定为 P24 帧,各部位动作的开始帧和结束帧所描述的动作如下。

1. 右心房

P24～P3:右心房由收缩转为扩张。
P4～P19:右心房处于扩张最大位置不动。
P20～P23:右心房由扩张转为收缩。

2. 左右心室

P23～P8:左、右心室由扩张转为收缩。
P9:左、右心室处于收缩最大位置不变。
P10～P19:左、右心室由收缩转为扩张。
P20～P22:左、右心室处于扩张最大位置不动。

3. 左心房

P1～P3：左心房由收缩转为扩张。

P4～P19：左心房处于扩张最大位置不动。

P20～P22：左心房由扩张转为收缩。

P23～P24：左心房处于收缩最大位置不动。

4. 动脉瓣

P1～P9：肺动脉瓣、主动脉瓣开、关一次。

P10～P19：肺动脉瓣、主动脉瓣关闭。

5. 房室瓣

P10～P19：房室瓣开、关一次。

P20～P9：房室瓣关闭。

用 Photoshop 的画笔工具颜料画出主动脉、肺动脉，上、下腔静脉，以及 4 个心腔内的泵血过程。

上、下腔静脉流入的血液用天蓝色颜料，来自肺静脉的血液用红色颜料。缺口处的血液为蓝色与红色的混合状。

P1～P10：血液从上、下腔静脉流入右心房。

右心室的血液注入肺动脉；

肺静脉的血液流入左心房；

左心室的血液流入主动脉。

P11～P24：左、右心房的血液流入左、右心室。

8.1.4 动画文件的创建

启动 Flash 动画制作软件后单击 File 菜单中的 New 菜单，创建一个新文件。然后按 Ctrl＋M 或者单击鼠标右键在弹出的窗口中选择影片属性，在弹出的影片属性对话框中设置舞台窗口的尺寸与属性后单击"确定"按钮即能完成新动画文件的创建。动画文件创建后单击 File 菜单中的导入，导入到舞台，将心脏素材图片按顺序逐帧导入。增加一个图层 2 和引导层，再选中工具窗中的"铅笔"工具，然后选中引导层中的第一帧，用"铅笔"工具沿血液流动传导的路径画一条弯曲平滑的线。选中图层 2 的第一帧，在场景中画一个圆作为血液流动的标志物。然后选中这个圆，按 F8 键，将其定义成一个图形元件，并将此圆拖到引导线的起始端，拖动时圆的圆心始终要对齐引导线，若对齐了，引导线周围会出现一个小圆圈。由于 Flash 动画每秒播放 10 帧，根据动画所需播放时间分别选中这三层的对应帧，按 F6 键，分别插入一个关键帧。选中图层 2 的对应帧，将此帧中的圆，用鼠标选中，沿画好的引导线，拖到引导线的末尾。动画就制作完成了，按 Ctrl＋ Enter 键查看效果。如果动画效果良好即可单击 File 菜单中的导出菜单，将制作好的动画按照需求发布成需要的文件格式。

如果想在动画中插入同步讲解，可先将讲解内容通过声卡采集并保存后，再增加一个图层,然后单击 File 菜单中的导入键,将声音文件导入动画内,然后选中新增加的图层,在声音信息窗内选中需要的声音文件,并将其导入新增加的图层就可以将声音添加到动画内,导出带讲解的 Flash 动画文件。

8.2　人体穴位案例制作

《黄帝内经》记载了 160 个穴位名称。《针灸甲乙经》对人体 340 个穴位的名称、别名、位置和主治有一一论述。宋代王惟重新厘定穴位、订正讹谬,撰著《铜人腧穴针灸图位》,并且首创研铸专供针灸教学与考试用的两座针灸铜人,其造型之逼真、端刻之精确,令人叹服。可见,很早以前,我国古代医学家就知道依据腧穴治病,并在长期实践过程中形成了腧穴学的完整理论体系。而越是看不见摸不着的东西越需要形象的方式给予描述。到目前为止已发现人体总计穴位有 720 个,医用 402 个,其中有活穴和死穴之分,其中不致死的穴位为 72 个,致命的为 36 个,总计 108 个要害穴位。动画在穴位推拿教学案例中无疑是不错的选择。

人体穴位多媒体学习动画可以直观地向人们显示人体各个部分的穴位位置,据粗略统计,人体重要的穴位就有 365 个,无论多么专业的人也无法全部熟记这么多穴位的名称。设计人体穴位动画可以为医务人员的学习提供方便。

8.2.1　动画素材

相比较于心脏动画素材,人体穴位动画素材相对容易收集,可以采用二维人体平面图来展示。各个部位可以分割开来,穴位动画演示可分为头正面、头侧面、头背面、腹胸部、腰背部、上肢、下肢和足部,素材采集可以采用真人图片、二维矢量图绘制或 3D MAX 三维人体模型绘制,推拿或针灸手法可以直接到针灸推拿科用视频摄像仪拍摄。

由于人体穴位种类很多,因此不可能在全部穴位所在的部位都用明显的点标注出来,否则有的地方会成为黑乎乎一片,看不清穴位的所在位置,理想状态是在穴位对应的位置添加按钮元件,当鼠标移动到穴位所在位置并单击鼠标时,即出现红色的点来提示穴位。同时在边上出现穴位的解说或显示相应穴位的针灸方法或推拿手法的视频。另一种方式是穴位名称和对应的人体图案在同一页面不同位置显示,当使用者单击穴位名称时,人体结构图上穴位所在部位显示闪烁点,并用文字或语音提示取穴方法、位置和疗效等信息。完成后的足部针灸穴位动画如图 8-6 所示,用鼠标单击图中的丘墟穴位所在位置时,出现红点提示,同时出现关于丘墟穴的提示:比如位置、针灸治疗方法记载、取穴方法和推拿按摩手法视频显示等,同时播放声音解说。

对于为学习案例而制作的 Flash 动画,实现播放、暂停和继续播放的交互按钮制作是最基本的要求。一幅 Flash 作品在开始播放前,往往一切都是静止的,当单击播放按钮时声音和图片才开始播放。学习者想要在某个片段停止动画播放时,单击暂停按钮,声音和画面即暂停播放。直到单击继续播放为止。虽然现在安装专门的 Flash 播放器也可以做到动画的播放、暂停和继续播放,但毕竟这样就需要安置专门的插件,因此还不如让作品本身带有以上功能的按钮会更方便一些,在 8.2.2 节中将专门介绍简易按钮及脚本的制作。

图 8-6　足部穴位指示动画

8.2.2　穴位交互按钮的制作要点

穴位交互按钮的制作如图 8-7 所示,在指针经过所在的位置插入空白关键帧,并在编辑区绘制红色小圆,以便鼠标单击动画中的穴位时出现红点提示。为按钮取名为 a1,a2…,单击 a1 按钮元件时,以便触发对应的文字解说、按摩手法视频信息和针灸穴位动画等影片剪辑元件播放,要完成这一功能,需要把解说等素材做成影片剪辑元件,并取名为 b1、b2…,在元件拖入场景中时,属性面板中的实例名称框如图 8-8 所示,在输入框中填入相应的实例名称。只有名称对应了,脚本的功能才能被实现。触发解说影片剪辑播放的脚本关键语句如下。

图 8-7　元件实例名称输入框　　　　　　图 8-8　穴位指示按钮的制作

按钮 a1,a2…,分别对应影片剪辑 b1,b2,…；将不同名称的按钮分别叠加于对应的穴位,动画播放时,单击 a1 按钮播放 b1,单击 a2 按钮播放 b2,单击 a3 按钮播放 b3…。

这里得用到 Flash 脚本 ActionScript 的命令 gotoAndStop,它的意思是转到并停止。

```
on (release) {
          gotoAndStop(帧);
}
```

给按钮加动作时一定要包含在 on 命令的大括号中,on 后跟的事件包括 press、release、releaseOutside、rollOver、rollOut、dragOver。

这些跟在花括号后面的事件分别表示:

press——单击,鼠标指针在按钮上时按下鼠标键所触发的事件;

release——释放,鼠标指针在按钮上时,释放鼠标按键所触发的事件;

rollOver——指针经过,鼠标指针移到按钮上面所触发的事件;

rollOut——指针离开,鼠标指针从按钮上移出所触发的事件;

releaseOutside——释放离开,鼠标指针在按钮上时按下鼠标按键,移出按钮外后才释放按键所触发的事件;

dragOut——拖放离开,鼠标指针在按钮上时按下鼠标键,然后拖出按钮外所触发的事件;

dragOver——拖放经过,鼠标指针在按钮上时按下鼠标键,然后拖出按钮外,接着又拖回按钮上所触发的事件;

keyPress——按键,按下指定的键盘键所触发的事件。

释放鼠标,播放第 30 帧的脚本代码为:

```
on(realse)
{
          gotoAndPlay(30);
}
```

8.2.3　Flash 库按钮及脚本编写

Flash 窗口菜单的公用库的接联菜单按钮中有许多已经绘制好的按钮如图 8-9 所示,根据动画播放要求把选中的库按钮拖入到舞台相应位置,按照按钮交互功能添加相应的脚本。

在 Flash 动画中导入所有图片、按钮、影片剪辑和声音文件以后,可以再添加一个 AS 图层,在新添加的 AS 图层第一帧加入动作脚本:stop();StopAllSound();目的是为了在打开医学案例之后,让声音和图片都处于起始页的静止状态。在新增图层输入脚本以后,新增图层的第一帧发生了变化,上面显示一个 a 标志,如图 8-10 所示。

然后再一次添加新的图层,在新的图层第一帧上从按钮库中拖入如图 8-11 所示的按钮,从左到右第一个按钮可以作为播放按钮使用,第二个按钮为暂停功能按钮,第三个按钮为停止并跳跃到最后一帧的按钮,第四个按钮为从暂停位置继续播放的按钮。

图 8-9　库按钮

右击最左边的按钮,出现如图 8-12 所示的快捷菜单,单击动作菜单,弹出如图 8-13 所示的动作脚本的编辑区,在编辑区中,可以设置如下代码:

```
on(release)
{
    GotoAndPlay(1);
}
```

图 8-10　帧动作标志

图 8-11　常用库按钮

图 8-12　下拉菜单

图 8-13　AS 编辑区

依次类推,分别在后面的三个按钮添加如下 Flash 脚本语言。

- **暂停按钮的脚本**

```
on(release)
{
    stop();
    k = (sound.position)/1000 //用 K 来记录暂停帧所在的位置
```

```
}
```

- 重新播放按钮

```
on(release)
{
    gotoAndStop(1);
}
```

- 继续播放按钮的脚本

```
on(release)
{
    sound.start(k,0);      //从 K 帧开始继续播放
play();
}
```

- 后退按钮的脚本

```
on(release)
{
    GotoAndPlay(1);
}
```

- 退出按钮的脚本

```
on(release)
{
    fscommand("quit");
}
```
//当鼠标按下再释放的时候,运行命令集中的"退出"命令

- 前进按钮的制作。功能:向前走一步,动画向下一个步骤运行,或是快进。按钮上的脚本语言如下:

```
on(release)
{
    nextFrame();
}
```
//当鼠标按下再释放的时候,往下走一帧(前进一帧)

- 后退按钮的制作,功能:后退一帧,或是返回。按钮上的脚本语言如下。

```
on(release)
{
prevFrame();
}
```
//当鼠标按下再释放的时候,往上走一帧(后退一帧)

- 帧跳转按钮,功能:从某一帧跳转到任意的某一帧。按钮上的脚本语言如下。

```
on(release)
{
    stopAllSounds();
```

```
        gotoAndStop(某帧);
}
```
//当鼠标按下再释放的时候,停止所有的声音,跳转并且停在第某帧处

● 控制对象的显示,作用:多用于填空,让对象可见与不可见的控制。按钮上的脚本语言如下。

```
on(release)
{
    stopAllSounds();
    t1._visible = !t1._visible;
}
```

同时,对应的帧上的脚本语言为:

```
stop();
t1._visible = 0
t2._visible = 0
t3._visible = 0
t4._visible = 0
t5._visible = 0
```
//当鼠标按下再释放的时候,停止所有的声音,按钮的对象——影片剪辑实例 t1 为可见的时候,则变为不可见;如果为不可见时,则变为可见
//帧上的脚本初始化——设置影片剪辑实例 t1、t2、t3、t4、t5 等为不可见

有时需要对动画进行全屏、放大、缩小、退出、调用外部可执行程序等的播放控制,fscommand 语句可以实现以上功能。fscommand 格式如下:

fscommand(命令,参数);//可以向 Flash 播放器传递两个字符串参数。在 Web 页面中的 Flash 可以将 fscommand 传递来的参数交给 JavaScript 进行处理,完成一些和 Web 页面内容相关的互动工作。

全屏播放动画的设置,设置全屏尺寸使画面布满整个屏幕,将如下脚本语言写在主场景的第一帧上,帧上的脚本语言为:

```
fscommand("fullscreen","true");
//调用 Flash 命令集中的命令,全屏,且当条件为真的时候
```

fscommand 命令的其他参数功能如下。

("showmenu", "true/false"):右键菜单设置,True 显示,False 不显示。

("allowscale", "true/false"):缩放设置,True 自由缩放,False 调整画面不影响影片本身的尺寸。

("exec","exe 程序名称"):调用 EXE 外部程序。

("quit"):退出关闭播放器窗口。

8.2.4　穴位动画实现步骤

第一步:首先建立按钮元件分别为 a1,a2,a3,…;第二步:新建影片剪辑分别为 b1,b2,b3,…;第三步:新建图层 1,在第一帧上按 F6 键并导入人体模型;第四步:新建图层 2,把按钮 a1 拖入按 F5 键加上几个帧,按 F9 键打开动作面板,在动作面板中输入以下

代码。

```
on (release)
{
    gotoAndStop(2);
}
```

新建图层 3 把按钮 a2 拖入按 F5 键加上几个帧,按 F9 键打开动作面板,在动作面板中输入以下代码:

```
on (release)
{
    gotoAndStop(3);
}
```

新建图层 4 把按钮 a3 拖入按 F5 键加上几个帧,按 F9 键打开动作面板,在动作面板中输入以下代码:

```
on (release)
{
    gotoAndStop(4);
}
```

以此类推,直到所有穴位被按钮覆盖,再新建下一个图层,第一帧不要管它,直接在第二帧上按 F6 键插入关键帧,把影片剪辑 b1 拖入,在图层第三帧上按 F6 键插入关键帧,把影片剪辑 b2 拖入,在第四帧上按 F6 键插入关键帧,把影片剪辑 b3 拖入……以此类推直到对应于相关穴位的所有影片剪辑都被放入对应图层的关键帧中,这样,第一种类型的穴位动画即告完成。

8.3 Flash 动画与常用教学平台的集成

目前,越来越多的教学案例采用 Adobe Flash 来制作。而 PowerPoint 依然是多数人首选的教学课件制作软件,在 PowerPoint 中结合多媒体素材整合成一个系统的教学课件,在网页教学平台中插入 Flash 教学案例,已经在多媒体教学中越来越频繁地被采用。本节主要介绍 Flash 教学案例与 PowerPoint 软件的集成。以及在网页中插入 Flash 教学案例。

8.3.1 SWF 文件与 PPT 的集成

Flash 作品的可编辑文档后缀名为 fla,当 Flash 文档编辑完成后可以把 FLA 文件导出为可播放的 SWF 文件,SWF 文件可以通过 IE 打开,也可以通过专门的 Flash 播放器来播放。但在 PPT 文档中插入 Flash 影片是课件制作者经常使用的一种教学手段。由于这两款软件分属于两个不同的大公司,它们的兼容性并不好,这给很多教师,尤其是初学课件制作的教师带来了困扰。一般情况是将 Flash 影片和 PPT 文档分别同时保存,并且不能改变其相对路径和名称才能保证 Flash 影片在 PPT 文档中的正确播放。这给课件操作带来了诸多不便,使用者经常因为拷贝时漏拷 Flash 影片或拷贝后存储路径发生改变而导致 Flash 影片无法播放。而且这种集成方法对 Flash 插件的依赖也很强,如果 Flash 插件的版本不一样,属性框的设置项也不一样,这也无形中给初学者带来了设置上的难度。那么,如何能像在 PPT 文档中插入图片那样,让 Flash 影片和 PPT 文档融为一体,成为一个文件呢? 下面给出一种利用 PowerPoint 控件插入 Flash 影片的方法。具体操作步骤如下。

（1）运行 PowerPoint 2003,切换到要插入 Flash 动画的幻灯片。

（2）单击【视图】菜单,在弹出的下拉菜单中单击【工具栏】,再在弹出的子菜单中单击【控件工具箱】,出现如图 8-14 所示的【控件工具箱】。

（3）单击【控件工具箱】中的右下角【其他控件】出现如图 8-15 中红框标注的按钮,弹出 ActiveX 控件列表窗口,窗口中列出了系统已经安装的所有 ActiveX 控件。通过滚动条,在控件列表中找到 Shockwave Flash Object 并单击,此时系统会自动关闭控件窗口。

（4）将光标移动到 PowerPoint 的编辑区域中,光标变成十字形,按下鼠标并拖动,画出适当大小的矩形框,这个矩形区域就是播放动画的区域。

（5）右击矩形框,在出现的快捷菜单中单击【属性】,出现【属性】窗口。

（6）在设置控件属性时,如你的机器中安装的是 FlashPlayer 9 以前的版本,控件属性窗口中会有一个【自定义】选项,单击【自定义中的】会出现属性页。在这一步,影片 URL(M)中输入要插入的 Flash 影片的绝对路径、名称及扩展名。并将【嵌入影片】选中,即可实现将 Flash 影片嵌入 PPT 文档中的效果。

图 8-14　PowerPoint 控件工具箱　　　　　图 8-15　Shockwave Flash 控件属性对话框

必须说明的是,如果机器中安装的是新版的 Flash 控件,就不会出现【自定义】选项,而是直接出现如图 8-15 所示的控件属性窗口。直接使用控件属性窗口设置也可完成同样的效果,只是属性都是英文,不如属性页中的中文易懂。属性页中影片 URL(M) 对应的是控件属性窗口中的 Movie(影片)属性。【嵌入影片】选项对应的是属性窗口中的 EmbedMovie(嵌入)属性。只需在控件属性窗口,Movie 属性后输入绝对路径、文件名及扩展名,将 EmbedMovie(嵌入)属性设置成 True 即可,这两个输入框分别在图 8-15 所示中用红框标注。

等设置好这些内容后,将设置好的文档保存并关闭,这时 Flash 文档就被包含到 PPT 文档中,成为一个文件了。在放映该幻灯片时,Flash 动画就开始播放了。我们只需拷贝 PPT 一个文件,再也不用担心 PPT 中的 Flash 文件会丢失。

　　Flash 文件与 PPT 集成以后,如果插入的 Flash 动画本身没有播放控制按钮,那么如何在 PPT 中实现对 Flash 的播放控制,比如控制动画暂停或继续播放？下面介绍 PPT 文档播放按钮的制作。

- 制作【播放】按钮

　　在【控件工具箱】中选择【命令按钮】,在幻灯片中拖动,即可拖出一个命令按钮。调整好大小,在【属性】面板中做如下设置:在【名称】中输入 cmd_play,Caption 中输入播放。双击该按钮,进入 VBA 编辑窗口,输入如下内容:

```
Private Sub cmd_play_Click()
ShockwaveFlash1.Playing = True
End Sub
```

- 制作【暂停】、【前进】、【后退】、【返回】、【结束】按钮

　　按钮制作的方法同上。在【属性】面板中分别做如下设置:【暂停】按钮的【名称】为 cmd_pause,Caption 为【暂停】;【前进】按钮的【名称】为 cmd_forward,Caption 为前进;【后退】按钮的【名称】为 cmd_back,Caption 为后退;【返回】按钮的【名称】为 cmd_start,Caption 为返回;【结束】按钮的【名称】为 cmd_end,Caption 为结束。

　　分别为各个按钮加上 VBA,命令依次如下:

```
//
Private Sub cmd_pause_Click()
ShockwaveFlash1.Playing = False
End Sub
//
Private Sub cmd_forward_Click()
ShockwaveFlash1.FrameNum = ShockwaveFlash1.FrameNum + 30
ShockwaveFlash1.Playing = True
End Sub
//
Private Sub cmd_back_Click()
ShockwaveFlash1.FrameNum = ShockwaveFlash1.FrameNum - 30
ShockwaveFlash1.Playing = True
End Sub
//
Private Sub cmd_start_Click()
ShockwaveFlash1.FrameNum = 1
ShockwaveFlash1.Playing = True
End Sub
//
Private Sub cmd_end_Click()
ShockwaveFlash1.FrameNum = ShockwaveFlash1.TotalFrames
End Sub
```

　　说明:"//"双斜杠的作用主要是为了区分各个按钮的代码。在【前进】、【后退】、【返回】按钮中,后面均加上一条播放命令,是因为在实际应用时,发现后面如果没有播放命令的话,Flash 影片会停止播放,所以这句万万不可缺少。

- 播放幻灯片

要使按钮能成功控制 Flash 动画的播放,需要把工具菜单里的宏的安全级别设置为低。设置方法:单击【工具/宏/安全性】,将【安全级】设为【低】。重新打开 PowerPoint 就可以了。

8.3.2　在网页中插入 Flash 动画

Flash 可以实现网页中动态的交互式多媒体技术,由于它制作的动画丰富多彩、体积小、可边下载边播放,还可在网页中加入声音等众多优点,因此,Flash 已逐步成为了交互式网络多媒体技术的主流。我们在许多站点都能见到 Flash 动画,但是早期的 Frontpage 等网页制作工具并没有提供对 Flash 动画的支持,如何把 Flash 动画发布到网页中呢?下面就为大家提供一些方法。

要浏览 Flash 动画,必须在浏览器中安装 Flash 插件,在 4.0 以上版本的 IE 和 Netscape 浏览器中都自动整合了 Flash 功能,对于使用低版本浏览器的用户可到 www.macromedia.com 下载免费的 Flash 插件。

1. 用 Dreamweaver 网页编辑软件实现 Flash 与网页的集成

Dreamweaver 是 Macromedia 公司出品的一个专门的网页制作和网站管理工具。它所见即所得,功能强大,已经逐渐成为网页制作者的首选工具。由于和 Flash 同是一个公司的产品,因此 Dreamweaver 很好地提供了对 Flash 动画的支持,使用者可以很简单地在网页中插入 Flash 动画,就像插入一个 GIF 动画一样简单。具体方法是:启动 Dreamweaver,选择 Insert 菜单下的 Flash 选项,或按 Ctrl+Alt+F 键,即可将一个 Flash 动画插入到网页中去,然后保存,就可在浏览器中观看了。使用这种方法是最简单也是效率最高的插入 Flash 动画的方法,它不仅仅是插入了动画,而且可以根据设计的网页布局随意改变,优于下面介绍的两种方法。

2. 利用 Flash 软件自带工具实现 Flash 与网页的集成

Aftershock 是 Flash 自带的一个用来把 Flash 动画插入到网页中去的附加程序,在安装 Flash 软件时通过自定义可以把 Aftershock 组件安装到电脑中。Aftershock 可为 Flash 动画创造出 HTML 存储位置,并根据使用者的选择输入合适的参数。当使用者还在学习哪些参数能运用在一个嵌入的 Flash 动画上时,Aftershock 可以大幅度地加速制作,甚至写入需要的程式码内容,以协助那些没有 Flash 插件的浏览器处理,并帮助克服网页布局与微软浏览器之间的不相容问题。即 Aftershock 可以帮助使用者自动生成 object 和 embed 标签,并能自动生成相应的 JavaScript 代码用于检查用户的浏览器是否安装了 Flash 插件,如果没有安装,它可以生成一幅 GIF 图像代替 Flash 动画显示。具体操作是:启动 Aftershock,选择 File 菜单下的 Add Shockwave 选项,在弹出的对话框中选中一个制作好的 Flash 动画文件,然后再选择 File 菜单下的 Save 命令,即可将这个 Flash 动画保存到一个单独的网页中去。如果你想将这个 Flash 动画插入到一个已经制作好的网页中去,先选中该 Flash 动画文件,然后单击工具栏中的 Change html file 按钮即可。

而高版本的 Flash 软件在把 Flash 动画集成到网页中去时,只要采用文件菜单下的发布设置命令即可,设置完成后可以通过发布预览来观察设置后的动画在网页中的效果。等完成以后可以通过发布导出 HTML 文件。

3. 直接插入 HTML 代码实现 Flash 与网页的集成

网页创建者只要直接把下面代码插入到网页中去,假设在 D 盘目录下有一个 1. swf 动画文件,其代码描述为:

```
< object classid = "clsid:D27CDB6E-AE6D-11cf-96B8-444553540000" codebase = "http://download.
macromedia.com/pub/shockwave/cabs/flash/swflash. cab ♯ version = 7, 0, 19, 0" width = " 722"
height = "111">
< param name = "movie" value = "d:\1. swf" />
< param name = "quality" value = "high" />
< embed src = " d:\ 1. swf" quality = " high" pluginspage = " http://www. macromedia. com/go/
getflashplayer" type = "application/x-shockwave-flash" width = "722" height = "111"></embed >
</object >
```

在源代码中,object 标签是用于 Windows IE3.0 及以后浏览器或者其他支持 ActiveX 控件的浏览器的页面中插入对象。classid 和 codebase 属性必须要精确地按上例所示的写法写,它们告诉浏览器自动下载 Flash Player 的地址。如果没有安装过 Flash Player 那么 IE3.0 以后的浏览器会跳出一个提示框询问是否要自动安装 Flash Player。当然,如果不想让那些没有安装 Flash Player 的用户自动下载播放器,就可以省略掉这些代码。embed 标签是用于 Netscape Navigator 2.0 及以后的浏览器或其他支持 Netscape 插件的浏览器允许插入任何对象。pluginspage 属性告诉浏览器下载 Flash Player 的地址,如果还没有安装 Flash Player 的话,用户安装完后需要重启浏览器才能正常使用。为了确保大多数浏览器能正常显示 Flash,需要把 embed 标签嵌套放在 object 标签内,就如上面的代码一样。支持 ActiveX 控件的浏览器将会忽略 object 标签内的 embed 标签。

8.4　医学动画发展与适用领域

传统医学案例通常是利用扫描仪或照相机来获取所需的医学素材,然后通过图像处理软件进行加工,再插入到 PPT 等教学课件中的,而声音和视频的采集,一般借助于摄像机或视音频采集软件来完成的,在 20 世纪 90 年代解剖学授课中甚至直接通过挂图来讲解人体解剖结构,需要有专门的人员来保管彩图。医学动画的发展是随着动画制作软件的发展而发展的。最早流行的动画是网上矢量动画,绘制软件是 Future Wave 公司的 Future Splash,比较流行的二维制作软件 Flash 就是从 Future Splash 发展起来的,Macromedia 公司收购了 Future Splash 以后便将其改名为 Flash 2,直到发展为 Flash 8。再后来 Adobe 公司收购了 Flash 软件发展成了 Flash CS 系列,与 Java 语言的格式更加融合。虚拟现实技术以及三维动画制作的软件发展让医学动画有了质的飞跃,使医学动画从教学案例走向了临床与手术避规等实战领域。医学动画的应用非常广泛,在演绎和宣讲药品药理、病理和生理功能等方面有着非常独到和直观的效果。

在医学教育中,计算机动画大多应用于组织胚胎学、细胞和分子生物学、人体解剖学、皮肤病学和生理学等课程教学;在临床教学中主要应用于体格检查、外科技术、麻醉和心肺复苏等;在流行病学和生物统计学领域,动画用来促进理解抽象的概念和复杂的数学应用。

1. 医学动画在病理学中的应用

动画可以用动态的方法形象直观地演绎疾病的发生、发展及相应变化过程。比如用语言很难描述炎症时白细胞游出的连续又复杂的过程，即使是显微镜下观察组织切片也难以全面正确地理解这一过程，而应用动画则可以形象地展示在致炎因子作用下，血管内壁流的血浆渗出，白细胞由轴流到达血管边缘，随后在血管内皮表面滚动，通过黏附分子与血管内皮细胞黏附，伸出伪足，做阿米巴样变形运动游出血管壁，之后在炎症介质的趋化作用下做定向移动，达到炎症部位，伸出伪足吞噬异物，或呈递抗原协助清除异物等，动画可以实时展现这个神奇的体内炎症消除过程，把组织切片中静止的图片与体内动态的过程连接起来，音、像、图并茂地展示，能让学生留下深刻的印象。

2. 医学动画在虚拟手术中的应用

借助于虚拟现实技术，在虚拟实验室中，进行尸体解剖和各种手术练习。一些仿真程度非常高的医学虚拟现实系统可用于医学培训、实习和研究。例如，导管插入动脉的模拟器，可以让学生反复实践导管插入动脉时的操作；眼睛手术模拟器，根据人眼的前眼结构创造出三维立体图像，并带有实时的触觉反馈，学生利用它可以观察模拟移去晶状体的全过程，并观察到眼睛前部结构的血管、虹膜和巩膜组织及角膜的透明度等。

外科医生在真正动手术之前，通过三维重建和虚拟现实技术的帮助，能在显示器上重复地模拟手术，移动人体内的器官，寻找最佳手术方案并提高熟练度。另外，VR 在远距离遥控外科手术、复杂手术的计划安排、手术过程的信息指导、手术后果预测及改善残疾人生活状况，乃至新药研制等方面的应用具有十分重要的意义，在虚拟环境中，可以建立虚拟的人体模型，借助跟踪球、HMD 等专业设备完成虚拟手术。

（1）辅助病情判断

可以在虚拟人体模型上开展各种无法在真人身上进行的诊断与治疗研究，使诊断和治疗个性化，最终能够预测人体对新的治疗方法的响应。虚拟技术还能变定性为定量，使医院诊断治疗达到直观化、可视化和精确化的效果。例如传统医学诊断主要靠医生的学识和经验，但医生也有诊断不确定的时候，这就会导致误诊。虚拟手术系统将所有人体信息收集存储在电脑里，诊断前医生先将药物影响数据输入电脑，系统协助医生做出判断。

（2）协助建立手术方案

能够利用图像技术，帮助医生合理、定量地定制手术方案，能够辅助选择最佳手术途径、减少手术损伤、减少对组织损害、提高病灶定位精度，以便执行复杂外科手术和提高手术成功率等。虚拟手术系统可以预演手术的整个过程以便事先发现手术中可能出现的问题，使医生能够依靠术前获得的医学影像信息，建立三维模型，在计算机建立的虚拟环境中设计手术过程、切口部位和角度，提高手术的成功率。

（3）手术训练教学

临床上，80％的手术失误是人为因素引起的，所以手术训练极其重要。医生可在虚拟手术系统上观察专家手术过程，也可重复练习。虚拟手术使得手术培训的时间大为缩短，同时减少了对昂贵的实验对象的需求。由于虚拟手术系统可为操作者提供一个极具真实感和沉浸感的训练环境，力反馈绘制算法能够制造很好的临场感，所以训练过程与真实情况几乎一致,尤其是能够获得在实际手术中的手感。计算机还能够给出一次手术练习的评价。在虚拟环境中进行手术,不会发生严重的意外,能够提高医生的协作能力。

（4）保护医生和降低培训费用

由于手术教学的过程采用的是三维动画模拟操作,减少了实际操作中的预算,因此为医生们降低了学习的负担。

医学动画在医学其他领域中的广泛应用有广告业中的药理肌理展示、医疗器械动画展示、药品宣传展示和医学报告医学宣传等。

练习

一、选择题

1. 下列哪些位图文件格式可以导入到 Flash 文件内（　　）。

　　A. BMP　　　　　B. JPG　　　　　C. PSD　　　　　D. GIF

2. Flash 导入声音文件有哪几种方式？（　　）

　　A. 打开窗口菜单的 Library 级联菜单中的 Sound 资料库,拖曳音效到页面上

　　B. 打开文件菜单的 Export 命令,在 Export 对话框中挑选要置入的声音文件

　　C. 打开文件菜单的 Import 命令,在 Import 对话框中挑选要置入的声音文件

　　D. 打开插入菜单的 Import 命令,在 Import 对话框中挑选要置入的声音文件

3. Flash 影片默认频率是多少（　　）帧？

　　A. 12　　　　　　B. 24　　　　　　C. 36　　　　　　D. 35

二、填空题

1. 动画有多幅画面组成,当画面 _____ 、_____ 播放时,由于人类眼睛存在"_____"而产生动感。

2. 半自动动画是 _____ 帧,全自动动画是 _____ 帧。

3. 电脑动画分为 _____ 动画、_____ 动画和 _____ 动画。

三、思考题

1. 简述动画在医学教学案例设计中的应用。

2. 制作动画的常用软件有哪些？

3. 记录动画的文件格式有哪些？

4. 什么是帧动画？什么是造型动画？

第 9 章　多媒体应用案例制作

随着多媒体技术的快速发展,各种样式的多媒体应用系统在信息领域里发挥着越来越大的作用。多媒体应用系统丰富的表现力、生动的视觉及听觉效果,大大增强了对观众的吸引力。同时,多媒体作品的创作也是一项费时费力的工作。下面通过案例来介绍多媒体应用系统的实现流程,其包括多媒体课件的设计与制作、多媒体出版物的创作以及网络多媒体广告的设计等。

9.1　多媒体网络课件

未来社会学习者学习的要求将体现为大众化、终身化、全球化和个性化的特点,要求教育提供大覆盖面、多种方式和全方位的服务,保证任何人在任何时间、任何地点能接受所需的任何教育是未来教育的根本目标。传统教育由于地点、师资等教学资源的限制和缺乏而无法满足未来教育的要求。而多媒体网络教学则改变了这一切,它将文字、声音、图形、图像、动画和视频等多种媒体集成在一起,使知识信息来源更丰富、容量更大、内容更充实、形象更生动。多媒体网络教学满足了学习者继续学习、终身学习的要求。它使传统的课堂变成为不受时间和空间限制的虚拟教室,使以讲解和板书为主的教学模式变成为文本、音像、动画、音频和视频等多种媒体共存的新型教学模式。多媒体网络教学改变了"教"与"学"的传统观念,大大推动了教育方式的革新。

随着多媒体技术的迅猛发展,以数字化、多媒体化、信息量大、交互性强和覆盖面广为特点的,以计算机技术和网络技术为核心的多媒体网络课件已被大量应用到教育领域。多媒体课件融文字、图像、声音和动画等多种媒体信息于一体,使教学内容直观,教学过程有趣味性,调动了学生的积极性,从而提高教学质量。

多媒体网络课件是网络远程教育的主要表现形式,其开发的质量和水平直接代表了网络远程教学的发展水平,同时也是网络教学成败的关键。目前,我国大多数院校在多媒体网络课件的设计与开发、网络教学平台的开发和网络教学环境建设等方面正处于起步阶段,故没有固定的标准和规范可供我们参考。

9.1.1　案例效果

多媒体网络课件借助网络媒体来实现教学辅助。它实现的不再只是"人"与"计算机"之间的交互,其中"人"又包括课件开发人员、教师与学生。他们之间直接或间接地联系在一起,相互之间的通信方式既可以是同步的也可以是异步的。

多媒体网络课件的主体是教师与学生,它的功能结构以学生的学习为中心,以创设有利于学习的情境为出发点,要求体现教师学生互动化、学习活动多样化和教学内容组织模块化等特点。

我们根据要求设计与实现了一个如图 9-1 所示的多媒体网络课件,该网络课件包含有首页、教学内容、学习内容、设计论坛、教学评价和设计链接等模块。制作思路与流程如下。

图 9-1　多媒体网络课件效果

9.1.2　总体设计

多媒体网络课件设计是课件开发过程中的一个重要环节,课件设计时应当以相关教育、教学和学习等理论为指导。同时,多媒体网络课件的开发是一个庞大的系统工程,它不同于一般的课程网页设计与制作,它的开发不仅要在现代教育技术学、教育学、心理学和美学等诸多学科理论的指导下进行,还要根据教学的目标、学科的特点、教学内容和教学对象进行教学设计。在这个开发过程中,我们要遵循科学的开发过程及开发方法,不仅要贯彻一定的教育思想和教学策略,还要充分体现网络教学的共享性、时效性、个性化和灵活性等优点。

下面将结合我们开发的《电脑软件 Photoshop 多媒体网络课件》为案例,设计实现网络课件。

在课件需求分析的基础上,编写总体设计方案。

1. 多媒体网络课件开发平台和运行平台选择

在此我们采用 Authorware 7.0 等软件制作电脑软件 Photoshop 课程多媒体网络课件。课件设计的基本思路是外观界面美观大方、赏心悦目,导航结构思路清晰,导航方法简单快捷,集声音、动画、图像和文字等于一体,适合课件点播。

开发环境:采用 10/100Mbps 局域网、Windows 2000 系统平台、IIS 5.0 以上。

运行环境:网络版可在局域网、CERNET 和 Internet 上配置运行,用户端浏览器为 IE 6.0 以上。

单机版:PIII733 以上 CPU,128MB 以上内存,32MB 以上显存,显示器和显卡支持分辨率为 800×600×16b 色以上,4 倍速以上光驱,16b 以上声卡和音箱。

软件环境:操作系统为中文 Windows 2000 或中文 Windows XP,IE 6.0 以上。

数据库:采用 SQL Server 或 Access 数据库,通过 ASP 技术进行开发研制。

2. 系统总体分析和设计

如图 9-2 所示在具体制作多媒体网络课件之前,首先结合教学课件的要求,根据课件使用对象的特点,对课件内容及表现形式进行深入的研究,并开发出原型系统。该系统采用的是模块结构,即按教学组织课件模块。通过导航功能,用户可以方便地在各章节之间跳转。

在教学内容系统模块上,采取"章、节、知识点"的树状结构进行。在授课系统中,采用框架网页的形式,采取这样的设计界面使学生容易了解知识的层次结构。在教学评价系统上,设计了自评、学生互评和教师评价三个部分。在讨论系统上,设计了聊天室、BBS、E-mail等。在学习资源系统上,设置了教学录像、设计公司与设计师等的学习资源。

图 9-2　系统总体分析和设计

9.1.3　编写脚本

脚本页称为故事板或描述板,它是根据总体设计方案,尤其是针对课件所构建的内容,对各个内容版块进行细化的描述,确定每个知识点的表现形式和表现手段,策划知识表示流程、知识单元的细化描述,确定采用何种媒体等。它在课件设计中占有非常重要的地位,是整个设计阶段的总结,也是开发和实施阶段的依据。

深刻理解和精通教学内容是编写课件脚本的前提。当前的网络课件开发模式在脚本设计中普遍存在以下一些问题:计算机和网络技术人员在对教学内容进行再设计、再创作时,由于缺乏教学经验理解有失真。

教学内容一旦确定,就进入文字稿本编写阶段。要求尽量以单元系列化的多媒体形式展现,内容要科学标准,情境设计要新颖。

然后根据确定的文字稿本,勾画出课件脚本内容的多媒体课件结构图。接着编写课件脚本,包括解说词、画面内容、多媒体类型、时间和编号等。

完成的脚本主要就脚本的设计是否体现教学内容、是否符合教学方法来检测,思路需提交有关教师和专家审查。

9.1.4　素材准备

多媒体网络课件中的素材设计主要包括文字、图形图像、声音和视频等的设计。多媒体素材制作应用工具有文字工具 Word 2003、Cool 3D;图形图像工具 Photoshop CS3;动画工具 Flash MX;视频采集制作工具 WinProducter 等。精心设计制作各种素材以供课件合成。

1. 文字的设计

文字元素是视觉符号，是信息传达的主题部分，是进行视觉沟通的主要媒介物。在多媒体网络课件中，文字是视觉要素的重要组成部分。字体的种类、大小、行距和色彩的选择和合理搭配，将会深深影响课件界面的视觉和运行效果。

在标题上往往为了达到醒目的效果，出现了粗黑体、粗圆体和手绘创意的美术字体等。字的大小对比，可以产生一定的主从韵律和节奏感。大的字号可以烘托主题和吸引人的视线。文字的设计还要考虑到它的编排。经过精心处理的文字材料，完全可以制作出效果很好的版面，而不需要任何图形。

2. 图形图像的设计

图形可以理解为除了真实反映事物形态以外的一切图和形。图形在教学多媒体网络课件中是关键构件。在课件的图形设计中，我们要了解图形的种类、图形的格式、图片的编排设计以及在设计中要注意的事项。

背景图形的运用必须要符合主题的风格而又不能过多地分散用户的注意力。按钮是多媒体课件中不可缺少的部分，是人机互动的桥梁。交互按钮是用 Photoshop 制成的具有动感效果的凸起按钮，交互界面友好美观，包括上一页、下一页、到首页、到尾页和返回等交互按钮，此外还设有返回主菜单的返回按钮，既可以按屏翻页，逐层返回，又可以使学习者在任何一屏画面中随时返回到主菜单自由地选择自己需要学习的知识点。在《招贴设计》课件中，我们在主页面进入到学习页面时所设计的按钮，鼠标滑过按钮变为蓝色，并且出现对应按钮的名称，鼠标单击进入页面。

3. 声音和视频的设计

网络课件中的声音包括人声、音乐和音响效果。人声主要用于解说等，一般主要是学习内容的解读。音乐和音响效果用于调节学习气氛，重点内容处要选择舒缓、节奏较慢的音乐，过渡性内容要选择轻快的音乐。音乐和音响效果不宜过多，过多反而是一种信息干扰。声音的设计还要注意音乐的节奏要与教学内容相符。另外，课件中的声音要便于控制（如设置音乐开关）。视频的播放要能控制以便反复观看。视频质量要好、要清晰、流畅。视频一般要配置声音。

在《电脑软件 Photoshop》课件的声音设计上，我们设计了可供选择播放老师讲解声音的按钮，你可以自由选择是否听老师讲解的声音。在背景音乐的设计上，我们也同样设计了可以控制的按钮，学习者可以根据自己的需要去选择声音。在视频设计上，我们设计了可供选择的大小屏幕，学习者可以根据自己的视觉感受去选择。

9.1.5　课件合成

利用 Authorware 7.0 基于流程图标设计方法制作合成课件，模拟、综合一些专家教师丰富的教学经验，安排模拟教学内容和教学活动，对课件的每一框架的内容及表现形式做出详细的设计。

9.1.6　课件测试和评价

　　网络课件的测试和评价,主要是收集人们关于教学软件的反馈信息,对它进行彻底的检查,以便改正错误、修补漏洞,并进行适当的优化,促进教学课件设计开发的规范化,从而提高教学软件的质量和水平。具体测试的方法是:按照课件脚本的要求,测试课件是否达到预期目标,测试课件的可靠性、稳定性等技术指标。随后,课件开发人员要根据测试报告修改程序。

9.2　多媒体出版物

　　网上电子书籍的萌芽是类似网上帖子的小文章,但是这种帖子的阅读和保存不是很方便,后来因为上网人数急剧增加,需要阅读电子书籍的人群不断扩大,大家都迫切需要一种新的电子书籍格式,于是 Adobe 公司在 1993 年推出了重要的电子文件规范——PDF。因为 PDF 规范有"高保真"的特性,目前已成为事实上的国际标准,被广泛地应用于电子文件传送、交换和发行,这其中就有 Apple 公司。其他操作系统例如 AIX、HP 和 Linux 等都有其相应版本。在 PDF 格式出现以后,相继产生了许多电子书籍格式,它们之间基本上是不能通用的。目前在国外比较流行的是 CHM、PDF 和 HLP 等电子文件的模式。

　　多媒体出版物是把多媒体信息经过精心组织与编辑后存储在磁、光、电介质上,通过计算机或类似设备使用,并可复制发行的大众传播体的一种电子图书,是传统纸制书籍设计的一种延伸。以多媒体出版物中的电子书为例,它是将书的内容制作成电子版后,以传统纸制书籍 1/3~1/2 的价格在网上出售,购买者用信用卡或电子货币付款后,即可下载使用专用浏览器在计算机上离线阅读。电子图书不同于现在网上的免费线上阅读,它是与纸制版同步推出的最新书籍,所以阅读它要支付一定的费用;与光盘图书不同,eBook 是基于因特网购买。

　　多媒体电子出版物包括电子书籍、电子期刊、电子报纸、电子手册、电子公文和电子声像制品等。涉及领域广泛,包括教育应用、电子图书、家庭应用和商业等。

　　多媒体电子出版物在我国还是一个新兴的产品市场,还不成熟,目前电子出版物的潜在市场是很大的。要发展好电子出版,就要策划一些好的产品。虽然我国在管理、技术和认识上的种种原因,多媒体电子出版物发展才刚刚开始,但其应用前景是不可估量的,而影响多媒体出版物水准的最终因素还是创意。

　　电子出版物领域常见的概念介绍如下。

　　• eBook

　　通常指内容,而不是阅读设备。在这里统一指以网络为传播媒介的电子书。

　　• E-Media

　　指在电子商务大环境中,突破传统媒体介质,融合最新的有关互联网、通信、数字媒体和应用软件等技术而产生的一种全新的数字信息生产和传播方式。具体表现为为信息传播业向数字化、网络化的发展提供先进的技术与服务。

　　• 网络出版

　　是以互联网为流通渠道、以数字内容为传播对象、以在线支持为主要支付手段的出版和销售数字出版物的行为,是一种以数字版权保护为核心的信息传播方式。

   • Metadata(元数据)

关于 eBook 或别的内容的信息,识别内容并说明是如何排列的,如题目、作者和简介等。

   • DRM

数字版权管理(Digital Rights Management)。通过加密、信息安全传递等技术,防止电子书的非法拷贝,作者、出版社和网上书店之间的交易清算等。DRM 公司(如 MediaDNA、SoftLock、Digital Owl 和 ContentGuard)销售用于加密分发电子书和控制用户使用途径的技术。

   • EBX

电子书交换(Electronic Book Exchange)。由 Electronic Book Exchange Working Group 开发的标准,用于在内容创作者、出版商和最终用户间 eBook 内容的安全传送。

   • Encryption(加密)

eBook 的加密处理,使有正确密码的人才能阅读。大多数电子书加密是为了防止复制和非授权传播。

   • 按需打印(POD)

与电子书(eBook)配合的按需打印(Print On Demand)解决方案,版权拥有者可以按打印的份数收取相关的版税。

9.2.1　案例效果

我们根据要求设计与实现了一个如图 9-3 所示的多媒体出版物,该多媒体电子书包含有电脑软件 Photoshop 课程的教学内容、学习内容、设计论坛、教学评价和设计链接等模块。制作思路与流程如下。

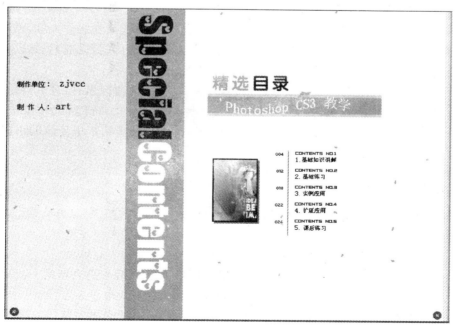

图 9-3　多媒体出版物效果

9.2.2　选题

传统意义上的书都是写在纸上的。但随着计算机和网络的发展,书升华到了另一种形态,那就是电子书(eBook)。电子书虽然不像日常生活中的书那样便于携带和阅读,但拥有成本低、制作简单、流传方便和功能强大等许多优点,尤其在多媒体技术快速发展的今天,电子书更是以图、文、声、动的方式传达信息。这种生动的多媒体电子书受到了人们的欢迎。

根据市场调研和出版机构发展规划,提出选题设想和初步的设计方案。本多媒体电子书的主题为电脑软件 Photoshop 课程教学辅助。同时,按照主题的不同,我们也要有不同的设计理念。

9.2.3　组织资源

根据选题构想,收集有关选题的资料和图片,包括收集相关的文字、图片、动画和声音等素材。在收集和校对过程中,不仅可以使用课程教学大纲、教案和教学计划等资料,也可以充分使用互联网这个资料大宝库来找到很多有用的资料信息。但是,互联网上的资料较乱,需要我们进行大量的校对和整理工作。在收集和整理过程中,要整理出多媒体电子书的大致目录结构和书籍风格,即整体设计的风格。

9.2.4　编写脚本

脚本可由专门的脚本纸写成,对每一画面的内容和互动都进行细致的说明,脚本完成后由总编或制定的负责人审核。

9.2.5　编辑资源

将详细设计得到的所需媒体素材清单打印出来,分发给有关素材制作人员,包括文字编辑、美术编辑和音乐编辑等。这一阶段的工作可以交由专业设计人员完成,当然也可以打包给小组外人员完成。

专业设计人员按照编辑整理好的资料、结构和风格说明进行设计,使用 Photoshop、Corel DRAW 和 Fireworks 等图形处理工具以及一些 Icon 制作工具(例如 Microangelo),设计出电子书的封面、内文版式以及 Icon 和 Logo 文件等。这一步相当于传统的书籍装帧设计。简单地说,我们的设计主要包括:

- 多媒体电子书的封面设计;
- 多媒体电子书目录的设计;
- 多媒体电子书内容模板的设计。

9.2.6　系统制作与集成

用多媒体编辑工具 iebook 进行多媒体集成。iebook 超级精灵是全球第一家融入互联网终端、手机移动终端和数字电视终端三维整合传播体系的专业电子杂志(商刊、画册)制作推广系统。革命性地采用国际前沿的构件化设计理念,整合电子杂志的制作工序,将部分相似工序进行构件化设计,使得软件使用者可重复使用、高效率合成标准化的电子杂志;同时软件中建立构件化模板库,自带多套精美的 Flash 动画模板及 Flash 页面特效,软件使用者通过更改图文、视频即可实现页面设计,自由组合、呈现良好的制作效果;操作简单方便,可协助软件使用者轻松制作出集高清视频、音频、Flash 动画和图文等多媒体效果于一体的电子杂志(商刊、画册)。

利用多媒体工具制作多媒体内容比较容易掌握,便于批量生产,特别是中文的多媒体编辑工具,易学易用,一般的编辑都可掌握。

主要步骤如下:

(1) 打开 iebook 超级精灵,选择合适的模板,并根据需要对模板进行替换和修改;

(2) 插入页面,可以是图片、动画,也可以在模板页面上面添加自己的元素、替换和修改;

(3) 编辑目录页面;

(4) 发布为可单独执行的电子书文件;

(5) 测试使用,并做适当的修改,直到达到所要的多媒体电子书为止。

9.2.7　系统测试

出版物制作完后,要进行专门的调试,逐一检验各个功能,并对文字等进行核对,以便产品能够正常运行,保证质量。

出版物经检验完好、没有差错或将所有差错都改正后可生成产品、刻盘,对刻写的 CD-ROM 也要进行检验。最后把完好刻写的 CD-ROM 交由光盘复制厂压模复制,然后包装后即可上市发行。

9.3　网络多媒体广告设计

现代人的生活已经离不开网络,人们几乎可以用网络与世界上任何地方任何人进行联系。我们每天通过网络收发电子邮件、与别人聊天以及打开各式各样的网页,查看自己感兴趣的内容,在浏览网页的时候,我们会见到各种漂亮的网络广告。现在的网络广告随着科技的发展,添加了音乐、动画等特效,已经变得越来越华丽,更能吸引用户的眼球。网络广告已经成为现代媒体不可缺少的一个部分。但是,作为一种媒体,网络的历史还非常年轻,仅仅可以追溯到 1994 年。但网络使用人数增长迅速,我国网民总数快速增长的速度已被世界所瞩目。

网络广告具有传统媒体广告无法比拟的优势,是实施现代营销媒体战略的重要部分。网络广告的发展也非常迅速,从最开始的简单图像的形式一直发展到现在添加了动画、音效等特效,使网络广告的形式变得非常华丽。网络广告的互动性、视觉听觉并于一身的多元化感染力,还有网络宽带的普及和个人电脑配置的提高,使得网络广告的市场正以惊人的速度增长着,网络广告发挥的效用也显得越来越重要。

随着互联网的进一步发展和普及,网络广告的潜力会不断地体现出来,一方面网络的用户会越来越多,所覆盖的范围也会更加广泛;另一方面,网络广告的优势会被更多的广告主认识。大中型企业的国际市场开拓是企业发展的重要途径,对这些企业来讲,网络广告的全球性传播特点具有独特的魅力。网络广告还具有传播速度快、费用低、信息容量大、便于互动交流、便于检索和形式多样等优势，这注定了网络广告的发展前景是美好的。

9.3.1　案例效果

网络多媒体广告站点系统性强，具备各种网络构建要素，相比较条幅广告、富媒体广告、流媒体广告等网络广告形式而言，它几乎涵盖了其他所有网络广告形式、特征与设计原则，具有典型的代表意义。

我们根据要求设计与实现了一个如图 9-4 所示的网络多媒体广告站点，该网络多媒体广告站点包含有电脑软件 Photoshop 课程的教学内容、学习内容、设计论坛、教学评价和设计链接等模块。制作思路与流程如下。

图 9-4　网络多媒体广告设计案例效果

9.3.2　系统框架设计

一个网络多媒体广告站点设计项目，大致可以划分为系统分析、方案设计、详细设计、发布推广和系统维护等若干过程，无论哪一种类型的站点，在拿到需求说明后，并不是直接制作，而是需要进行项目系统分析。一般步骤如图 9-5 所示。

本多媒体广告涉及的是某高校的一门电脑软件课程，主要面向大专院校师生，包含电脑软件 Photoshop 课程的教学内容、学习内容、设计论坛、教学评价和设计链接等模块，以多媒体网络广告的形式提供持久的完整的教学辅助。

建立多媒体广告的目的是加强师生间的互动沟通，为师生提供完整的持久的课程教学辅助。

图 9-5　网络多媒体广告站点规划设计步骤

9.3.3　文档设计

　　文字是人们使用最广泛的信息传达和交换形式。人们每天都阅读报刊、杂志和书籍等文字读物来接收新闻、科学文化知识，以及通过阅读小说中的文字来享受文学作品的艺术之美，所以文字是人们易于接受和习惯的一种信息元素。

　　网络广告中的文字分为标题文字和说明性文字。标题文字要求能够吸引网页浏览者的注意，在形式上可采用醒目的字体和亮丽的颜色，在内容上要以简洁的语句来表达广告的主题。标题文字的另一个要求是能够引诱出单击行为，在文字撰写上可以设置悬念、采用提问式的语气以及承诺利益、采用祈使语句等。网络广告的说明性文字一般位于单击行为之后链接的新广告页面上，要求简洁明了、清楚完整，尤其要避免拖沓和杂乱等现象。因为浏览者是没有耐心看这样的文字的。

　　如本网络多媒体广告的文字在插图和导航及其他区域的文字有变化，但字体种类没有超过三种，字体设计上又有大小、粗细的变化，丰富了浏览者的视觉感。整个页面上的绝大多数文字都较大而且排列稀疏，但界面下方的总结性文字却采用了整齐密集排版方式，使整个界面上的文字产生了密集与稀疏的对比，这种对比关系使界面富有节奏感，能给浏览者留下美好的印象，获得良好的心理反应。

9.3.4　用户界面设计

　　用户界面的本意是在人和机器的互动过程中，有一个层面，即我们所说的界面，用户界面概括来说就是人和工具之间的界面。

　　此处可以将用户界面中的视觉信息划分为两个层次：一个是视觉信息的具体表达形式，即色彩、文字和图片；另一个是视觉信息的整体表达形式，即用户界面的版式和界面的交互设计。

　　网站形象定位以美观、大方、简洁、直观为主要要求。因为该课程为电脑软件，所以站点的设计要给人以艺术感、科技感，并突出专业的形象。因此，在基调、版式和布局等方面按要求做了设计。

　　如首页的版式做成一屏，属于十分明朗的栏式格局，很好地体现出了分栏结构的"大气"。在栏式结构的细节处理上进行了小小的变化，如在第一栏加上了一个分隔块，灵巧地把页面信息格局进行了宽窄之分，容易吸引浏览者的视线。整个页面显得更加灵活、生动、有气质。如色彩方面,将它们融合到了界面里,让浏览者在网上访问的同时,也能感受到一丝温暖。界面以灰色为背景色,这样的配合很清爽干净、简练大方地衬托出了网页界面中大面积的主要信息内容和色彩十分亮丽的插图、照片,使浏览者能轻松自如地找到所需信息并且长时间阅读也不会感到视觉疲劳。

　　而另一个层次的视觉信息的整体表达形式,即用户界面的版式和界面的交互设计,在下面介绍。

9.3.5　导航和交互设计

　　目前常用的导航有章节内容导航、知识点导航、前后内容导航、帮助导航和书签导航等。在《电脑软件 Photoshop》网络广告中,设计了章节内容导航、知识点导航和学习检索导航等多种导航策略。在学习过程中,学习者可以根据每一章中的上一节、下一节按钮从头到尾顺序学习课程中的所有知识节点;也可以直接通过导航图,浏览整个课程中所有知识节点间的结构关系,单击任一知识节点直接进入相应的学习页面。多样的导航策略给学习者以极大的灵活性,有效地避免了学习者面对浩瀚的信息海洋无所适从和无从下手的问题。

　　网络广告的特点之一在于以网络为依据,实现了双向、实时的交互方式。网络广告中的交互设计包括人机交互和人际交互两种交互方式。人机交互的方法和手段是灵活多变的,可创造性非常强。基于内容的交互设计可采用目前流行的可视化开发工具如 Flash、PowerPoint 和 Dreamweaver 实现,基本上不必手工编写程序代码。在《电脑软件 Photoshop》网络广告中,采用了对话框、功能键和热区等对话方式,整体设计简单明了、易学易用。这样只要将鼠标放到热区上,就可以弹出相关的学习内容,这样就避免了迷航现象的发生,增强了交互性,同时还增强了学生的学习兴趣。我们使用 Dreamweaver 中的行为 Behaviors,在网页中使用可以产生互动的效果,增强网页的交互性。Dreamweaver 中有一个行为叫 Drag Layer(拖放层),用它可以设计出拼图游戏等,将标准答案拖到正确的位置上,与 JavaScript 调用结合一起实现一定的功能,如弹出一个窗口,判断对与错。还用 Dreamweaver 的扩展程序 CourseBulider,创建交互式课件,如选择题、填空题、拖放题和计时器等。在《电脑软件 Photoshop》课件中,我们采用的人际交互的方式大致有电子邮件(E-mail)、电子公告板(BBS)和聊天室。

练习

一、思考题

1. 简述多媒体应用设计过程及其应注意的问题。
2. 多媒体创作模式有哪些?各自的特点是什么?

二、案例实训

1. 以多媒体技术及应用为例,创作一个多媒体电子出版物的光盘封面。
2. 为双黄连口服药创作一个多媒体广告。

第 10 章　　　多媒体存储技术

目前电脑上常用的存储设备容量基本都达到了 GB；即便是小巧的 MP3 播放器和其他手持存储设备，通常也有好几 GB。而 1980 年生产的第一款存储容量上 GB 的硬盘 IBM 3380 大如冰箱，重 550 磅(250 公斤)，造价约 81 000～142 400 美元。而 2009 年金士顿发布的如图 10-1 所示的 256GB 的 USB 闪存，规格只有 70.68mm×16.90mm×21.99mm。

PC 的存储设备主要有软磁盘驱动器(FDD)、硬磁盘驱动器(HDD)、光磁盘 MOD、磁带存储设备、半导体存储器、用于读取多媒体信息的 CD-ROM 光驱以及用于存储音乐等信息的小磁盘驱动器(Mini Disk Drive,MDD)等。这些存储设备都有各自的存储介质，诸如软磁盘、硬磁盘、CD-ROM 光盘以及磁带等。

图 10-1　金士顿闪存

多媒体信息包括文本、图形、图像、视频和声音等，数字化后需要占用大量的存储空间。传统的软盘、磁盘等很难满足多媒体信息的存储。由此海量存储技术得到了快速的发展，海量存储器主要有海量磁鼓存储器、海量磁盘存储器、海量磁带存储器和光盘存储器等。

10.1　多媒体存储器的类型

从定义来讲，只要是能够存储多媒体信息的硬件设备就是多媒体存储器。常用的多媒体存储器包括磁鼓存储器、磁带存储器、磁盘存储器、光盘存储器、优盘存储器和移动硬盘存储器等。

10.1.1　磁鼓存储器

磁鼓存储器利用高速旋转的圆柱体磁性表面作为记录媒体的存储设备。磁鼓存储器在 20 世纪 50～60 年代用作计算机的主要外存储器。它利用电磁感应原理进行数字信息的记录(写入)与再生(读出)。主要组成部分包括：作为信息载体的磁鼓筒、磁头、读写及译码电路和控制电路等。磁鼓筒是一个高速旋转的精密非磁性材料圆柱，其外表面涂敷了一层极薄的磁性记录媒体。作为电磁转换器的磁头与鼓筒表面保持微小而恒定的间隙并沿鼓筒轴线均匀排列，在电子电路的控制下进行信息的写入和读出。

1932 年奥地利的 Gustav Tauschek 发明了磁鼓存储器。作为计算机的主干工作存储器，磁鼓存储器广泛用于 20 世纪五六十年代。20 世纪 50 年代中期的磁鼓存储器容量大约是 10KB，图 10-2 为 UNIVAC 计算机的磁鼓存储器。

20 世纪 60 年代以后磁鼓存储器已逐渐被淘汰，目前仅用于特殊应用场合。海量磁鼓存储器具有快速响应的特点，是海量存储器中速度最快的一种。如 10^7 位容量的磁鼓，平均

图 10-2　UNIVAC 计算机的磁鼓存储器

存取时间为 2.3 毫秒；10^8 位容量的磁鼓，平均存取时间为 17 毫秒；10^9 位容量的磁鼓，平均存取时间为 92 毫秒，但就磁鼓存储器发展来说，存储容量相对来说不容易提高。

10.1.2　磁带存储器

磁带首次用于数据存储是在 1951 年。磁带设备被称为 UNISERVO，它是 UNIVAC I型计算机的主要输入输出设备。UNISERVO 的有效传输效率大约是每秒 7200 个字符。磁带装置是金属，全长 1200 英尺（365 米），因此非常重。如图 10-3 所示。

图 10-3　UNIVAC I 型计算机全貌，右侧的 6 个白圈部件是磁带列

海量磁带存储器是一种超大容量的磁带存储系统，其基本单元是磁带盒，通过机械结构选取所需的磁带盒进行读写。磁带盒的磁带宽 51mm（2 英寸），长 19.6m（770 英寸），存储容量为 50MB，数量从几百个到几千个，最多可达 9440 个，整个系统总共可存储 472000MB数据，是海量存储器中容量最大的一种。每位存储成本仅相当于磁盘的 1/10。IBM 公司把这种海量存储器与 IBM 3333/3330 磁盘子系统组成虚拟磁盘存储器称为 IBM 3850 型海量外存系统，它兼有磁盘与磁带的优点，可作为海量的联机数据库。目前，一些医院在后台备份数据时，鉴于磁带存储的廉价，依然选择磁带存储器作为数据备份的存储介质。

海量磁盘存储器存取时间和存储容量介于海量磁鼓和海量磁带存储器之间，多片可换

式磁盘存储器由于盘组可以更换,具有很大脱机容量,适宜于做海量磁盘存储器。

10.1.3　传统硬盘

硬盘存储器即是磁盘存储器的一个分类,是以磁盘为存储介质的存储器,它是利用磁记录技术在涂有磁记录介质的旋转圆盘上进行数据存储的辅助存储器。具有存储容量大、数据传输率高和存储数据可长期保存等特点。磁盘存储器通常由磁盘、磁盘驱动器(或称磁盘机)和磁盘控制器构成。

1956 年 9 月 13 日,IBM 305RAMAC 计算机问世。随之一起诞生的是世界上第一款硬盘——IBM Model 350 硬盘,它由 50 块 24 英寸磁盘构成,总容量为 5 百万个字符不到 5MB,如图 10-4 所示。

硬盘技术指标如下。

图 10-4　IBM Model 350——第一款硬盘

1. 转速

转速(Rotational Speed 或 Spindle Speed)是指硬盘盘片每分钟转动的圈数,单位为 rpm。早期 IDE 硬盘的转速一般为 5200rpm 或 5400rpm,曾经 Seagate 的"大灰熊"系列和 Maxtor 则达到了 7200rpm,是 IDE 硬盘中转速最快的。如今的硬盘都是 7200rpm 的转速,而更高的则达到了 10 000rpm。

2. 平均访问时间

平均访问时间(Average Access Time)是指磁头从起始位置到达目标磁道位置,并且从目标磁道上找到要读写的数据扇区所需的时间。

平均访问时间体现了硬盘的读写速度,它包括硬盘的寻道时间和等待时间,即平均访问时间＝平均寻道时间＋平均等待时间。

硬盘的平均寻道时间(Average Seek Time)是指硬盘的磁头移动到盘面指定磁道所需的时间。这个时间当然越小越好,目前硬盘的平均寻道时间通常在 8ms～12ms 之间,而 SCSI 硬盘则应小于或等于 8ms。

硬盘的等待时间,又叫潜伏期(Latency),是指磁头已处于要访问的磁道,等待所要访问的扇区旋转至磁头下方的时间。平均等待时间为盘片旋转一周所需的时间的一半,一般应在 4ms 以下。

3. 传输速率

传输速率(Data Transfer Rate)即硬盘的数据传输率是指硬盘读写数据的速度,单位为兆字节每秒(MBps)。硬盘数据传输率又包括内部传输率和外部传输率。

内部传输率(Internal Transfer Rate)也称为持续传输率(Sustained Transfer Rate),它反映了硬盘缓冲区未用时的性能。内部传输率主要依赖于硬盘的旋转速度。

外部传输率(External Transfer Rate)也称为突发数据传输率(Burst Data Transfer

Rate)或接口传输率,它标称的是系统总线与硬盘缓冲区之间的数据传输率,外部数据传输率与硬盘接口类型和硬盘缓存的大小有关。

4. 缓存

与主板上的高速缓存(RAM Cache)一样,硬盘缓存的目的是为了解决系统前后级读写速度不匹配的问题,以提高硬盘的读写速度。目前,大多数 SATA 硬盘的缓存为 8MB,而 Seagate 的"酷鱼"系列则使用了 32MB Cache。

10.1.4 固态硬盘

固态硬盘(SSD)使用固态内存来保存永久性数据。它和传统硬盘(HDD)有所不同,HDD 是机电设备,包括可旋转的磁盘和可移动的读写磁头。相反,SSD 使用微型芯片,并没有可以移动的部件。所以,和 HDD 相比 SSD 的抗震性更强、噪声更低、读取时间和延迟时间更少。SSD 和 HDD 有着相同的接口,因此在大多数应用程序中,SSD 可以很容易取代 HDD。外形如图 10-5 所示。

图 10-5 固态硬盘

多媒体技术的发展是从多媒体信息可以被自由传播开始的,光盘的发明使多媒体信息的传播变得更简单、便捷、廉价,因此多媒体存储技术主要是指光盘存储技术。

10.1.5 光盘存储器的发展历史

光盘存储器是一种正在发展中的海量存储器,采用光学原理读写信息,实现高密度海量存储。例如 Speny 5071 光盘系统,每个活动盘组的容量为 2600MB,系统可配置 120 个盘组,总容量为 330000MB,相当于 2300 盘 6250 位/英寸密度的磁带,盘组平均寻道时间为 200ms。激光存储器只允许写入一次,但可任意反复读出,光盘组有用寿命为 10 年左右。

CD-ROM 盘上信息的写入和读出都是通过激光来实现的。激光通过聚焦后,可获得直径约为 $1\mu m$ 的光束。据此,荷兰飞利浦(Philips)公司的研究人员开始使用激光光束来进行记录和重放信息的研究。1972 年,他们的研究获得了成功,1978 年激光视盘简称 LD 或 LVD(Laser Vision Disc)投放市场。从 LD 的诞生至今,光盘有了很大的发展,它主要经历了三个阶段:

- LD-激光视盘;
- CD-DA 激光唱盘;
- CD-ROM。

下面简单介绍这三个阶段的产品特点。LD 激光视盘,它就是通常所说的 LCD,是 Discovision 公司的新品牌,其直径为 30cm(11.81 英寸),是 CD-ROM 和其他光学存储媒介的先驱。它主要用于存储电影。这种光盘的双面均可以存放 60 分钟的音频/视频,其应用的技术要追溯到 1958 年的由 David Paul Gregg 发明的激光光盘技术。这款光盘存储的是模拟信号,模拟信号的处理机制是指模拟的电视图像信号和模拟的声音信号都要经过 FM

(Frequency Modulation)频率调制、线性叠加,然后进行限幅放大。限幅后的信号以 $0.5\mu m$ 宽的凹坑长短来表示。CD-DA 激光唱盘,LD 虽然赢得了成功,但由于事先没有制定统一的标准,使它的开发和制作一开始就陷入不兼容和重复开发的资金浪费中。1982 年,由飞利浦公司和索尼(Sony)公司制定了 CD-DA 激光唱盘的红皮书(Red Book)标准。由此,一种新型的激光唱盘诞生了。CD-DA 激光唱盘记录音响的方法与 LD 系统不同,CD-DA 激光唱盘系统首先把模拟的音响信号进行 PCM 脉冲编码调制数字化处理,再经过 EFM(8～14 位调制)编码之后记录到盘上。数字记录代替模拟记录的好处是:对干扰和噪声不敏感;由于盘本身的缺陷、划伤或玷污而引起的错误可以校正。CD-ROM、CD-DA 系统取得成功以后,使飞利浦公司和索尼公司很自然地想到,利用 CD-DA 作为计算机的大容量只读存储器。但要把 CD-DA 作为计算机的存储器,还必须解决两个重要问题:

- 建立适合于计算机读写盘的数据结构;
- CD-DA 误码率必须从现有的 10^{-9} 降低到 10^{-12} 以下。

由此就产生了 CD-ROM 的黄皮书(Yellow Book)标准。这个标准的核心思想是:盘上的数据以数据块的形式来组织,每块都要有地址。这样做以后,盘上的数据就能从几百兆字节的存储空间上迅速找到。为了降低误码率,采用增加一种错误检测和错误校正的方案。错误检测采用了循环冗余检测码,即所谓的 CRC;错误校正采用里德·索洛蒙(Reed Solomon)码。黄皮书确立了 CD-ROM 的物理结构,而为了使其能在计算机上完全兼容,后来又制定了 CD-ROM 的文件系统标准,即 ISO 9660。有了这两个标准,CD-ROM 在全世界范围内得到了迅速推广和越来越广泛的应用。在 20 世纪 80 年代中期,光盘的发展非常快,先后推出了 WORM 光盘、CD-ROM 光盘、磁光盘(MOD)、相变光盘(Phase Change Disk,PCD)等新的品种。这些光盘的出现,给信息革命带来了很大的推动。CD-ROM 的复制可以简单地分为 6 个环节:预制主片、制主片、电铸、复制、印刷和包装预制主片。由于 CD-R 系统的出现,这一过程实际上可以简化为将 CD-ROM 节目的程序和数据刻录成 CD-R 盘的过程。这个过程包括如下 3 个步骤。

(1) 预制:将 CD-ROM 节目的程序和数据,利用预制作软件,在硬盘上按 CD-ROM ISO 9660 格式模拟生成映像文件。该映像文件模拟真实的 CD-R 盘的文件和目录结构。

(2) 优化、测试:通过 CD-R 制作系统软件,存取 CD-ROM 映像文件,就像存取已经放在 CD-ROM 盘片上一样。这时对 CD-ROM 节目的程序和数据进行测试和优化,尽量使最频繁存取的文件放在 CD-ROM 盘片的最前端。

(3) 刻录:将已经生成好的 CD-ROM 映像文件利用刻录软件刻录到 CD-R 盘片上去。

值得注意的是,CD-R 的刻录过程中不允许中断,一旦发生中断,盘片就有可能报废。一般 CD-R 软件支持多种 CD 格式。在刻录时,可以选择你所需要的格式,这也包括 CD-I 和 CD-XA,及允许多个文件系统共处于一个 CD-ROM 的混合格式(例如 ISO 和 HFS)。

在预制主片的过程中,通常要进行逐字节的核查,以确保数据毫无差错地转换到新的格式。

制主片这一过程实际上是我们将经过处理后的写在 CD-R 盘上的数据,记录在玻璃盘上的过程。因为任何 CD-ROM 盘的质量最高只能达到生产该盘所用的主片的质量,所以制主片这一过程被认为是在整个生产过程中最关键的一步。在制主片过程中所制出的 CD 凹点,是所有制造形成物中最小的——每一个只有烟雾颗粒大小,这就意味着最微小的杂质也会损坏大量数据。所以制造主片及 CD-ROM 的生产过程中,一个关键条件就是空气中微粒数量要得到严格控制,以保证洁净的工作环境。尽管现在有多种制作 CD 主片的方法,但最常用的是感光性树脂系统。这种方法是将感光性树脂(一种光敏化学物质,与冲洗黑白照片用的感光乳剂相似)用于一个经特殊处理后的玻璃基片上,以制出一个玻璃主片。感光性树脂通常都是由一个旋转涂膜系统以大约 $1/8\mu m$ 厚度涂上去的。计算机将格式化后的输入媒体上的信息,转化为激光束记录仪上一系列“开”和“关”的脉冲,通过这一激光编码过程将数据记录到感光树脂涂层上。在一个螺旋形轨道上,激光束记录仪使部分感光性树脂在蓝光下曝光,这样就生成了光盘的具体内容。玻璃母盘也要用化学显像药水来进行显影。感光性树脂上曝光的部分被腐蚀掉以后,就在抗蚀性的表面上形成了上亿个微小的凹点。经过显影之后,要在感光性树脂表面蒸敷上一层金属膜(通常是银),以便其后玻璃主片电铸时有一个导电的表面。

电铸的最终目的是产生用于复制 CD 的金属模子。在制作玻璃主片的这一过程中,由于有一层银膜而导电的主片,浸浴在含有镍离子的电解质溶液里。通过一个电路使其通电后,带有光盘映像的玻璃主片上的曝光区域不断吸引镍离子。镍层不断加厚,并与曝光后的感光树脂表面上腐蚀出的凹点和台面(凹点之间的部分)的轮廓一致。最终结果是形成一个厚且坚固的镍片,其金属表面上留下了与光盘完全相反的印膜。这一片原始的金属片被称为金属主片或是“父片”(Father)。之所以称其为“父片”,是因为它将被用于生成另外两个金属片,分别称为“母片”(Mother)和“模片”(Stamper)。通过其后的电铸过程,母片和模片的数量不断增加。母片是由父片而来的,而模片又是由母片而来的,每一片是另外一片的相反呈像。模片是金属主片的完全复制品,也是这一生产阶段的最终产品。通过金属模片将进行塑料 CD 复制品的大规模生产。

复制生产 CD-ROM 成品的第一步,是将数据从模片上转移到塑料基片上。一个高精度的注塑模具将光学等级的塑料所制成的融化树脂注入模具空腔。模具的一面是模片。这一过程只需要几秒钟,其产品是一个其中一面印有点的轮廓清晰的塑料盘。其后塑料盘载有数据的一面要镀上一层极薄的纯铝,这是为了形成一个读出盘上数据所必须的反光表面。典型的给盘镀金属的方法是溅镀(Sputtering)。在溅镀过程中,每一张盘都被喷射上铝原子,以产生均匀的镀层。生产的最后一步是在铝表面再加上一层坚固的漆膜。这一层漆保护铝膜不会被划伤,不会氧化,并可作为标签印刷的工作表面。

CD-ROM 盘是单面盘,因为做一片双面盘的成本比作两片单面盘的成本之和还要高,因此,CD-ROM 盘有一面专门用来印制商标,而另一面用来存储数据。激光束必须穿过透明衬底才能到达凹坑,读出数据,因此,盘片中存放数据的那一面,表面上的任何污损都会影响数据的读出性能。为了在物理介质上存储数据,必须把数据转换成适于在介质上存储的物理表达形式。习惯上把数据转换后得到的各种代码称为通道码,之所以叫通道码,是因为这些代码要经过通信通道。通道码并不是什么新概念,磁带、磁盘和网络都使用通道码。可以说,所有高密度数字存储器都使用 0 和 1 表示通道码。如软磁盘,它就使用了改进的调频制(Modified Frequency Modulation, MFM)编码,通过 MFM 编码把数据变成通道码。CD-ROM 和 CD-DA 一样,把一个 8 位数据转换成 14 位的通道码,称为 8—14 调制编码,记为 EFM(Eight-to-Fourteen Modulation)。根据通道码可以确定光盘凹坑和非凹坑的长度。数据结构由于 CD-ROM 产生的技术背景是 CD-DA,加上其螺旋形线型光道结构、以恒定线速度(CLV)转动以及容量大等诸多因素,导致 CD-ROM 的数据结构比硬磁盘和软磁盘的数据结构复杂得多。CD-ROM 盘区划分为三个区,即导入区(Lead-in Area)、用户数据区(User Data Area)和导出区(Lead-out Area)。这三个区都含有物理光道。所谓物理光道是指 360°一圈的连续螺旋形光道。这三个区中的所有物理光道组成的区称为信息区(Information Area)。在信息区,有些光道含有信息,有些光道不含信息。含有信息的光道称为信息光道(Information Track)。每条信息光道可以是物理光道的一部分,或是一条完整的物理光道,也可以是由许多物理光道组成的。信息光道可以存放数字数据、音响信息和图像信息等。含有用户数字数据的信息光道称为数字光道,记为 DDT(Digital Date Track);含有音响信息的光道称为音响光道,记为 ADT(Audio Track)。一片 CD-ROM盘,既可以只有数字数据光道,也可以既有数字数据光道,又有音响光道。在导入区、用户数据区和导出区这三个区中,都有信息光道。不过导入区只有一条信息光道,称为导入光道(Lead-in Track);导出区也只有一条信息光道,称为导出光道(Lead-out Track)。用户数据记录在用户数据区中的信息光道上。所有含有数字数据的信息光道都要用扇区来构造,而一些物理光道则可以用来把信息区中的信息光道连接起来。

激光影碟机是"综合信号激光盘系统"中的一种。它的工作原理与激光唱片、激光唱片机相同,只是它所录制、读取和播放的信号包括音响、静止动态画面及文字等多种信号。这种综合信号激光盘用于教学、娱乐等。在激光影碟机的发展中出现了 LD、CD-G、CD-V、VCD 和 DVD 等。

LD 首次实现了激光与数字技术相结合的视频、音频信号的录放,开创了视频、音频录放数字化的新天地。激光影碟具有极高的记录密度,它以一个个间断的凹坑记录信息,凹坑深 0.1μm,宽 0.4μm,对于 30cm 的影碟,每面上的凹坑总数达 145 亿个。影碟之所以看起来表面上色彩闪烁,正是因为入射光在这大量的凹坑上产生绕射光栅,使白色分解成五光十色光栅的缘故。为了重现录制的影音信息,播放时需用 LD Player 激光影碟机。

CD-Graphic(CD-静图唱片),简称 CD-G。这种唱片能在直径 5 英寸的碟盘上存储 70分钟的静止画面、音乐及歌词字幕。早期普通 CD 唱机上并不能放 CD-G,只有在内部装有图形解码器的 CD-G 专用机上播放才能通过电视机与音响重现立体声音乐、歌词字幕,近期的组合音响中已都带有视频输出,可兼容 CD-GF、CD-F,音质、动态范围、信噪比与 LD 机一样,只是图像是静止的。

CD-V 全称为 CD-Video,又称 CD 电视唱片。1987 年荷兰菲利普公司颁布了 CD-V 的标准,1988 年推出世界上第一台 CD-VPLAYER 机。CD-V 唱片是在碟片上记录了 20 分钟左右的数字音频信息与 5 分钟左右的带数字立体声伴音的 NTSC 制式活动图像模拟视频信息,或 6 分钟左右的 PAL 制式带数字立体声伴音的活动图像模拟视频信息。CD-V 是录有数字音频加模拟视频信息的唱碟或音像碟,具有活动的画面。

VCD 其全称为 Video-CD,它是 1993 年下半年才付诸实用的新技术,也称 CD 视盘。VCD 采用 ISO 国际标准化组织 1991 年最终认定的 MPEG-1 压缩编码技术,所以同样 5 英寸直径的碟盘与 CD-V、CD-G 相比较,可播放 74 分钟的全屏幕、全动态、立体声影片。由于经过数字图像压缩编码处理,所以它在普通 LD 机上不能播放,需要内置数字图像解码器的影碟机才可以播放。播放时音频虽与 CD 唱片一样,但图像比 LD 和 CD-V 要差一点。但由于 VCD 唱片的制作成本小,价格大约是 LD 的 1/5,所以在视听系列产品上有很强的竞争力。VCD 的视频压缩和解码技术是由美国人发明的,通过压缩把一部电影的动态图像和声音压缩到 1.2GB 信息容量左右的光盘中去,并通过数字解码技术把压缩的电子信号重新播放出来。但世界上第一台家用 VCD 机却是由中国安徽现代电视技术研究所于 1992 年 12 月研制成功的。1993 年 9 月取名"万燕"的第一代 VCD 机产品面世。短短几年 VCD 市场即达到巅峰状态。另外,VCD 盘也可在计算机上播放,在计算机上使用的 CD 视盘不仅可以存放录像,它还可以存放电子游戏。人们可以通过操作计算机来实现交互,不但能看到精彩的画面、听到动听的声音,还可以参与其中扮演角色,从而给人们带来了更大的乐趣。

DVD 全称为 Digital Video Disk 数字视频光盘机,它于 1994 年面世。DVD 也是对视频画面进行压缩,遵循 MPEG-2 压缩标准,将压缩的图像存储在光盘上。播放时 DVD 影碟机对光盘上的数字信号进行解码,还原出图像在显示器上播放。但 VCD 盘只能单面使用,一张盘只能存储 640MB 的信息,一部电影需要用 2 张或 3 张光盘才能存储完成;VCD 的分辨率较低,它的播放效果和录像带的播放效果相近;VCD 只有两个声道,播放时并不能实现真正的立体声。和 VCD 相比,DVD 产品在各个方面有了全面的提高。DVD 光盘存储的数据可以达到 4GB,一个 DVD 视频光盘可以存储多部电影,大大方便了消费者携带,也降低了光盘的生产成本;DVD 产品的分辨率是 VCD 产品的 4 倍;DVD 存储的声音信号具有 8 个声道,DVD 和 VCD 相比,播放效果有了质的飞跃。

DVD 的高清晰度也对其他配套产品提出了更高的要求。如电视的清晰度应在 800 线以上,而目前我们一般的电视清晰度不过 500 线甚至更低;目前的电视机还无法实现 DVD 的多声道立体声效果。DVD 要像 VCD 一样普及还需要一段过程,不仅有上述原因,还有诸如价格、在 DVD 上放置的软件和 DVD 光盘标准等。但不管怎样,DVD 是 VCD 的下一代产品,它代表了数字视听产品的发展方向。

10.2 光盘存储器的工作原理

光盘分成两类,一类是只读型光盘,其中包括 CD-Audio、CD-Video、CD-ROM、DVD-Audio、DVD-Video、DVD-ROM 等;另一类是可记录型光盘,它包括 CD-R、CD-RW、DVD-R、DVD+R、DVD+RW、DVD-RAM、Double Layer DVD+R 等类型。高密度光盘(Compact Disc)是近几年发展起来不同于磁性载体的光存储介质,用聚焦的氢离子激光束处理记录介质的方法存储和读取信息。光盘又称激光光盘,CD、VCD 和 DVD 都属于光盘。

CD 光盘的最大容量大约是 700MB,DVD 盘片单面 4.7GB,最多能刻录约 4.59G 的数据,双面能刻 8.5GB,最多约能刻 8.3GB 的数据,因为 DVD 的 1GB=1000MB,而硬盘的 1GB=1024MB,其中高清晰度 DVD(HD-DVD)存储不同于 DVD,单面单层可存储 15GB 信息、双层可存储 30GB 信息,能存放 48 个小时的视频信息,HD-DVD 需要用高清电视来显示清晰的画面;蓝光(Blu-Ray)则存储容量更大,单面单层可存放 25GB、双面可达 50GB。

普通 DVD 有足够的分辨率,通常可以在 480 行模拟显示器中获得良好效果,但是这种分辨率对大屏幕新型显示器来说却不够用。东芝 HD-DVD 播放器可以自动将普通 DVD 向上变频,以适应 720 或 1080 行显示器的需要。虽然经过变频的图像无法获得 HD-DVD 的完整分辨率,但却比 DVD 播放器使用的模拟信号效果要好。

光盘的存储原理比较特殊,用刻录机读写可记录型光盘,绝大部分 DVD 刻录机都能刻录 CD,但 VCD 光驱无法播放 DVD。

10.2.1　光盘存储原理

DVD 将信息存储为按照长螺旋状排列的一系列微小凹槽。红色激光从另一面读取这些凹槽,所以激光把凹槽视为凸点。凸点将激光照射的光线反射到传感器上。DVD 播放器通过内部的电子设备读取传感器传来的信息,并将这种信息视为数字信号。

HD-DVD 采用的原理与此相同:包含凹凸涂层,将激光照射的光线反射到传感器上,产生数字信号。HD-DVD 的规格大小和 DVD 完全一样(直径为 120mm、厚度为 1.2mm)。但是,两者又存在三个主要不同点,这样使得 HD-DVD 比 DVD 能够存储更多的信息。

HD-DVD 采用 405nm 蓝紫激光,而 DVD 采用 650nm 红色激光反馈存储信息。其凹槽更小且轨道之间的距离更近。借助更有效的压缩方式使存储文件变得更小。普通 DVD 的轨道间距为 $0.74\mu m$,而 HD-DVD 的轨道间距为 $0.40\mu m$。

10.2.2　光盘材料组成

CD 光盘主要分为 5 层,其中包括基板、记录层、反射层、保护层和印刷层。现在,我们分别进行说明。

1.基板

基板是各功能性结构如沟槽等的载体,更是整体光盘的物理外壳。其使用的材料是聚碳酸酯,冲击韧性极好、使用温度范围大、尺寸稳定性好、无毒性。一般来说,CD 光盘的基板厚度为 1.2mm、直径为 120mm,中间有孔,呈圆形。光盘之所以能够随意取放,主要取决于基板的硬度。在基板方面,CD、CD-R、CD-RW 之间是没有区别的。

2.记录层

记录层是烧录时刻录信号的地方,是在基板上涂抹专用的光敏材料,以供激光记录信息。由于烧录前后的反射率不同,经由激光读取不同长度的信号时,通过反射率的变化形成 0 与 1 信号,借以读取信息。目前市场上存在三大类有机染料:花菁(Cyanine)、酞菁(Phthalocyanine)及偶氮染料聚合物(AZO)。其他还有 Te、TE-c、Te 合金、Te-Se 和卤化银膜,非晶半导体膜,非晶硫硒碲化合物,热塑材料,光磁材料,光色材料等。记录介质要有一定的记录敏度、高分辨率和高信噪比,能够实时记录和瞬时读出,并且容易制成长期稳定且均匀完好的记录膜。

目前,一次性记录的 CD-R 光盘主要采用(酞菁)有机材料,当光盘在进行烧录时,激光就会对在基板上涂的有机材料进行烧录,直接烧录成一个接一个的"坑",这样有"坑"和没有"坑"的状态就形成了 0 和 1 的信号,这一个接一个的"坑"是不能恢复的,将永久性地保持现状,这也就意味着此光盘不能重复擦写。

在这里,需要特别说明的是,对于可重复擦写的 CD-RW 而言,所涂抹的就不是有机染料,而是某种碳性物质,当激光在烧录时,就不是烧成一个接一个的"坑",而是改变碳性物质的极性,通过改变碳性物质的极性,来形成特定的 0、1 代码序列。这种碳性物质的极性是可以重复改变的,这也就表示此光盘是可以重复擦写的。

3. 反射层

反射层是光盘的第三层,它是反射光驱激光光束的区域,借反射的激光光束读取光盘片中的资料。其材料为纯度为 99.99% 的纯银金属。

4. 保护层

保护层用来保护光盘中的反射层及染料层防止信号被破坏。材料为光固化丙烯酸类物质。另外,现在市场使用的 DVD+/-R 系列还需在以上的工艺上加入胶合部分。

5. 印刷层

印刷层是印刷盘片的标识、容量等相关资讯的地方,也就是光盘的背面。它不仅可以标明信息,还可以起到一定的保护光盘的作用。

光盘的发展趋势是以高容量存储为导向的。现在,已经出现了单面双层的 DVD 盘片。单面双层盘片(DVD+R Double Layer)是利用激光(Laser Beam)聚焦的位置不同,在同一面上制作两层记录层,单面双层盘片在第一层及第二层的激光功率(Writing Power)相同(激光功率为<30mW),反射率(Reflectivity)也相同(反射率为 18%～30%),刻录时,可从第一层连续刻录到第二层,实现资料刻录不间断。

10.2.3　光盘的保护

随着 VCD、DVD 机的广泛使用,光盘成为了日常用品,而正确地保养光盘会让信息保存更持久,光盘受天气、温度的影响,表面有时会出现水汽凝结,使用前应取干净柔软的棉布将光盘表面拭干。光盘放置应尽量避免落上灰尘并远离磁场。取用时避免用手碰触光盘反射层。光盘表面如发现污渍,可用干净棉布蘸上专用清洁剂由光盘的中心向外边缘轻揉,切勿使用汽油、酒精等含化学成分的溶剂,以免腐蚀光盘内部的精度。避免利器划伤,如果有轻微划痕,可用专用工具打磨恢复原样。光盘在存放时因厚度较薄、强度较低,在叠放时以 10 片以内为宜,超之则容易使光盘变形影响播放质量。温度过高过低都会直接影响光盘的寿命,保存光盘的最佳温度以 20℃ 左右为宜。

10.2.4　光盘尺寸

1. 普通标准 120 型光盘

尺寸:外径 120mm、内径 15mm。
厚度:1.2mm。
容量:DVD 4.7GB;CD 650MB/700MB/800MB/890MB。

2. 小圆盘 80 型光盘

尺寸:外径 80mm,内径 21mm。
厚度:1.2mm。
容量:200MB。

3. 名片光盘

尺寸：外径 56mm×86mm,60mm×86mm,内径 22mm。

厚度：1.2mm。

容量：39～54MB 不等。

4. 双弧形光盘

尺寸：外径 56mm×86mm,60mm×86mm,内径 22mm。

厚度：1.2mm。

容量：30MB/50MB。

5. 异型光盘

尺寸：可定制。

厚度：1.2mm。

容量：50MB/87MB/140MB/200MB。

10.2.5　光盘读取技术

光盘信息记录方式有许多种,因此信息读出的方法也各不相同。比较常见的是凹坑记录信息的读出。这是对于采用凹坑记录信息方式的光盘,照射到光盘信息径迹上的激光波长约 $0.8\mu m$,接近激光波长。当激光落在无信息坑的平面上时,光能量会大致全部反射回来(80%);当光点落在小坑上时,只有少量的光被反射(10%),这样使得光敏二极管输出强度变化的比例达到 10∶1 以上,就可读出信号。对于可擦写光盘,激光头输出的光分两种,一种是强光,一种是弱光。强光用于记录信息,弱光用于读取信息。

光盘的读取方式主要有如下 3 种。

1. CLV 技术

CLV 技术(Constant Linear Velocity)恒定线速度读取方式。在低于 12 倍速的光驱中使用的技术。它为了保持数据传输率不变,而随时改变旋转光盘的速度。读取内沿数据的旋转速度比外部要快许多。

2. CAV 技术

CAV 技术(Constant Angular Velocity)恒定角速度读取方式。它用同样的速度来读取光盘上的数据。但光盘上的内沿数据比外沿数据传输速度要低,越往外越能体现光驱的速度,倍速指的是最高数据传输率。

3. PCAV 技术

PCAV 技术(Partial CAV)区域恒定角速度读取方式。是融合了 CLV 和 CAV 的一种新技术,它在读取外沿数据时采用 CLV 技术,在读取内沿数据时采用 CAV 技术,以提高整体数据传输的速度。

10.2.6 光盘存储器的分类

CD(Compact Disc)光盘。CD 是由 Lead-in(资料开始记录的位置);而后是 Table-of-Contents 区域,由内及外记录资料;在记录之后加上一个 Lead-out 的资料轨结束记录的标记。在 CD 光盘上,模拟数据通过大型刻录机在 CD 上面刻出许多连肉眼都看不见的小坑。

CD-DA(CD-Audio)用来存储数位音效的光碟片。1982 年 Sony、Philips 共同制定红皮书标准,以音轨方式存储声音资料。CD-ROM 都兼容此规格音乐片的能力。

CD-G(Compact Disc Graphics)是在 CD-DA 基础上加入图形成为的另一格式,但未能推广。是对多媒体电脑的一次尝试。

CD-ROM(Compact Disc Read Only Memory)只读光盘机。1986 年,Sony、Philips 一起制定的黄皮书标准,定义档案资料格式。定义了用于电脑数据存储的 MODE 1 和用于压缩视频图像存储的 MODE 2 两种类型,使 CD 成为通用的存储介质。并加上侦错码及纠错码等位元,以确保电脑资料能够完整无误地读取。

GD-ROM(Gigabyte Disc)千兆光盘,是由雅马哈制作,日本世嘉公司于 1998 年投入,适用于媒体记录和游戏机的一种多媒体光盘,最大储存量为 1GB,用于取代当时市场上普遍存在的 650~700MB 容量的 CD-ROM 光盘。GD-ROM 由雅马哈生产,它的工作原理是在原有 CD-ROM 的基础上,对数据进行再次打包、压缩处理来增加存储量。GD-ROM 的数据由于其构造和生产因素,无法用传统的 CD 刻录机进行复制。

CD-PLUS:1994 年,Microsoft 公布了新的增强的 CD 的标准,又称为 CD-Elure。它是将 CD-Audio 音效放在 CD 的第一轨,而后放资料档案,如此一来 CD 只会读到前面的音轨,不会读到资料轨,达到电脑与音响两用的好处。

CD-ROM XA(CDROM-eXtended Architecture):1989 年,Sony、Philips 和 Microsoft 对 CD-ROM 标准扩充形成的白皮书标准。又分为 FORM 1、FORM 2 两种和一种增强型 CD 标准 CD+。

VCD(Video-CD)激光视盘。Sony、Philips、JVC 和 Matsushita 等共同制定,属白皮书标准。是指全动态、全屏播放的激光影视光盘。

CD-I(Compact-Disc-Interactive),是 Philips、Sony 共同制定的绿皮书标准。是互动式光盘系统。1992 年实现全动态视频图像播放

Photo-CD:1989 年,KODAK 公司推出相片光盘的橘皮书标准,可存 100 张具有 5 种格式的高分辨率照片。可加上相应的解说词和背景音乐或插曲,成为有声电子图片集。

CD-R(Compact-Disc-Recordable):1990 年,Philips 发表多段式一次性写入光盘数据格式,属于橘皮书标准。在光盘上加一层可一次性记录的染色层,可进行刻录。

CD-RW:在光盘上加一层可改写的染色层,通过激光可在光盘上反复多次写入数据。

SDCD(Super Density CD)是东芝(TOSHIBA)、日立(Hitachi)、先锋、松下(Panasonic)、JVC、汤姆森(Thomson)、三菱、Timewamer 等制定的一种超密度光盘规范。双面提供 5GB 的存储量,数据压缩比不高。

MMCD(Multi Mdeia CD)是由 Sony、Philips 等制定的多媒体光盘,单面提供 3.7GB 存储量,数据压缩比较高。

HD-CD(High Density CD)高密度光盘。容量大,单面容量 4.7GB,双面容量高达

9.4GB,有的达到 7GB。HD-CD 光盘采用 MPEG-2 标准。动态压缩标准 MPEG-2:1994年,ISO/IEC 组织制定的运动图像及其声音编码标准。针对广播级的图像和立体声信号的压缩和解压缩。

DVD(Digital-Versatile-Disk)数字多用光盘,以 MPEG-2 为标准,拥有 4.7GB 的大容量,可存储 133 分钟的高分辨率全动态影视节目,包括 6 个杜比数字环绕声音轨道,图像和声音质量是 VCD 所不及的。

DVD+RW:可反复写入的 DVD 光盘,又叫 DVD-E。由 HP、Sony 和 Philips 共同发布的一个标准。容量为 3.0GB,采用 CAV 技术来获得较高的数据传输率。

PD 光驱:(PowerDisk2)是 Panasonic 公司将可写光驱和 CD-ROM 合二为一,有 LF-1000(外置式)和 LF-1004(内置式)两种类型。容量为 650MB,数据传输率达 5.0MBps,采用微型激光头和精密机电伺服系统。

DVD-RAM:DVD 论坛协会确立和公布的一项商务可读写 DVD 标准。它容量大而价格低、速度快且兼容性高。

10.2.7　光盘格式的标准

CD 格式包含逻辑格式和物理格式。逻辑格式实际上是文件格式的同义词,它规定如何把文件组织到光盘上以及指定文件在光盘上的物理位置,包括文件的目录结构、文件大小以及所需盘片数目等事项;物理格式则规定数据如何放在光盘上,这些数据包括物理扇区的地址、数据的类型、数据块的大小、错误检测和校正码等。

1. CD-DA 标准,红皮书标准

红皮书标准——数字音频(适用于记录或播放音频 CD)。它是由 Philips 和 Sony 公司于 1980 年制定的,是用于存储音频声音轨道的 CD-DA 光盘标准,此规格仅包含音频扇区的轨道。称为红皮书。这是最先建立的规格。它采用脉冲编码调制 PCM,用 44.1kHz 的采样频率对音频信号进行采样和编码,记录在 CD-DA 盘片上。CD-DA 可以得到超级 Hi Fi 的音响效果。

由于 CD-ROM 来源于音频 CD,光盘上存储的大量信息可根据分钟、秒、帧测定,其中:1 分钟=60 秒,1 秒播放 75 帧,1 帧=2048 字节(2000 字节),由于扇区边界的额外消耗,光盘上文件占用的实际空间通常大于其原大小。

2. CD-ROM 标准,黄皮书标准

黄皮书标准——CD-ROM(适用于 CD-ROM 的读写)。1985 年为 CD-ROM 制定的规格,称为黄皮书。它对光盘的物理格式和盘地址做了规定。1986 年又制定了它的逻辑格式,在 1987 年正式作为国际标准 ISO 9660。

3. ISO 9660 标准

ISO 9660 是个国际上认可的 CD 媒体逻辑级标准,它定义了 CD-ROM 上文件和目录的格式。此标准允许有不同操作系统的不同计算机访问同样的数据格式。CD-ROM 当前的成功不仅应归于媒体自身明显的优势,而且归于通过 ISO 9660 之类的标准完成了媒体的

全世界认同和彼此的协作。所有计算机平台将数据作为一个文件系统放在光盘。文件系统被设计成为 UNIX,VAX\VMS,MS-DOS 和 Mac 及它们的各种派生系统所公认,ISO 9660 意味着与不同操作系统兼容,这种兼容性是通过使用所有目标系统共有功能来实现的。因此,ISO 9660 要求以下几条限制。

ISO 9660 规定每个文件由一个文件域组成,支持的单文件容量为 2GB 以下,目录层次不超过 8 层,主文件名包括它的扩展名必须少于 30 个字符。对于在 MS-DOS 下使用,它有更多限制:文件名最多 8 个字符,而扩展名最多 3 个字符。使用 ASCII 字符集,目前有 Level 1 和 Level 2 两个标准。Level 1 与 DOS 兼容,文件名采用 8.3 格式,目录标识符不超过 8 个字符,字符集由大写英文字母 A~Z、数字 0~9 及下划线组成,共 37 个字符,文件域中没有扩展属性记录。Level 2 在 Level 1 的基础上加以改进,允许使用长文件名和长目录名,但文件名与扩展名的总长度不超过 30 个字符,目录标识符的长度不超过 31 个字符,不支持 DOS。

光盘刻录软件在正式传送数据到 CD 记录器进行记录之前创建一个 ISO 9660 映像文件,并且有助于去除运行时的记录错误。

4. 扩展 ISO 9660——Joliet 和 Romeo 文件系统

在 ISO 9660 中有一些限制,如字符设置限制、文件名长度限制和目录树深度限制。这些规定阻碍了用户复制数据到可被不同计算机平台读取的 CD-ROM,因此一些操作系统出售商以以下几种方式扩展 ISO 9660。

Joliet 文件系统是扩展文件系统之一,由 Microsoft 公司提出和实现。它以 ISO 9660 (1988)标准为基础,如果 CD 是用 Joliet 文件系统创建,它只能在 Window 9x 和 Window NT4.0 或更新版下读取,但是不能在任何其他平台上读取。在 Joliet 文件系统下,长文件名允许字符数最多为 64,长目录允许数目最多为 64。但是,文件名加它的完全路径总字符数不能超过 120。Romeo 只定义为 Window9x 长文件名,最多为 128 字符。

5. CD-I 标准,绿皮书标准

绿皮书标准。1988 年 Philips 公司和 Sony 公司联合推出了 CD-I 系统,并对其软、硬件部分做了详细的规定,称为绿皮书。它是所有规格中最复杂的一种,采用了多种压缩编码技术,完成对各种数据的编码。对于音频信号采用 PCM 和 ADPCM 技术进行压缩编码,可获得 4 种不同音质的信号。绿皮书中的 ADPCM 技术使 CD-I 光盘的容量较红皮书规格扩大 16 倍。

6. CD-ROM/XA 标准

这是 1989 年 Philips 和 Microsoft 公司合作推出的,并在 1991 年国际多媒体和 CD-ROM大会上宣布为扩展结构体系标准。它减少了数字化音频信号的光盘存储空间,是对原 CD-ROM 规格的扩充。具体是用 ADPCM 作为压缩编码,使用三种不同的采样频率。CD-ROM/XA 规格是黄皮书和绿皮书规格的结合。

7. Photo-CD 标准

1992 年由 KODAK 公司推出，等待计算机厂商的确认。Photo-CD 光盘用于记录数字化照片信息。

8. CDTV 标准

1991 年由 Commodore 公司专门设计并规定了它的格式，由于 CDTV 没有采用 CD-I 标准，只能在指定的系统中使用。

9. DVI 标准

1990 年由 IBM 和 Intel 公司联合推出，DVI 光盘只能在 DVI 系统环境下使用，但 DVI 技术具有很强的功能，将全屏幕全动态视频图像、高清晰度静态图像、双声道高保真间频信号及传统的图形和文本集成到一个交互的环境，可实现动态视频/音频数据的实时采集、实时压缩存储/反压缩播放，成为全数字化多媒体技术的代表。

10. VCD 标准，白皮书标准

视频光盘 Video CD（适用于播放 MPEG 解码视频）。

11. 橙皮书标准

多对话式 Multi-Session（适用于在可记录 CD 上增加文件）。

10.2.8　光盘检错和纠错

光盘同磁盘、磁带一类的数据记录媒体一样，受到盘的制作材料的性能、生产技术水平、驱动器以及使用人员水平等的限制，从盘上读出的数据很难完全正确。据有关研究机构测试和统计，一片未使用过的只读光盘，其原始误码率约为 3×10^{-4}；有伤痕的盘约为 5×10^{-3}。针对这种情况，光盘存储采用了功能强大的错误码检测和纠正措施，采用的具体对策归纳起来有三种。

（1）错误检测码（Error Detection Code，EDC）。采用 CRC 码（Cyclic Redundancy Code）检测读出数据是否有错。CRC 码有很强的检错功能，但没有开发它的纠错功能，因此只用它来检错。

（2）错误校正码或称为纠错码（Error Correction Code，ECC）。采用里德-索洛蒙码，简称 RS 码，进行纠错。RS 码被认为是性能很好的纠错码。

（3）交叉里德·索洛蒙码（Cross Interleaved Reed-Solomon Code，CIRC）。这个码可以理解为在用 RS 编译码前后，对数据进行插值和交叉处理。

10.3　大容量存储技术

在大容量离线存储领域，人们比较熟悉的是大容量磁带存储技术和大容量光盘存储技术，这些领域由于 Sony、HP、IBM 等跨国公司的介入，不仅产品得以在市场上畅销，而且技

术上不断更新。随着关键技术的突破,近年来光带存储技术也凭借着它的优异性能和较高的性价比显示出较好的发展潜力。光带是一种将数据信息存储在条形介质带上的光存储器件,兼有光盘高密度的特点和磁带总存储容量可以扩大化的优点。光带存储容量大,数据传输速率快,信息存取时间短,系统成本低,使用寿命可长达 100 年,因此目前它是发达国家,特别是美国正在积极开发的数据存储技术之一。

大容量存储器的发展一直是科学界被关注的重点,一般来说,目前,一张单面 DVD 容量为 4.7GB,一张蓝光光盘容量为 25GB。最新的蓝光协会表示,新蓝光光盘容量可以达到 128GB。但是东京大学的最新光盘容量将达 25 000GB,也就是所谓的 25TB。

10.3.1　大容量存储设备

蓝光协会 2010 年 4 月 3 日在美国发布了两款蓝光碟片新标准,大容量的刻录碟片 BDXL 和混合碟片 IH-BD。高容量可刻录和可擦写碟片(High Capacity Recordable and Rewritable Discs,BDXL)主要针对影视、医疗和档案等需求超大容量长期存储的企业、机构用户,一次性刻录碟片的容量为 128GB,可擦写碟片容量为 100GB。从结构上来说, BDXL 就是三层或四层的蓝光碟片,并使用了更高功率的激光器进行读写。内混合碟片 (Intra-Hybrid Discs,IH-BD)为双层蓝光碟片,其中一层为只读的 BD-ROM,另一层为可擦写 BD-RE,两层的容量各为 25GB。BDXL 和 IH-BD 均是针对特定的市场对象专门设计的格式,因此现有的蓝光播放机、光驱盒刻录机无法对其支持。但是因为这两种新光盘格式是在现有技术上的扩展,所以未来支持 BDXL 或 IH-BD 的蓝光光驱将能够兼容 25GB 和 50GB 的传统蓝光碟片。

UDO(Ultra Density Optical)为英国 Plasmon Data Systems Ltd 制定的光盘规格,使用组合蓝紫色激光和物镜开口数为 0.7 的光学系统。光盘单面记录容量为 15GB,双面容量为 30GB。日本惠普最高档机种"7100ux"可容纳 238 张 UDO 光盘,总容量为 7TB。最多可配备 10 台 UDO 设备。

10.3.2　大容量存储器技术展望

传统的 DVD 和 CD 是以二维方式将数据存储在其表面,而全息光盘则是以三维方式存储数据。现在,研究人员首次宣称研制出一种五维光学材料,能在多个维度存储数据,并对激光的不同波长和偏振做出响应。该种新型光学响应材料可使现今 DVD 大小的光盘的存储容量提高 4 个数量级,超过 2000 倍,一张光盘上将能存储两三百部高清电影,预计将在医疗、金融、军事、安全编码和银行等需要数据加密的领域获得广泛应用。

该种材料是由澳大利亚斯温伯恩科技大学激光电中心主任顾民等人开发的,由悬浮在玻璃基板上透明塑料板内的金纳米棒层组成,在材料的同一区域内多种数据图案可在互不干扰的情况下被读取和刻写。

新增加的两维指利用光的波长的"色维"和利用光的偏振的"偏振维"。增加的这两维是使光盘存储容量大幅增加的关键。利用光的偏振特点可使光盘录制多层不同角度的信息,并使各层信息之间不会产生干扰。澳大利亚研究人员已经能够利用 3 种波长和 2 种偏振光,在同一区域刻写 6 种不同的图案,通过将数据写入多达 10 个纳米棒层的堆栈,研究人员已将每立方厘米的数据存储密度提高到了 1.1 万亿字节,记录速度高达 1GBps。

　　全息光盘存储器的研制以及存储读写速度的提高,能进一步保证各种类型的多媒体信息的实时存储与传播,也能使多媒体技术得到更进一步的发展,更进一步促进虚拟现实技术的发展。

练习

一、选择题

1. 具有多媒体功能的 PC 上常用 CD-ROM 作为外存储器,它是(　　　)。

　　A. 随机存储器　　　B. 可擦写光盘　　　C. 只读光盘　　　D. 硬盘

2. 在多媒体系统中,最适合存储声、图、文等多媒体信息的是(　　)。

　　A. 软盘　　　　　　B. 硬盘　　　　　　C. CD-ROM　　　D. ROM

3. (　　)不是多媒体中的关键技术。

　　A. 光盘存储技术　　　　　　　　B. 信息传输技术

　　C. 视频信息处理技术　　　　　　D. 声音信息处理技术

4. CD-RW (ReWritable) 的性质是(　　)。

　　A. 只读　　　　　　B. 只写　　　　　　C. 可读可写　　　D. 不可读也不可写

5. CD-ROM 是由(　　)标准定义的。

　　A. 黄皮书　　　　　B. 绿皮书　　　　　C. 红皮书　　　　D. 白皮书

6. 下列特点中(　　)是 CD-ROM 光盘应具有的特点。

　　(1)大容量特性　　　　　　　　　(2)读写非对称性

　　(3)可靠性高　　　　　　　　　　(4)可重复擦写性

　　A. 仅(1)　　　　　B. (1)(2)　　　　C. (1)(2)(3)　　　D. 全部

二、思考题

1. 请计算对于双声道立体声,采样频率为 44.1kHz,采样位数为 16 位的激光唱盘(CD-A)用一个 650MB 的 CD-ROM 可存入多长时间的音乐。(需要写清计算公式和步骤)

2. 大容量存储设备主要有哪些?

3. 简述光盘读取技术。

4. 简述光盘的种类与用途。

第 11 章　　虚拟现实技术基础

多媒体技术虽然为数字化信息增加了影音效果,但从人的感知上却与电视节目或 VCD 等差不多。虚拟现实(Virtual Reality,VR),也称灵境技术或人工环境,是多媒体技术发展的更高境界,虚拟现实技术可以将常规的键盘、鼠标或是屏幕等输入输出设备化为无形,而直接通过语言和手势进行交互。利用电脑模拟产生一个三维空间虚拟世界,提供使用者关于视觉、听觉和触觉等感官的模拟,让使用者如同身临其境一般,人们可以实时、没有角度限制地观察三维模拟空间,通过触发器和 3D 软件显示窗口在二维显示屏中展示三维信息。虚拟现实是以沉浸性(Immersion)、交互性(Interaction)和构想性(Imagination)为基本特征的计算机高级人机界面。它综合利用了计算机图形学、仿真技术、多媒体技术、人工智能技术、计算机网络技术、并行处理技术和多传感器技术,模拟人的视觉、听觉、触觉和力觉等感觉器官功能,使人能够沉浸在计算机生成的虚拟环境中,并能够通过语言、手势等方式与之进行交互,虚拟现实技术创建了一种模拟现实的多维信息空间。

11.1　虚拟现实技术介绍

虚拟现实是采用计算机技术产生一个仿真世界的动态三维视觉环境,使操作者产生一种身临其境的感觉,虚拟现实技术包括实时三维计算机图形技术,广角(宽视野)立体显示技术,对观察者头、眼和手的跟踪技术等,虚拟现实系统的核心设备仍然是计算机。它的一个主要功能是生成虚拟现实的图形。图像显示设备是用于产生立体视觉效果的关键外设,目前常见的产品包括光阀眼镜、三维投影仪和头盔显示器等。其中高档的头盔显示器在屏蔽现实世界的同时,提供高分辨率、大视场角的虚拟场景,并带有立体声耳机,可以使人产生强烈的沉浸感。其他外设主要用于实现与虚拟现实的交互功能,包括数据手套、三维鼠标、运动跟踪器、力反馈装置、语音识别与合成系统等。

参与者使用诸如键盘、数据手套、三维鼠标器、跟踪球、操纵杆、眼球跟踪装置、超声波头部跟踪器、头盔显示器、摄录像设备、大屏幕彩色投影机、立体护目镜、音响、耳机、语音识别与合成装置、工作站及数据服等装备以获得所需的感知,来体验计算机生成的虚拟世界。虚拟现实技术的应用前景十分广阔。它最初是为了满足军事和航空航天领域的需求而开发设计的,目前虚拟现实技术的应用正逐步向工业、建筑设计、教育培训和文化娱乐等方面挺进。它正在改变着人们的生活。

11.1.1　虚拟现实技术的特点

1989 年,美国 VPL Research 公司的创始人 Jaron Lanier 提出了 Virtual Reality(虚拟现实)的概念。在这里,Reality 的含义是现实的世界,或现实的环境。J. Laniar 认为虚拟现实是指"用电子计算机合成的人工世界"。从一开始这个领域与计算机就有着不可分离的密切关系,计算机技术是合成虚拟现实的基本前提,虚拟现实技术发展到现在主要具备以下 4 个特点。

1. 多感知性(Multi-Sensory)

多感知是指除了一般计算机技术所具有的视觉感知之外,还有听觉感知、力觉感知、触觉感知、运动感知,甚至包括味觉感知、嗅觉感知等。理想的虚拟现实技术应该具有一切人所具有的感知功能。由于相关技术,特别是传感技术的限制,目前虚拟现实技术所具有的感知功能仅限于视觉、听觉、力觉、触觉和运动等几种感知性。

2. 沉浸感(Immersion)

沉浸感又称临场感,指用户感到作为主角存在于模拟环境中的真实程度。理想的虚拟现实环境应该使用户难以分辨真假,使用户全身心地投入到计算机所创建的三维虚拟环境中,该环境中的一切看上去是真的,听上去是真的,动起来是真的,甚至闻起来、尝起来等一切感觉都是真的,如同在现实世界中的感觉一样。

3. 交互性(Interactivity)

交互性是指用户对模拟环境内物体的可操作程度和从环境得到反馈的自然程度,交互功能具有实时性。例如,用户可以用带有传感器的手去抓取模拟环境中虚拟的物体,这时手有握着感,并可以感觉物体的重量,视野中被抓取的虚拟物体也能随着手的移动而移动。

4. 构想性(Imagination)

构想性强调虚拟现实技术应具有广阔的可想象空间,可拓宽人类认知范围,不仅可再现真实存在的环境,也可以随意构想客观不存在的甚至是不可能发生的环境。虚拟现实技术可以实现或重现人类对未知情景的思维过程。

11.1.2　虚拟现实系统的构成

一般来说,一个完整的虚拟现实系统由高性能计算机,计算机网络,虚拟环境生成器,包含三维视景图像生成及立体显示的视觉系统,语音识别、声音合成与声音定位为核心的听觉系统,方位跟踪器、数据手套和数据衣为主体的身体运动跟踪测量系统,味觉、嗅觉、触觉与力反馈触觉系统,人机接口界面及多维的通信设备,各种数据库(地形地貌、地理信息、图像纹理、气动数据、武器性能参数、导航数据、气象数据、背景干扰及通用模型等),软件支撑环境等功能单元构成。

虚拟环境生成器是 VR 系统的核心部件,虚拟现实输入设备给 VR 系统提供来自用户的输入,并允许用户在虚拟环境中改变自己的位置、视线方向和视野,允许改变虚拟环境中虚拟物体的位置和方向。虚拟现实输出设备是由 VR 系统把虚拟环境综合产生的各种感官信息输出给用户,使用户产生一种身临其境的真实感。

11.1.3　虚拟现实技术发展需要解决的关键问题

一个基本的 VR 系统应该由 VR 生成系统、感知系统、开发平台与展示平台等几部分组成。虚拟现实技术随着计算机技术、传感与测量技术、图形学、人工智能、仿真技术和微电子技术等的飞速发展而发展，由于在该系统中尚存有大量未解决的难题以及理论和技术上的盲区，在其发展过程以下关键技术尚待更进一步解决。

1. 环境建模技术

虚拟环境的建立，目的是获取实际三维环境的三维数据，并根据应用的需要，利用获取的三维数据建立相应的虚拟环境模型。虚拟环境是 VR 系统的核心内容，动态环境建模技术的目的就是获取实际环境的三维数据，并根据应用的需要建立相应的虚拟环境模型。三维数据的获取可以采用 CAD 技术、3D MAX 技术和全景摄像技术等多种方式采集。更多的情况则需要采用非接触式的视觉技术，两者有机结合可以有效地提高数据获取效率。三维图形的生成技术已经较为普遍和成熟，但关键是实时三维图形的生成技术，为了达到实时的目的，至少需要保证三维图形的刷新频率不低于 15 帧/秒，最好高于 30 帧/秒。所以在不降低图形质量和不增加复杂程度的前提下，如何提高刷新频率是三维图形实时显示技术需要考虑的关键问题。

2. 立体声合成和立体显示技术

虚拟现实的交互能力依赖于立体显示和传感器技术的发展，现有的设备还远远不能满足需要，比如头盔式三维立体显示器有以下缺点：过重、分辨率低、图像质量差、延迟时间过长、刷新频率过低、有线行动不便、跟踪精度低和视场过窄，因此非常有必要开发新的三维显示技术。在虚拟现实系统中消除声音的方向与用户头部运动的相关性，同时在复杂的场景中实时生成立体图形是虚拟现实发展需要关注的问题。

3. 触觉反馈技术

在虚拟现实系统中让用户能够直接操作虚拟物体并感觉到虚拟物体的反作用力，从而产生身临其境的感觉。

4. 交互技术

虚拟现实中的人机交互的方式除了包含键盘和鼠标的传统模式外，另外衍生出了多种模式：如数字头盔、数字手套等传感器设备，三维交互技术以及语音识别、语音输入技术都已成为人机交互的重要手段。

5. 虚拟现实开发技术

虚拟现实应用的关键是寻找合适的场合和对象，即如何发挥想象力和创造性。选择适当的应用对象可以大幅度提高生产效率、减轻劳动强度和提高产品质量。为了达到这一目的，必须研究虚拟现实的开发工具，例如 VR 系统开发平台、分布式虚拟现实技术等。

6. 网络技术

从计算机技术的角度分析未来的 VR 系统的特点，将是一个交互、分布、实时和多维化信息的处理系统。随着 VR 技术在网络上的推广与应用，数以亿万计的人进入未来的网络，世界将变得越来越小,而人类的感知与认知能力将变得越来越强。由此可见,分布式多维化网络技术必将对 VR 系统产生更为深远的影响。

7. 信息压缩与数据融合技术

为使 VR 系统能实时地处理大量的多维化信息,一方面应尽量提高计算机的处理速度;另一方面也应研究出更高效的信息压缩与数据融合的算法和技术。在 VR 系统中所进行的观测活动状况下的图像处理,是基于交互作用的图像处理。故 VR 系统对图像处理便提出了更高的要求,不能将全部负担都压在计算机的硬件性能上,而应把研究新型、高效的数据压缩算法及研制专用数据压缩芯片、数据融合新技术与新算法作为关键技术予以突破。

8. 系统集成技术

系统集成技术包括信息同步技术、模型标定技术、数据转换技术、识别和合成技术等。人在真实世界中通过感觉器官来实现视觉、触觉(力觉)、嗅觉和听觉等功能。使我们能够感知一个客观真实世界并与之交互。

在 VR 系统中存在由各种传感器所输出的数字和模拟信息,它们有的用声、图和文的形式表示,有的用视觉、听觉、力感、触感、味觉和嗅觉的方式表达,同时,在 VR 系统中还存在着虚拟和真实的环境,在该环境中有虚拟的对象和真实的人。这些信息存在实时与非实时、瞬变与缓变、可确定与不可确定、相互支持与互补或相互制约与矛盾的因素。如何将这些多维化信息、来自虚拟和真实对象的信息进行综合集成,使之协调一致,是一项十分重要的关键技术,主要是靠 VR 系统中的核心,即虚拟环境生成器来完成。集成的目的旨在建立一个最优化结构、自适应、高性能、颇具竞争力的实时、互操作的大系统。

为满足人们对沉浸性、交互性和构想性日趋增高的需求,在众多技术难题中至少应重点提升以下关键技术的水平。

9. 提高身临其境的沉浸感

沉浸感在很大程度上是依赖于 VR 技术的图像处理和理解能力提高的,图像处理的质量越高,图像处理的速度越快,图像识别的能力越强,系统的理解能力越完善,系统的视觉沉浸感便越佳。视觉是提高沉浸感的重要因素,但并非是唯一的因素,听觉或许是 VR 技术中最先达到逼真程度的领域,触觉是一个刚起步研究与试验的领域。由微处理器和传感器构成的数据手套,与视觉、听觉相配合,大大增强了 VR 系统的真实感,而嗅觉与味觉还属于一个尚未实质性开展研究的领域。故提高 VR 系统的沉浸感,还有很多尚未攻克的技术难题。

10. 开发高性能的传感器

要使虚拟交互更接近于自然交互,在很大程度上取决于与计算机相连的高性能传感器及其相应的软件。交互技术研究的主要任务是设计出交互技术并评估其性能,目前至关重要的两种设计方法是:依据应用程序的特殊需求,凭直觉或想象设计出交互技术;按任务的结构划分来指导进行设计。

针对 VR 系统的需求研制性能更为完善和便于佩戴的传感器,如用红外或其他光学方法跟踪眼睛的活动,当知道人的眼睛注视何处时,便可用其实现某些控制。目前这些新型的传感设备尚未成熟，人们正通过研制新材料、新结构、新工艺或新的控制机理，以提高其性能，这是当前 VR 技术中颇为活跃的一部分研究工作。

11. 研制高性能的计算机

未来 VR 技术的发展必将会对计算机的性能提出更高的要求，具体主要表现在网络技术、信息压缩与数据融合、系统集成技术三个方面的提高。

11.2　虚拟现实技术的主要硬件设备

虚拟现实系统中，硬件设备由三部分组成，输入设备、输出设备和虚拟世界生成设备。输入设备分为两种类型：基于自然的交互设备，用于对虚拟世界信息的输入；三维定位跟踪设备，用于对输入设备在三维空间中的位置进行判断，并送入虚拟现实系统中。虚拟现实输入设备主要有数据手套、数据衣、三维控制器、三维力矩、力矩球、三维扫描仪和三维定位跟踪设备。虚拟世界输出设备是指感知设备，将虚拟世界中各种感知信号转变为人所能接受的多通道信号，具体包括视觉感知设备、听觉感知设备、触觉（力觉）感知设备。虚拟现实生成设备主要分为：基于高性能个人计算机的 VR 系统、基于高性能图形工作站的 VR 系统、高度并行的计算机系统的 VR 系统和基于分布式计算机的 VR 系统。在 VR 硬件系统中，有许多功能不同的虚拟现实系统专用的设备，下面是一些有代表性设备的介绍。

11.2.1　三维显示器

1968 年开创了头盔式三维显示技术，具体包括以下 4 种形式。

(1) 固定 CRT 形式，放于桌面，可多人共享，用户约束感小，易于实现交互，但视角小，无环视感。一般要求用户佩戴光闸眼镜。并配以视线跟踪装置。

(2) HMD 形式，一般用两个 LCD 屏形成立体对，头盔结构中安装广角光路，同时附有视线运动检测装置，用户走动自由，但约束感较强，LCD 分辨率低。

(3) 双目全向监视器(Binocular Omni-Orientation Monitor，BOOM)形式类似于 HMD，但显示装置悬挂于机械臂，重量得到平衡，位置与姿态得到测量，用户用手操纵，约束感适中，装置可配以高分辨率的 CRT 对。BOOM 可移动式显示器是一种半投入式视觉显示设备。使用时，用户可以把显示器方便地置于眼前，不用时可以很快移开。BOOM 使用小型的阴极射线管，产生的像素数远远小于液晶显示屏，图像比较柔和，分辨率为 1280×1024 像素。图 11-1 所示为 BOOM 3C 可移动式头盔。

图 11-1　BOOM 3C 可移动式头盔

（4）CAVE 形式,大视角、高分辨率、环绕视觉感较强,用户只需佩戴轻质光闸眼镜,约束感小,也可多人共享,但需较大的安装空间和投影系统。

（5）Videoplace 形式,用户无须佩戴任何硬件装置,毫无约束感,但对人体的位置与姿态的检测较难,缺乏触觉、力觉交互手段。这种"无障碍"方式目前不是 VR 的主流。

11.2.2　数据手套

数据手套作为一种输入装置,可以把人手的动作转化为计算机的输入信号。一般它的实体由很轻的弹性材料构成,该弹性材料紧贴在手上,同时附着许多位置、方向传感器和光纤导线,以检测手的运动。光纤可以测量每个手指的弯曲和伸展,而通过光电转换,手指的动作信息可以被计算机识别。作为一只虚拟的手用于与虚拟现实系统进行交互,可以在虚拟世界中进行物体抓取、移动、装配、操纵和控制等操作,并把手指和手掌伸屈时的各种姿势转换成数字信号传送给计算机,计算机通过应用程序识别出用户的手在虚拟世界中操作时的姿势,执行相应的操作。在实际应用中,数据手套还必须配有空间位置跟踪器,检测手在空间中的实际方位及运动方向。现在已经有多种传感手套产品,TELETACT 手套是一种用于触觉和力觉反馈的装置,利用小气袋向手提供触觉和力觉的刺激。这些小气袋能被迅速加压和减压。当虚拟手接触一件虚拟物体时,存储在计算机里的该物体的力模式被调用,压缩机迅速对气袋充气或放气,使手部有一种非常精确的触觉。各种不同种类的虚拟手套的区别主要在于采用传感器的不同。5TD Data Glove Ultra 是 5DT 公司为现代动作捕捉和动画制作领域的专业人士专门设计的一款数据手套产品,采用 USB 或 RS-232 接口与计算机连接,5DT 数据手套每个手指上有两个传感器,具有较高的信号采集质量,较低的交叉关联,具有 8bit 曲度解析率,可测量手指弯曲的程度与手指间的外部肌肉的张力。图 11-2 为 5DT 数据手套。

11.2.3　数据衣

数据衣是为了让 VR 系统识别全身运动而设计的输入装置,可以检测出人的四肢、腰部等部位的活动,以及各关节弯曲的角度。数据衣将大量的光纤、电极等传感器安装在一个紧身服上,对人体大约 50 多个不同的关节进行测量,包括膝盖、手臂、躯干和脚。通过光电转换,身体的运动信息被送入计算机进行图像重建。假如数据衣能实现网络交互功能,沉浸在未来的网络虚拟社区中的网络用户恐怕很难区分虚拟人和自己了。图 11-3 为具有输入功能的数据衣。

图 11-2　5DT 数据手套

图 11-3　数据衣

11.2.4　三维控制器

空间球如图 11-4 所示,它是一种可以提供 6 自由度的桌面设备,它被安装在一个小型的固定平台上,可以通过手的扭转、挤压、按下、拉出和来回摇摆等实现相应的操作。

三维浮动鼠标器如图 11-5 所示,它的工作原理是:在鼠标内部安装了一个超声波或电磁探测器,利用这个接收器和具有发射器的固定基座,就可以测量出鼠标离开桌面后的位置和方向。

图 11-4　空间球　　　　　　　　图 11-5　三维鼠标

11.2.5　三维扫描仪

三维扫描仪是一种较为先进的三维模型输入设备,是当前使用的对实际物体三维建模的重要工具。能快速方便地将真实世界的立体彩色的物体信息转换为计算机能直接处理的数字信号,为实物数字化提供了有效的手段。

三维扫描仪的功能是通过扫描真实模型的外观特征,构造出该物体对应的计算机模型,通常分为激光式、光学式和机械式三种类型。三维激光扫描仪(3D Laser Scanner)应用最为广泛,其数据处理的过程一般包括数据采集、数据预处理、几何模型重建和模型可视化 4 个步骤。

11.2.6　三维定位跟踪设备

三维定位跟踪设备用于检测位置与方位,并将其数据报告给虚拟现实系统。在虚拟现实系统中最常见的应用是跟踪用户的头部位置与方位来确定用户的视点与视线方向,而视点位置与视线方向是确定虚拟世界场景显示的关键。

虚拟现实系统中常需要检测头部与手的位置。要检测头与手在三维空间中的位置和方向,一般要跟踪 6 个不同的运动方向,即沿 X、Y、Z 坐标轴的平动和沿 X、Y、Z 轴方向的转动。由于这几个运动都是相互正交的,因此共有 6 个独立变量,即对应于描述三维对象的宽度、高度、深度、俯仰角、转动角和偏转角,称为 6 自由度(DOF)。

11.3　虚拟现实的分类

按 VR 沉浸程度的不同可将虚拟现实系统分为桌面虚拟现实系统(Desktop VR),沉浸虚拟现实系统(Immersive VR)和分布式虚拟现实系统(Distributed VR)。

11.3.1　桌面 VR 系统

桌面 VR 系统使用个人计算机和低档工作站实现仿真,计算机的屏幕作为参与者观察虚拟环境的一个窗口。一般由计算机监视器,配合双目立体眼镜组成。根据监视器的数目不同,还可分为单屏式和多屏式两类。各种外部设备一般用来驾驭该虚拟环境,并用于操纵在虚拟场景中的各种物体,这些外部设备包括鼠标器、跟踪球和力矩球等。桌面 VR 系统要求参与者使用位置跟踪器和手拿输入设备,如 3 或 6 自由度鼠标器、游戏操纵杆或力矩球,参与者虽然坐在监视器前面,但可以通过屏幕观察范围内的虚拟环境,但参与者并没有完全沉浸,因为它仍然会感觉到周围现实环境的干扰。桌面 VR 系统虽然缺乏头盔显示器的那种完全沉浸功能,但它仍然比较普及,这主要是因为它的成本和价格相对来说比较低。

在桌面 VR 系统中,立体视觉效果可以增加沉浸的感觉。一些廉价的三维眼镜和安装在计算机屏幕上方的立体观察者、液晶显示光闸眼镜等都会产生一种三维空间的幻觉。同时由于它采用标准的 CRT 显示器和立体图像显示技术,其分辨率较高,价格较便宜。因此易普及应用,使得桌面 VR 系统在各种专业应用中具有生命力,特别是在工程、建筑和科学领域内。

声音对任何类型的 VR 系统都是很重要的附加因素,对桌面 VR 系统也不例外。声卡和内部信号处理电路可以用廉价的硬件产生真实性很强的效果。在桌面 VR 系统中,常常用耳机代替扬声器。

桌面 VR 软件允许参与者构造一种场景或结构(如建筑物),然后引导所产生的虚拟环境。如同其他 VR 系统一样,它能产生一种三维空间的交互场景。通过交互操作,使虚拟环境的物体平移和旋转,以便从各个方向观看物体,也可以进入里面,因此它具有 Through Walk 的进入功能,在虚拟环境中浏览,就像在虚拟环境中漫游一样。

桌面 VR 系统可以使用多种输入设备,但并不是所有的设备和功能都适于各种应用程序,这取决于软件开发人员是否编写了某个设备的驱动程序或指令。

桌面 VR 系统和沉浸 VR 系统之间的主要差别在于参与者身临其境的程度,这也是它们在系统结构、应用领域和成本上都大不相同的原因。桌面 VR 系统以常规的 CRT 彩色显示器和三维立体眼镜来增加身临其境的感觉,主要交互装置为 6 自由度鼠标或三维操纵杆。沉浸虚拟现实系统则采用头盔显示器 HMD,主要的交互装置为数据手套和头部跟踪器。

11.3.2　沉浸式 VR 系统

沉浸式 VR 系统利用头盔显示器和数据手套等交互设备把用户的视觉、听觉和其他感觉封闭起来,使参与者暂时与真实环境隔离,而真正成为 VR 系统内部的一个参与者。他可以利用各类交互设备操作和驾驭虚拟环境,沉浸式 VR 系统区别于桌面 VR 系统主要表现在以下 5 点。

(1) 沉浸式 VR 系统具有高度的实时性能。如当用户移动头部以改变观察点时,虚拟环境必须以足够小的延迟连续平滑地修改景区图像。

(2) 沉浸式 VR 系统同时使用多种输入输出设备。例如,用户把手指指向一个方向并说"那里!",这样一个简单的行为会产生三个同步事件,这些事件分别来自头部跟踪器、数据手套及语音识别器,这说明多种输入输出设备的并行处理是虚拟现实的基本特征。

（3）沉浸式 VR 系统为了能够提供真实的体验,它总是尽可能利用最先进的软件技术及软件工具,因此虚拟现实系统中往往集成了许多大型、复杂的软件,如何使各种软件协调工作是当前虚拟现实研究的一个热点。

（4）沉浸式 VR 系统总是尽可能利用最先进的硬件设备、软件技术及软件工具,这就要求虚拟现实系统能方便地改进硬件设备及软件技术;因此必须用比以往更加灵活的方式构造虚拟现实系统的软、硬件体系结构。

（5）沉浸式 VR 系统提供尽可能丰富的交互手段。在设计虚拟现实系统的软件体系结构时不应随便限制各种交互式技术的使用与扩展。

常见的沉浸式 VR 系统主要包括以下 3 类。

（1）洞穴自动虚拟环境（CAVE）又称工作室,洞穴状自动虚拟环境包含在一个较大的空间中,这个空间必须绝对黑暗,它是一种完全沉浸式 VR 系统。Thomas A. DeFanti、Daniel J. Sandin 和 Carolina Cruz-Neira 带领的研究小组在芝加哥的伊利诺伊大学创造了第一个洞穴状虚拟环境（Cave Automatic Virtual Environment,CAVE）,并在 1992 年的 SIGGRAPH 会议上进行了演示。它利用立体投影仪把图像投射到左、中、右三个墙面,天花板和地面也用同样的方法投射。这 5 个面就能构成由计算机生成的虚拟空间。它最多允许 10 个人完全投入该虚拟环境。其中一个人是向导,他利用输入设备（如头盔显示器、位置跟踪器、6 自由度鼠标器、手持式操纵器等）控制虚拟环境;而其他的人使用同样的输入设备,却是被动观察者,他们只是一起前进。所有参与者都带上立体光闸眼镜观看显示器。

2007 年 5 月,来自加拿大卡尔加里大学的研究人员创造了洞穴状自动虚拟环境（CAVE）人类,这是第一个 4D 的人类图谱。4D 包括三维空间（3D）加上时间（Time）,它允许研究者模拟一段时间内疾病和治疗效果的进展。

（2）坐舱式 VR 系统,置身在一个坐舱内,它有一个向外可以看到虚拟空间的屏幕。在该环境中向周围观望,就可转动坐舱到感兴趣的方向。用户在舱内可以不戴各种显示器或交互装置、身上没有负担地和虚拟空间交互。人们只要进入坐舱就可以进入虚拟环境,它是一种最古老的虚拟现实模拟器,但它并不属于完全沉浸的 VR 系统。

当参与者进入坐舱（实际上是一个封闭物）后,就可以通过座舱的窗口观看一个虚拟环境,该窗口是由一个或多个计算机监视器构成的,用来显示虚拟场景。该坐舱给参与者提供的沉浸程度类似于头戴显示器。一旦进入坐舱,参与者就可以利用控制设备驾驭虚拟环境。跨过进入控制室的门槛后,每个参与者就可以自由地与坐舱中的其他参与者进行交互,但所有坐舱必须连接同一个虚拟环境。

坐舱设计有单人坐舱和组合坐舱。单人坐舱允许一个参与者在虚拟环境中旅行和活动,这种类型的 VR 系统通常用于娱乐中心和各种训练飞行员、警官和军事人员的环境。这种系统往往包括很多联网的坐舱,可使一群参与者同时进入一个虚拟环境。而组合坐舱允许几个参与者在同一个坐舱中,进入同一个虚拟环境,该坐舱内配备有一个很宽的屏幕、几把椅子,以及每人一个控制台板。

（3）投影式 VR 系统。投影式 VR 系统也属于沉浸式虚拟环境,但又是另一种类型的虚拟现实经历,参与者实时地观看自己在虚拟环境中的形象并参与虚拟环境交互活动。为此使用了一种称为"蓝屏"的特殊效果,面对着蓝屏的摄像机捕捉参与者的形象,这类似于进行电视天气预报时投影一张地图那样的过程。实际上,蓝色屏幕特别适合于运动图像和电视,它可以将两个独立的图像组合成另外一个图像。

一般可以通过并排放置多个显示器创建大型显示墙,或通过多台投影仪以背投的形式投影在屏幕上,各屏幕同时显示从某一固定观察点看到的所有视像,由此提供一种全景式的环境。在投影式虚拟现实系统中摄像机捕捉参与者的形象,然后将这形象与蓝屏分离,并实时地将它们插入到虚拟境界中显示,再用一个视频摄像仪将参与者的形象与虚拟环境本身一起组合后的图像,投射到参与者前面的大屏幕上,这一切都是实时进行的,因而使得每个参与者都能够看到他自己在虚拟景物中的活动情况。在该系统内部的跟踪系统可以识别参与者的形象和手势,例如来回拍一个虚拟球,而且只通过手指就可以改变他们在虚拟环境中的位置,从而使得参与者可以驾驭该虚拟环境,并与该环境内的各个物体进行交互。一般情况下,参与者需要一个很短的学习过程,然后就能很快、主动地参与该虚拟环境的活动。

投影式虚拟现实系统对一些公共场合是很理想的,例如艺术馆或娱乐中心,因为参与者不需要任何专用的硬件,而且还允许很多人同时享受一种虚拟现实的经历。

11.3.3　遥视 VR 系统

"遥在"技术是一种新兴的综合利用计算机、三维成像、电子、全息、现实等,把远处的现实环境移动到近前,并对这种移近环境进行干预的技术。整个"遥在"工作系统是由计算机以及软件系统、显示系统、音响系统、力产生系统和目标定位系统等各个系统所组成的。

这类虚拟环境可以对某种抽象概念模型进行虚拟显示,作为各种科学计算以及可视化技术的完美展示,例如由计算机生成虚拟"风洞",研究者可以通过三维视景考察环绕飞行器的流线特征,控制流场的时空变化尺度等。

人们利用"遥在"技术还可以用来控制远处机器人的动作,对其进行远距离操纵。当机器人在执行拆卸原子锅炉等各种危险、复杂的任务时,操作人员在远离现场的操作室里进行指挥。英国一家电信企业正计划推出一种利用这种技术的可控电话,通过把每位与会者的真实图像与虚拟会场结合起来,就可以让相隔千里之遥,处于不同地区的与会者坐到同一张会议桌旁进行视频会议,使会话者彼此之间就像面对面地进行谈话一样。美国宇航局还准备利用它使宇航员在飞船中控制机器人对火星进行考察。

11.4　虚拟现实技术建模语言

Open Inventor(以下简称 OIV)是 SGI 公司开发的基于 OpenGL 的面向对象的三维图形软件开发包。使用 OIV 开发包,程序员可以快速、简洁地开发出各种类型的交互式三维图形软件。来源于 OIV 的虚拟现实建模语言(Virtual Reality Modeling Language,VRML)是一种 ASCII 描述语言,是 SGI 公司为其本身需求而开发的 3D 图形描述语言,以节点(Node)作为基本单位,节点既可以是构造类型,也可以是构造类型的材质等,后来逐步演变为用户开发虚拟空间的开发工具,并成为 Internet 上开发三维虚拟现实的主要语言标准。目前大多数图像软件都开发了 VRML 文件格式(WRL)的输出类型。VRML 规定了 3D 应用中大多数常规功能,也为用户提供了丰富的创造空间。VRML 旨在将虚拟现实环境与3D Web 集成在一起,VRML 提出了一个非专用的标准,即虚拟现实开发的独立平台,让用户以漫游的方式浏览虚拟现实网站。

11.4.1 VRML 建模能力

VRML 定义了类型丰富的几何、编组和定位等节点。VRML 提供了 6＋1 自由度,可以沿着三个方向移动,也可以沿着三个方向旋转,同时还可以建立与其他 3D 空间的超链接,因此 VRML 是超空间的建模语言。VRML 和 CAD、建模、动画以及虚拟现实一样使用场景图数据结构来建立 3D 实境,这种数据结构是以(Silicon Graphics Incorporated,SGI)开发的 Open Inventor 3D 工具包为基础的一种数据格式。VRML 的场景图是一种代表所有 3D 世界静态特征的节点等级:几何关系、材质、纹理、几何转换、光线、视点以及嵌套结构。

- 基本几何形体:Box(长方体)、Sphere(球体)、Cone(圆锥体)和 Cylinder(圆柱)。
- 构造几何形体:IndexLineSet(索引线集)、IndexFaceSet(索引面集)、Extrusion(挤出面造型)、PointSet(点集)和 ElevationGrid(高程网格地形构造节点)。
- 造型编组、造型定位、旋转及缩放:Group(组)、Transform(变换)。
- 特殊造型:Billbord(布告牌)、Background(背景)和 Text(文本)。

基本几何形体节点只能做十分有限的几何造型,用点、线、面索引节点及拉伸节点就可以构造任意复杂的实体形状。造型编组可以用来描述装配关系,其中 Transform 节点可以确定装配位置、方向。

11.4.2 VRML 真实感渲染能力

VRML 通过提供丰富的渲染,可以很精细地实现光照、着色、纹理贴图和三维立体声源。

- 光照:HeadLight(顶光源)、SpotLight(聚光灯光源)、PointLight(点光源)和 DirectionalLight(平行光)。
- 材质及着色:Material、Appearance、Color 和 ColorInterpolator。
- 纹理:ImageTexture、MovieTexture、PixelTextrue 和 TexTureTransform。
- 雾:Fog。
- 明暗控制(法向量)说明:Normal、NormalInterpolator。
- 三维声音:Sound。

场景光照的设置直接影响观察者的视觉效果,这几种光照节点可以提供各种虚拟场景的光源。不同材质的物体色彩及反光效果不同,VRML 的材质及着色节点的使用可以仿造如同真实物体给出的视觉效果。纹理节点可以对实体表面粘贴图片或进行像素的设置以使实体具有同实物一样的表面花纹。雾、明暗控制对场景的光线反射有影响。声音节点可以在场景中模拟出实际空间可能产生的各种声响,如音乐、碰撞声等。

11.4.3 交互手段及观察方式

VRML 传感器类型丰富,可以感知用户交互,视点可以控制对三维世界的观察方式。

- 传感器:CylinderSensor、PlaneSensor、VisibilitySensor、ProxymitySensor、Spheresensor 和 TouchSensor。
- 控制视点:ViewPoint、NavigationInfo。

各种传感器节点可以感知用户鼠标的指针,比如 TouchSensor 节点在数控床操作按钮功能的仿真中十分有用。视点控制可以预先提供给用户一些更好的观察角度。

11.4.4　动画控制

- 关键帧时间传感器：TimeSensor。
- 线性插值器及姿态调整：CoordinateInterpolator、OrientationInterpolator、Scalar-Interpolatof。

这两组节点的配合使用可以产生场景中的动画效果，关键帧时间传感器节点驱动线性插值器节点按照时间顺序给出关键值插值，这些插值就是关键帧动画控制实体位置、状态所需要的中间过渡值。

细节等级管理及碰撞（观察者与虚拟实体）检测：LOD、Collision。

细节等级管理是对复杂实体的细节显示加以控制，使该实体可在视点外或远离视点时不显示或粗略显示，VRML 自身提供的碰撞检测是指观察者在虚拟场景中的替身与实体的碰撞。

- 超链接及嵌入：Anchor、Inline。

这两个节点使 VRML 可以由一个虚拟场景直接链接到另一个场景，或者将另一个场景中的实体嵌入自己的场景中。

通过使用对 VRML 的 Script 节点编程，与 Java 间事件访问和建立场景图内部消息通道，能够很方便地实现虚拟实体的交互和动画功能。VRML 的交互与动画执行都是由事件驱动的。VRML 场景可以接受两种事件驱动：从路由语句传过来的入事件及由外部程序接口写入的直接事件。路由语句说明由场景传出的每一条事件消息的传递路径，也就是从某个节点的出事件域（EventOut）传出的事件传递到某个节点的入事件域（EventIn）。场景中传感器节点通常定义了触发事件，它通过路由发送到场景图中其他节点的入事件域。如传感器节点的触发事件直接传递到插补器节点以产生关键值，也可以传递到 Script 节点进行运算处理产生关键值插值。Script 节点的处理过程就是用 JavaScript 语法编写的脚本程序。Script 节点还可以通过 URL 域引入 Java 程序进行事件处理。节点相应事件后处理的结果作为出事件的传递数据继续路由到其他需要的节点，比如传送给实体改变它的位置、形状。由外部程序接口写入的直接事件不需要路由传递，但其他执行过程都是一样的。如果需要外部程序的响应，它应该能够有读取节点出事件域数据的接口。

节点事件域（Node Event Field）、路由（Routes）、传感器（Sensors）、插补器（Interpolators）和脚本描述节点（Script Node），前 4 个结构用于连接和控制动作、反应和动画，脚本描述节点包括 JavaScript 或指向一个外部 Java Applet 的关联，允许创作者扩充 VRML 的行为和动态，此外还可以定义用户自己的节点类型以扩充虚拟现实建模的需要。

VRML 主要用来描述三维物体及其运动行为，构建虚拟世界，它的基本特征包括三维性、交互性、分布式继承性和真实感等。随着网络技术和虚拟现实硬件技术的发展，虚拟现实技术将成为今后网络多媒体发展方向的主流。

11.4.5　VRML 创作工具

VRML 编写环境可以是 Windows 自带的记事本 NotePad，在保存时选择任意文件类型，后缀名起名为.wrl 即可。对于复杂的三维造型如果用 VRML 语句逐句写出，那么工作

量是非常大的,有很多大型的具有三维造型功能的软件(如 3D MAX、PRO/E 等)都开发了
VRML 文件的输入输出,可以利用这些造型工具直观快速地创建一个三维空间,然后输出
以 .wrl 为后缀的文件。SGI 公司曾经出过好几个图形化 VRML 编辑工具。Cosmo World
2.0 就是其中一个。另外还有 Cosmo HomeSpace、Open Inventor 等,但 Cosmo World 是最
优秀的一个。本章推荐使用的 VRML 创作工具是 VrmlPad,它是一种功能强大且简单好
用的 VRML 开发设计专业软件。通过 VrmlPad 可以对 VRML 文件进行浏览编辑,对资源
文件进行有效的管理,并且提供了 VRML 文件的发布向导,可以帮助开发人员编写和发布
自己的 VRML 虚拟现实作品。

　　VRML 脚本描述节点可以包括 JavaScript 或指向一个外部 Java Applet 的关联。它更
大的功能来自于它能够用程序去建立复杂、交互的界面,这个程序语言就是 Java 语言,Java
和 VRML 互相补充,Java 主要讨论对象行为,但很少涉及外部特征,而 VRML 则着重于外
表,不太考虑对象行为。可以说,VRML 所展现的正是 Java 所要做的,随着网络技术的发
展,Java 和 VRML 的关系将更加紧密。VRML 2.0 提供了两种扩展 VRML 和外部程序实
现连接的机制,即 Script 节点和外部编程接口(External Authoring Interface,EAI),通过扩
展 Script 节点定义和改变场景中对象的外观和行为。Script 节点可以包含一个 Java 或
JavaScript 文件,在 Script 初始化时调用。Script 节点可以将事件和节点从 VRML 传递到
Java(EventIn),而命令从 Java 传递到 VRML(EventOut)。VRML 文件中域的定义同时在
Java 程序中使用。事件(Events)在 VRML 场景中被检测到并传递给 Java,由 Java 做出响
应,或者进行反向传递。外部编程接口(EAI)提供了更为灵活的连接外部编程环境的途径,
它可以提供强有力的方法来变现交互式网络分布式多媒体应用。VRML 浏览器可以通过
嵌入网页中的 JavaApplet 来启动。JavaApplet 可以监视 VRML 场景中节点的改变并能够
在节点间传递事件来直接改变节点的属性。可以弥补 VRML 在键盘输入响应等方面的不
足,取长补短,可以实现最大程度的交互性。因此在 VRML 开发时了解一些 Java 语言知识
有助于开发能力的提高。

11.4.6　VRML 文件的构成

　　VRML 文件由语句构成,具体包括文件头、节点语句、事件路由语句和注释语句。
　　文件头格式如下。

```
# VRML V2.0 < encoding type > [optional comment] < line terminator >
```

　　其格式除了[optional comment]之前可以加多个空格外,其他各部分间必须有且只能
有一个空格。
　　VRML:为该文件的浏览器指明 VRML 文件。
　　V2.0:指明该 VRML 文件执行 VRML 规范的 2.0 版本。
　　<encoding type>:该文件使用的编码类型,可以是 UTF-8 或者是 ISO/IEC 14772 其
他部分定义的经过认可的其他值。最常用的 utf8 是一种纯文本编码方式。
　　[optional comment]:指附加的注释信息。
　　<line terminator>:指行终止符,可为换行符或回车符。
　　注释语句指以"#"开始直到行尾符的部分(文件头除外),VRML 在解释执行时,注释

语句将被忽略。

一个简单的 VRML 例子如下。

```
#VRML V2.0 utf8                        #文件头
  Group{                               #基本组节点,将以下各节点编组
   children [                          #子节点列表
   Shape{                              # Group 的子节点之一: 桌面
   appearance DEF Blue Appearance{     #定义蓝色外观节点即桌面的颜色
   material Material{diffuseColor 0 0 1}#蓝色(RGB 为 0 0 1)
   }
   geometry Box{size 6.0 0.1 4.0}      #桌面的几何形状:长方体(Box)
   }
   Transform{                          # Group 的子节点之二:桌腿一,只拥有一个子节点的组节点
   translation -2.5 -1.5 1.75          #本组节点的基本坐标位置
   children DEF Deskleg Shape{         #定义桌腿的形状,Transform 组节点唯一子节点
   appearance USE Blue                 #桌腿颜色用已定义的蓝色
   geometry Cylinder{                  #桌腿的几何形状为圆柱(Cylinder)
   radius 0.2                          #圆柱的半径域和域值
   height 3.0                          #圆柱的高度域和域值
   }
   }
   }
   Transform {                         # Group 的子节点之三:桌腿二
   translation 2.5 -1.5 1.75           #桌腿二的坐标位置
   children USE Deskleg                #桌腿二的形状使用已定义的桌腿一的形状
   }
   Transform{                          # Group 的子节点之四:桌腿三
   translation -2.5 -1.5 -1.75
   children USE Deskleg
   }
   Transform{                          # Group 的子节点之五:桌腿四
   translation 2.5 -1.5 -1.75
   children USE Deskleg
   }
   Group{                              # Group 的子节点之六:桌面上的球,同时也是一个编组节点
   children [
   DEF Mysphere Transform{             #定义桌面上的球
   translation 0 0.55 0                #球的坐标位置
   children Shape{                     #球的形状
   appearance Appearance{              #球的外观
   material Material{}                 #球的颜色用默认的白色
   }
   geometry Sphere{radius 0.5}         #球的半径
   }
   }
   DEF MysphereSensor PlaneSensor{     #定义球的平面传感器
   maxPosition 2.8 0.55                #和下一句一起限制球的移动范围
   minPosition -2.8 0.55
   } ] } ]
  }
```

ROUTE MysphereSensor.translation_changed TO Mysphere.set_translation

♯路由：将球的平面传感器的输出（鼠标移动位置）连接到球的输入（球的坐标位置）。

　　程序运行后获得在三维浏览器中显示的会在蓝色桌面上随鼠标移动位置的白色小球，如图 11-6 所示，该 WRL 程序因为缺少视点，因此只能得到三维前视图。三维造型在空间中可以漫游。

图 11-6　　VRML 源码三维造型图

11.5　虚拟现实技术的应用

　　通过人的视觉、触觉、力觉和听觉等感知器官，虚拟现实技术提供的多感知性让使用者沉浸其中，又因为虚拟现实建模相对容易、快速、廉价和安全等原因，虚拟现实技术已被越来越多的行业所重视，早在 20 世纪 70 年代开始人们便将虚拟现应用于宇航员的培训。现在虚拟现实已被推广到各行各业的培训中。并且被推广到不同领域的多种场合，得到了广泛应用。

11.5.1　虚拟现实技术在新产品开发上的应用

　　由于虚拟现实建模相对简单快速，因此可缩短开发周期，减少费用。例如克莱斯勒公司 1998 年年初便利用虚拟现实技术，在设计某两种新型车上取得突破，首次使设计的新车直接从计算机屏幕投入生产线，省略了中间的试生产。由于利用了卓越的虚拟现实技术，使克莱斯勒避免了 1500 项设计差错，节约了 8 个月的开发时间和 8000 万美元的费用。利用虚拟现实技术还可以进行汽车冲撞试验，不必使用真的汽车便可显示出不同条件下的冲撞后果。

　　目前虚拟现实技术已经和理论分析、科学实验一起，成为人类探索客观世界的一种手段。用它来设计新材料，可以预先了解改变成分对材料性能的影响。在材料还没有制造出来之前便知道用这种材料制造出来的零件在不同受力情况下的损坏程度如何。

11.5.2　虚拟现实技术在商业上的应用

　　虚拟现实不仅被广泛应用于产品广告宣传和产品使用效果展示上，在建筑工程投标时，也有突出表现，投标方把设计的方案用虚拟现实技术表现出来，便可把业主带入未来的建筑物里参观，使业主对门的高度、窗户朝向、采光多少和屋内装饰等，都有一个相对客观的了解。虚拟现实技术同样可用于旅游景点以及功能众多、用途多样的商品推销。比如让仿真虚拟人代替真人试穿各种衣服,可以让购买者既看到衣服穿在身上的模样,又能省去购买者试穿衣服的麻烦。虚拟现实技术展现商品的魅力,比单用文字或图片宣传更加有吸引力。

11.5.3　虚拟现实技术在医疗上的应用

虚拟现实技术自诞生以来,研究人员就一直在探求和实践其在医疗领域内的运用。目前虚拟现实应用于医疗大致上有两类。一类是虚拟人体,也就是数字化人体,通过虚拟人体模型医生更容易了解人体的构造和功能。另一类是虚拟手术系统,可用于指导手术风险避规。虚拟现实利用特定的交互工具输入设备,如传感手套和视频目镜,模拟医疗真实操作中的软硬件环境,用户在操作过程中有身临其境的感觉,可以广泛地应用于手术培训、手术预演、临床诊断、远程干预和医学教学等各个环节。手术医生在真正走向手术台前,需进行大量精细的训练。而虚拟现实系统可提供理想的培训平台,受训医生观察高分辨率三维人体图像,并通过工作台模拟触觉,让受训者在切割组织时感受到器械的压力,使操作的感觉就像在真实的人体上手术一样。这样既不会对病人造成生命危险,又可以重现高风险、低概率的手术病例,而且可供培训对象反复练习;虚拟现实技术可用病人的实际数据产生虚拟图像,在计算机中建立一个模拟环境,医生借助虚拟环境中的信息进行手术预演,以合理、定量地制定手术方案,对于选择最佳手术路径、减小手术损伤、减少对临近组织损害、提高肿瘤定位精度、执行复杂外科手术和提高手术成功率等具有十分重要的意义。

11.5.4　虚拟现实技术在军事上的应用

利用虚拟现实技术模拟战争过程已成为最先进的多快好省的研究战争、军事演习的方法。由于虚拟现实技术达到了很高水平,所以尽管不进行核试验,也能不断改进核武器。战争实验室在检验预定方案用于实战方面也能起到巨大作用。1991 年海湾战争开始前,美军便把海湾地区各种自然环境和伊拉克军队的各种数据输入计算机内,进行各种作战方案模拟后才定下初步作战方案。后来实际作战的发展和模拟实验结果相当一致。

11.5.5　虚拟现实技术在电影特技上的应用

虚拟现实技术在电影《阿凡达》和灾难片《2012》中都有出色的表现,用虚拟技术模拟电影场景比起真人演示取得了更好的效果,电影制作方只要花较少的费用就能先在计算机里建立故事情节,编辑并删除无关紧要的部分,这能省下大把时间、精力和金钱。灾难片《2012》中,火山爆发、海啸、水灾,以及将整个加利福尼亚州"撕碎"的地震特效,都是由虚拟现实技术来实现的,让人身临其境。三分钟的灾难镜头,特效制作师利用了 60 000 张高动态图像作参考,建立了具有真实感的三维立体街区模型。然后,他们开始制造每个邮箱、每棵树木和每栋建筑物震动并崩塌的效果,再不断补充如声音和视频等细节,演示出逼真的效果。

11.5.6　虚拟现实在娱乐上的应用

如今,互联网上早已不再是简单的二维世界,用 Web 3D 可以实现网络上的 VR 展示,只需构建一个三维场景,以人为主体在其中穿行。利用互联网络的优势,可以运行在线三维游戏,场景和控制者之间能产生交互,加之高质量的生成画面使人产生身临其境的感觉。

英国出售的一种滑雪模拟器。使用者身穿滑雪服、脚踩滑雪板、手拄滑雪棍、头上戴着头盔显示器,手脚上都装着传感器。虽然在斗室里,只要做着各种各样的滑雪动作,便可通过头盔显示器,看到堆满皑皑白雪的高山、峡谷和悬崖陡壁,一一从身边掠过,其情景就和在滑雪场里进行真的滑雪所感受的一样。

虚拟现实技术不仅创造出虚拟场景,而且还创造出虚拟主持人、虚拟歌星和虚拟演员。日本电视台推出的歌星 DiKi,不仅歌声迷人而且风度翩翩,引得无数歌迷纷纷倾倒,许多追星族欲亲睹其芳容,迫使电视台只好说明她不过是虚拟的歌星。美国迪斯尼公司还准备推出虚拟演员。这将使“演员”青春常在、活力永存。虚拟演员成为电影主角后,电影将成为软件产业的一个分支。各软件公司将开发数不胜数的虚拟演员软件供人选购。如果说由计算机拍成的游戏节目《古墓丽影》片中的女主角入选全球知名人物,预示着虚拟演员时代即将来临。“初音未来”更是虚拟技术作为主角独立走向舞台的一个标志,“初音未来”是日本 CRYPTON FUTURE MEDIA 以 Yamaha 的 VOCALOID 2 语音合成引擎为基础开发贩售的虚拟女性歌手软件,把人类的声音录音并合成为酷似真正的歌声,是日本 3D 和智能技术的最高水平。并于 2011 年 7 月 2 日当地时间 20：30 成功举行了以 3D 全息投影技术支持的虚拟现实演唱会。固然,在幽默和人情味上,虚拟演员在很长一段时间内甚至永远都无法同真演员相比,但它的确能为人们带来全新的尝试和感受。

11.5.7　虚拟现实技术的发展前景

虚拟现实发展前景十分诱人,它与网络通信特性的结合,极大地刺激了人们对虚拟现实技术的创作欲望与期望。在某种意义上来说,虚拟现实技术将改变人们的思维方式,甚至会改变人们对世界、自己、空间和时间的看法。它是一项发展中的、具有深远的潜在应用方向的新技术。利用它,我们可以建立真正的远程教室,在这间教室中我们可以和来自五湖四海的朋友们一同学习、讨论和游戏,就像在现实生活中一样。使用网络计算机及其相关的三维设备,我们的工作、生活和娱乐将更加有情趣。在高风险领域通过虚拟现实技术的参与,人们的安全将得以最好的保障。

练习

一、填空题

1. 实时三维图形的生成技术三维刷新频率需要达到_____帧/秒。
2. 虚拟现实的特征_____、_____、_____、_____。
3. 虚拟现实的关键技术是_____、_____、_____。

二、思考题

1. 简述虚拟现实技术的应用。
2. 简述桌面式 VR 系统与沉浸式 VR 系统的区别。

三、案例实训

1. 用 VRML 语言编写默认大小的白色球状结构三维造型程序,改变球的 RGB 颜色,改变造型为立方体,圆锥体,圆柱体。